WIRTSCHAFTLICHES SCHLEIFEN

GESAMMELTE ARBEITEN AUS DER

WERKSTATTTECHNIK.

XI. BIS XV. JAHRGANG 1917 BIS 1921.

HERAUSGEGEBEN

VON

Dr.-Ing. G. SCHLESINGER
PROFESSOR AN DER TECHNISCHEN HOCHSCHULE ZU BERLIN

Springer-Verlag Berlin Heidelberg GmbH

1921

ZUR EINFÜHRUNG.

Fast 20 Jahre hindurch hat der Kampf zwischen Schleifmaschine und Feile in den deutschen Werkstätten angedauert, und man kann wohl sagen, daß er mit dem Siege der Schleifmaschine geendet hat.

Das Schleifen ist heute als eine richtige Span abhebende Tätigkeit aufzufassen, nicht nach der früheren Weise als ein Verfahren zum Blankmachen von Oberflächen durch den gefährlichen losen Schmirgel, Schmirgelleinwand, Schmirgelholz oder endlich die mit Magnesia oder Kreide bestrichene Feile. Gefördert wurden die Bestrebungen, die Feile zu beseitigen, durch die seit dem Jahre 1904 in Deutschland immer siegreicher zur Einführung gelangten Passungen nach Grenzlehren, die der Verfasser in seiner damals erschienenen Arbeit wohl zum ersten Male wissenschaftlich begründet und somit zu einem sicheren Ausgangspunkt für die Reihen- und Massenfabrikation gemacht hat. Der Gedanke, daß das Schleifen zwar ein genaues, aber langsames und teures Arbeitsverfahren sei, hat heute der Überzeugung Platz gemacht, daß Güte der Genauigkeit, Schnelligkeit und Billigkeit der Ausführung bei zylindrischen, kegeligen und auch ebenflächigen Körpern nur mit der Schleifmaschine zu erreichen sind. Dazu kommt, daß beim Schleifen der Härtegrad des zu bearbeitenden Rohstoffes gar keine Rolle spielt. Gehärteter und ungehärteter Stahl, roher oder bearbeiteter Stahl- und Grauguß, Kupfer, Messing, Bronze, Vulkanfiber, Hartgummi, Glas usw. lassen sich gleichmäßig gut schleifen; man muß nur die richtige Schleifscheibe auszuwählen in der Lage sein. Auch die Form des Werkstückes spielt keine Rolle mehr. Galt es früher als ein Kunststück, dünne Wellen genau rund und gerade herzustellen, gehörte dazu ein höchst sachverständiger und äußerst geschickter Handwerker, so ist auf der Schleifmaschine auch die dünnste Welle bei intelligenter Behandlung sogar durch angelernte Leute hochgradig genau herstellbar. Ist nun noch die Oberfläche des fertigen Stückes nicht vollständig rund, stören Durchbrechungen ihren Zusammenhang, wie Keilnuten, Schieberkanäle, Gewindegänge u. dergl., so läßt sich durch Feilen von Hand überhaupt keine genau kreisrunde Oberfläche mehr erzielen. Die Schleifmaschine hingegen kann infolge der genauen Führung des Werkzeuges und des Werkstückes zueinander die Unterbrechung der Oberfläche ohne Einfluß auf die Genauigkeit mühelos überbrücken. Man ist daher auch nicht mehr genötigt, das volle Stück zunächst zu schleifen und es hinterher einzukerben;

denn bei der erneuten Unterbrechung der Oberfläche werden stets Spannungen frei, die den vorhergehenden Schliff hinfällig machen. Man kann vielmehr erst alle Kerbungen ausführen und zum Schluß doch noch die unterbrochene Oberfläche genau rund schleifen. Besondere Schwierigkeiten treten ferner auf, wenn der zu bearbeitende Körper kein Rotationskörper ist; auch hier haben Sonderschleifmaschinen für Daumen, Exzenter usw. die Lösung gebracht.

Diese Erwägungen veranlaßten mich, gute Ergebnisse aus der Praxis der deutschen und amerikanischen Werkstätten in einer vorbedachten Zusammenstellung von Aufsätzen in der „Werkstattstechnik" zu veröffentlichen und sie nunmehr in Buchform gesammelt herauszugeben, in der Absicht, auf die Männer des Betriebes anregend zu wirken und sie vor allen Dingen zu veranlassen, die Schleifmaschine als ein unentbehrliches Werkzeug der Fabrikation anzusehen, um so unentbehrlicher, je größere Herstellungsmengen maschinenfertig und austauschbar verlangt werden.

Da die Funken auf der Schleifmaschine schon sprühen, wenn die Durchmesserunterschiede nur 0,0001 mm betragen, so ist auch der geringste Passungsunterschied der Edelpassungen von ± 0,005 mm mühelos und dauernd zu erreichen, beim ersten wie beim tausendsten Stück; ein Vorgang, der mit der Feile oder etwa mit dem losen Schmirgel in der Schleifkluppe mit erschwingbaren Kosten unmöglich erscheint.

Die Folge der gesammelten Aufsätze bezieht sich auf: das Innen-, Außen- und Formschleifen sowie auf den Flächenschliff; auf die Bedienung der Schleifmaschine durch Männer und Frauen, auf die Einrichtungen für die sachgemäße Instandhaltung der Schleifmaschine und für den Rundschliff und auf die Hilfsgeräte für die Aufspannungen. Es ist ferner auf das Schleifmaterial, seine Wertung und auf die wichtigen Arbeiten des Normenausschusses für die Deutsche Industrie Bezug genommen.

Ich übergebe die Sammlung hiermit der Öffentlichkeit in der Erwartung, bei einer recht großen Zahl von deutschen Werkstätten auf die Einführung der Schleifmaschine hingewirkt zu haben.

Charlottenburg, im Mai 1921.

Der Herausgeber:
G. Schlesinger.

INHALTSVERZEICHNIS.

ISBN 978-3-662-22755-8   ISBN 978-3-662-24686-3 (eBook)
DOI 10.1007/978-3-662-24686-3

Über das Rundschleifen[*)]

Die Technik des Rundschleifens ist heute eine ganz andere als zu der Zeit, wo das Schleifen überhaupt in die Werkstatt eingeführt wurde. Die erste brauchbare Schleifmaschine wurde um das Jahr 1865 gebaut, und zwar zunächst um gehärtete Teile, meistens Werkzeuge, zu schleifen und dabei zugleich die durch das Härten entstandenen Fehler zu beseitigen. Von diesen bescheidenen Anfängen aus hat die Schleifmaschine eine lange Entwicklungsgeschichte durchgemacht, bis aus ihr die heutige Form einer für die Fabrikation geradezu unentbehrlichen Maschine entstanden ist.

Im allgemeinen kann man zwei Gruppen von Schleifarbeiten unterscheiden:

1. Das gelegentliche Schleifen von einzelnen gehärteten Teilen (z. B. in der Werkzeugmacherei),

2. Die regelrechte Massenfabrikation von austauschbaren Maschinenteilen mit Hilfe der Schleifmaschine.

Im ersten Falle spielen die Bearbeitungskosten keine so große Rolle wie im zweiten. Dazu kommt noch der Umstand, daß die für die Massenfabrikation verlangte Genauigkeit eine sehr hohe ist, und die Toleranzgrenzen sehr eng bemessen werden, Fig. 1. Diese beiden Forderungen: größte Genauigkeit und geringste Herstellungskosten, sind maßgebend für die Behandlung der zweiten Aufgabe.

Die für die Werkzeugmacherei bestimmte Schleifmaschine ist für die Massenfabrikation ungeeignet. Die Werkzeugschleifmaschine ist eine Universalmaschine, während die für die Fabrikation bestimmte Schleifmaschine mehr eine Spezialmaschine ist und entsprechend konstruiert sein muß. Von den beiden erwähnten Gruppen ist die zweite bei weitem die wichtigste. Im vorliegenden Bericht werden daher hauptsächlich die Verfahren zur Massenfabrikation mit Hilfe der Schleifmaschine besprochen; die Werkzeugschleiferei dagegen wird nur an geeigneten Stellen kurz gestreift.

Für die Fabrikation mit Hilfe der Schleifmaschine handelt es sich darum, das beste Verfahren auszusuchen. Dazu gehört ein eingehendes Studium aller maßgebenden Faktoren. Man wird z. B. untersuchen, ob es zweckmäßig

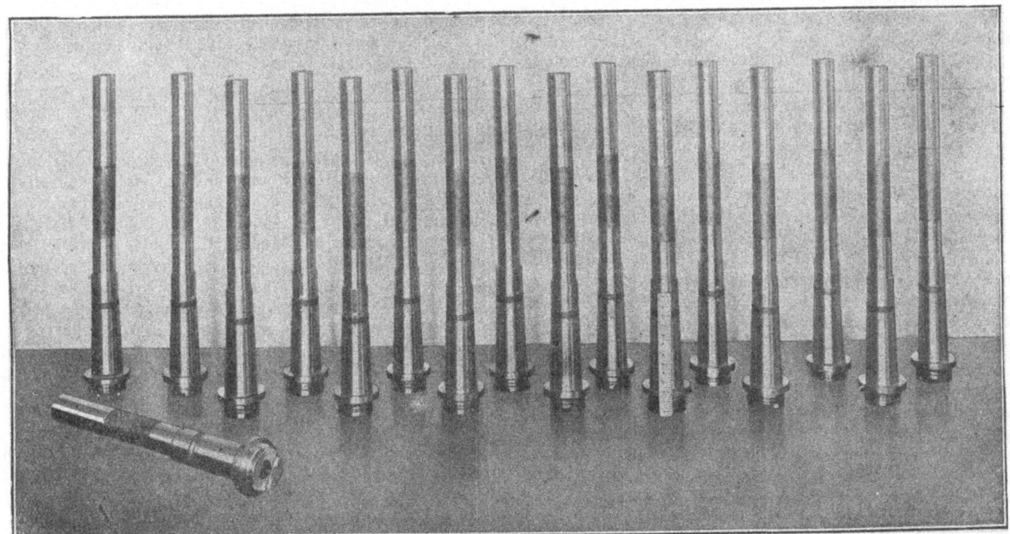

Fig. 1. 17 Fräsmaschinenspindeln, die in 26 Stunden auf der Schleifmaschine geschruppt und geschlichtet wurden. Verlangte Genauigkeitsgrenze: etwa 0,01 mm, wobei zwei Durchmesser auf 0,005 genau und die konischen Teile nach Lehre zu schleifen waren.

*) Nach der amerikanischen Urschrift von Douglas T. Hamilton bearbeitet von M. Tama, Nürnberg.

ist, das Werkstück hin und her gehen zu lassen, während sich die Scheibe an Ort dreht, oder umgekehrt. Man wird den Einfluß der Bauart des Gestells der Maschine auf die erzielte Genauigkeit erforschen. Die verschiedenen Materialien, Größen und Geschwindigkeiten der Schleifscheiben sind sorgfältig zu studieren. Allein die Bestimmung des geeigneten Materials für Schleifscheiben ist Gegenstand einer längeren und eingehenden .Forschung gewesen. Für die ersten Schleifscheiben verwendete man fast ausschließlich Schmirgel, während heutzutage mehr künstliche Schleifmittel, meistens Erzeugnisse des elektrischen Ofens, mit Vorteil herangezogen werden.

Verfahren für das Rundschleifen.

Für das Rundschleifen werden verschiedene Verfahren angewendet, die an Hand der Fig. 2—6 näher erläutert werden sollen.

Beim ersten Verfahren (1 und 2) dreht sich die Schleifscheibe an Ort, während das kreisende Werkstück hin und her geht, oder umgekehrt, d. h. die Schleifscheibe erhält die hin und her gehende Bewegung, während das kreisende Werkstück seine Lage beibehält. Die sehr feine Tiefenschaltung der Scheibe geschieht in beiden Fällen meistens selbsttätig nach jedem Hube.

Beim zweiten Verfahren (3) wird die Schleifscheibe nicht mehr nach jedem Hube vorgeschaltet, sondern sie wird gleich an einem Ende des Werkstückes auf volle Tiefe eingestellt. Dann erst wird der Längsvorschub eingeschaltet und zwei kräftige Schnitte beim Hin- und Rückgang genommen. In der Folge wird dieses Verfahren als „Schleifen mit festeingestellter Scheibe" bezeichnet. Die Vorteile dieser Methode sind einleuchtend. Der Schlitten der Maschine wird nur einmal richtig auf Tiefe eingestellt und bleibt dann in dieser Lage fest. Nach dieser einen Einstellung kann man dann eine größere Menge von Werkstücken schleifen, und zwar so lange, bis die Scheibe mit dem Diamant abgezogen werden muß.

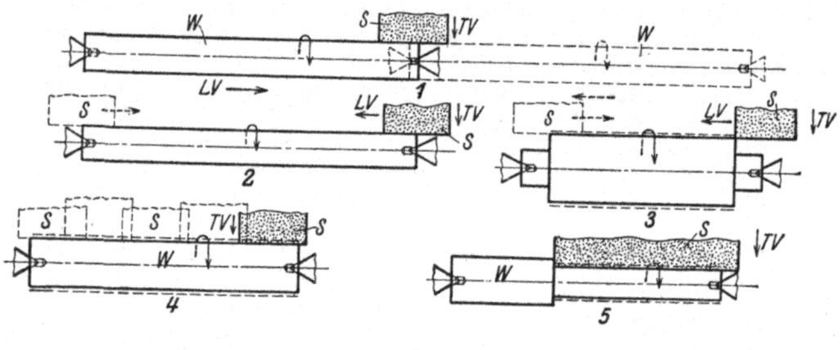

Beim dritten Verfahren (4) benutzt man eine ziemlich breite Scheibe von 50—100 mm, die in bestimmten Abständen auf volle Breite in das Material eingestochen wird, bis der gewünschte Durchmesser bis auf eine Zugabe von 0,05 bis 0,075 mm erreicht ist. Diese letzte Schicht wird dann durch einen schnellen Hin- und Rückgang der Scheibe über die ganze Länge der Stange abgenommen. Dieses Verfahren wird im folgenden als „Einstechverfahren" bezeichnet.

Das vierte und letzte Verfahren (5), das als Schälen oder auch als Formschleifen bezeichnet wird, besteht darin, daß man weder der Scheibe noch dem Werkstück irgend eine Bewegung in Achsenrichtung, sondern nur einen Tiefenvorschub erteilt. Die Scheibe muß natürlich so breit sein, wie das Werkstück lang ist. Das Verfahren eignet sich ohne weiteres zum Schleifen von Rotationskörpern von beliebiger Form (Formschleifen).

Jedes der oben beschriebenen Verfahren hat seine bestimmten Anwendungsgebiete.

Das erste Verfahren (1 und 2) wird hauptsächlich für lange Wellen (von etwa 600 mm Länge) mit kleinerem Durchmesser empfohlen. Bis vor wenigen Jahren kannte

man überhaupt keine andere Arbeitsweise der Schleifmaschinen als diese. Für die Tiefenschaltung der Scheibe bestehen bei diesem Verfahren folgende zwei Möglichkeiten: entweder man schaltet nach jedem Hube um etwa 0,01 bis 0,02 mm, je nach der Art der Maschine; oder diese Schaltung wird erst nach jedem zweiten Hube vorgenommen, indem man annimmt, daß die Federung des Materials die Scheibe noch beim Rückhub schneiden läßt. In diesem zweiten Falle beträgt die Tiefenschaltung 0,04—0,08 mm für Schrupparbeit und etwa 0,01 mm für Schlichtarbeit. Zum Schluß läßt man die Scheibe zwei- oder dreimal hin und her gehen, ohne weiter zu schalten.

Das Schleifen mit fest eingestellter Scheibe kommt hauptsächlich für Werkstücke von geringerer Länge in Betracht (Wellen ohne Bunde, Buchsen usw.). Beim ersten Stück wird die Scheibe soweit vorgeschaltet, bis der gewünschte Durchmesser einschließlich einer kleinen Zugabe erreicht ist; dann läßt man den Schlitten in dieser Lage, so daß die Scheibe bei den nächsten Arbeitsstücken ohne weitere Einstellung einen kräftigen Schnitt bis zum endgültigen Durchmesser abnimmt. Auch in diesem Falle wird man zum Schluß die Scheibe mehrere Male hin und her gehen lassen. Es ist leicht einzusehen, daß bei diesem Verfahren die voreilende Kante der Scheibe sehr stark beansprucht ist: sie wird daher etwas abgeschrägt. Die Länge dieser Abschrägung beträgt 6—12 mm, ihre Tiefe etwa 0,8 mm. Schwierig ist hierbei die richtige Wahl der Scheibe. Man braucht eine solche, die sich trotz der kräftigen Beanspruchung nicht so sehr abnutzt, um mit dem Nachschleifen keine Zeit zu verlieren und damit die sonstigen Vorteile dieses Verfahrens preiszugeben. Besonders für das Schleifen von Buchsen aus Bronze und Gußeisen hat sich dieses Verfahren gut bewährt.

Für das dritte Verfahren kann man keine allgemein gültigen Regeln geben. Die Anwendungen sind am besten aus den späteren Beispielen zu sehen.

Das Schälen oder Formschleifen endlich ist die jüngste Abart der Schleifverfahren und hat sich erst in den letzten fünf Jahren zur Vollkommenheit entwickelt. Seine Anwendung erforderte eine vollständige Umbildung der bisherigen Maschinen und ein eingehendes Studium der Schleifarbeit überhaupt. Die Bedeutung dieses Systemes ist derart, daß wir es später in einem besonderen Berichte behandeln werden. Die Anwendung des Verfahrens hat natürlich auch seine Grenzen. Die zu schleifende Welle darf nicht mehr als 250 mm Länge haben; für solche von geringerem Durchmesser ist die wirtschaftliche Grenze sogar mit 150 mm gegeben.

Materialzugaben für Außenrundschleifen.

Die Stärke der Zugabe für Werkstücke, die nach dem Drehen auf der Schleifmaschine fertig bearbeitet werden, hängt von folgenden Punkten ab:

1. Art der vorangehenden Bearbeitung auf der Drehbank,
2. Art und Stärke der Schleifmaschine,
3. Härte des Materials und Tiefe der etwaigen Härteschicht,
4. Form des Werkstückes, insbesondere Verhältnis zwischen Länge und Durchmesser (Schlankheit).

Fig. 2—6.

Darstellung der Hauptbewegungen und der verschiedenen Verfahren beim Rundschleifen.
S = Schleifscheibe, W = Werkstück, LV = Längsvorschub, TV = Tiefenvorschub.

Die Art der vorherigen Bearbeitung auf der Drehbank hat den größten Einfluß auf die Größe der erforderlichen Zugabe. Diese Zugabe darf weder zu groß noch zu klein bemessen werden. Im ersten Falle wird die Drehzeit, im zweiten die Schleifzeit ungünstig beeinflußt. Am häufigsten nimmt man auf der Drehbank mit einem runden Stahl einen Schruppschnitt mit großem Vorschub (1,5—2,5 mm pro Umdrehung), so daß eine rohe, wellenförmige Oberfläche entsteht. Dieses Verfahren läßt sich jedoch nur bei solchen Werkstücken anwenden, die nicht nachträglich gehärtet werden müssen. Bei gehärteten Teilen muß man unbedingt sorgfältiger schlichten, um eine gleichmäßige Härteschicht zu erhalten.

Auch die Art und Stärke der Schleifmaschine ist maßgebend für die Materialzugabe. Eine schwere Maschine mit breiter Schleifscheibe arbeitet noch wirtschaftlich, auch wenn sie stärkere Schichten abzunehmen hat. Für

Die Behandlung des Materials vor dem Schleifen.

Einige Punkte, die eigentlich unter diesen Titel gehören, wurden schon im vorigen Absatze erörtert. Zur Vorbehandlung des Materials gehören ferner sämtliche Maßnahmen, die vor und nach dem Härten getroffen werden müssen. Das Härten verursacht meistens ein Verziehen des Materials. Man muß danach trachten, dieses Verziehen entweder vollkommen zu vermeiden, oder es wirksam zu beseitigen, wenn es einmal eingetreten ist. Das Werkstück, das von der Fräsmaschine kommt, erhält durch die Bearbeitung und die damit verbundene ungleichmäßige Erhitzung Spannungen, die durch vorsichtiges Ausglühen beseitigt werden können, so daß es sich beim darauffolgenden Härten sehr wenig oder überhaupt nicht verzieht.

Werkstücke, die von der Stange aus bearbeitet werden, müssen vor dem Drehen sorgfältig zentriert und gerade gerichtet werden, und zwar mit Rücksicht auf die kohlen-

Zahlentafel I.
Materialzugaben für das Rundschleifen in mm auf den ganzen Durchmesser.

Durch-messer in mm	Länge in mm													
	50	100	150	200	250	350	450	600	750	900	1000	1200	1350	1500
3	0,15	0,17	—	—	—	—	—	—	—	—	—	—	—	—
6	0,15	0,20	0,25	—	—	—	—	—	—	—	—	—	—	—
9	0,17	0,20	0,25	0,30	0,33	—	—	—	—	—	—	—	—	—
12	0,20	0,22	0,28	0,30	0,33	0,38	0,40	—	—	—	—	—	—	—
20	0,20	0,22	0,28	0,33	0,35	0,40	0,43	0,45	—	—	—	—	—	—
25	0,22	0,25	0,30	0,33	0,35	0,40	0,45	0,48	0,50	—	—	—	—	—
32	0,22	0,28	0,30	0,35	0,38	0,43	0,45	0,48	0,50	0,55	—	—	—	—
38	0,25	0,28	0,33	0,35	0,40	0,43	0,45	0,48	0,53	0,58	0,60	—	—	—
45	0,28	0,30	0,33	0,38	0,40	0,45	0,48	0,50	0,55	0,58	0,63	0,66	—	—
50	0,30	0,33	0,35	0,40	0,43	0,45	0,48	0,53	0,55	0,60	0,66	0,68	0,70	—
65	0,33	0,38	0,40	0,43	0,45	0,48	0,50	0,55	0,58	0,63	0,68	0,70	0,75	0,80
75	0,38	0,40	0,43	0,45	0,48	0,50	0,55	0,60	0,63	0,68	0,70	0,75	0,80	0,85
90	0,40	0,43	0,45	0,48	0,50	0,55	0,58	0,63	0,68	0,70	0,75	0,80	0,85	0,90
100	0,43	0,45	0,48	0,50	0,53	0,58	0,63	0,68	0,70	0,75	0,80	0,85	0,90	0,95
125	0,45	0,48	0,53	0,55	0,58	0,63	0,68	0,73	0,75	0,80	0,85	0,90	0,95	1,00
150	0,50	0,53	0,58	0,60	0,63	0,68	0,73	0,78	0,80	0,85	0,90	0,95	1,00	1,05
175	0,55	0,58	0,63	0,65	0,68	0,73	0,78	0,83	0,85	0,90	0,95	1,05	1,05	1,10
200	0,60	0,63	0,68	0,70	0,73	0,78	0,83	0,88	0,90	0,95	1,00	1,05	1,10	1,15
225	0,65	0,68	0,70	0,73	0,76	0,80	0,86	0,91	0,95	1,00	1,05	1,10	1,15	1,15
250	0,68	0,70	0,75	0,78	0,80	0,83	0,88	0,93	1,00	1,05	1,10	1,15	1,15	1,15
275	0,72	0,75	0,78	0,81	0,83	0,88	0,90	0,96	1,05	1,10	1,15	1,15	1,15	1,15
300	0,76	0,78	0,80	0,83	0,86	0,90	0,95	1,00	1,10	1,15	1,15	1,15	1,15	1,15

gewöhnliche Fälle läßt man beim Drehen eine Zugabe, die zwischen 0,4 und 1 mm im Durchmesser beträgt. Das Abnehmen dieser letzten Schicht gestaltet sich auf der Schleifmaschine auf jeden Fall wirtschaftlicher und vollkommener als durch Feilen auf der Drehbank.

Die Zahlentafel I gibt die erforderlichen Materialzugaben für gewöhnliche Schleifarbeiten. Die Zahlen gelten nur für landläufige Arbeiten und nicht für besonders schwierige Fälle, wie etwa dünne gehärtete Buchsen oder lange Wellen, die sich beim Härten leicht verziehen, besonders roh vorgeschruppte Teile und ähnliches.

Für die Einteilung der Arbeit zwischen Drehbank und Schleifmaschine bestehen folgende zwei Möglichkeiten: entweder man schlichtet sorgfältig bis zum gewünschten Maß mit einer Zugabe von 0,2—0,4 mm und schleift diesen geringen Rest herunter, oder man schruppt ganz roh und schnell, d. h. mit großem Vorschub und hoher Geschwindigkeit und läßt eine größere Zugabe für das Schleifen. Beide Verfahren haben ihre Vor- und Nachteile und ihre Anwendung richtet sich nach den zu bearbeitenden Werkstücken. Für starke Wellen, die schwere Schnitte auf der Drehbank aushalten, ist die zweite Methode vorteilhaft, während schlanke Wellen lieber nach dem ersten Verfahren zu behandeln sind.

stoffarme Oberfläche, die gleichmäßig abgenommen werden muß, um eine richtige Härtung zu erzielen. Das Geraderichten darf nicht im kalten Zustande geschehen, weil sich sonst die Stange bei jeder späteren Erwärmung wieder verzieht. Nach dem Abdrehen muß man das Stangenmaterial sorgfältig ausglühen. Sollte die Stange auch nach dem zweiten Ausglühen noch verzogen sein, so muß sie sofort im heißen Zustande gerichtet und darauf noch einmal abgedreht werden. Nach dieser Behandlung läßt sie sich erfahrungsgemäß ohne Schwierigkeiten gut schleifen.

Bei abgesetzten Wellen empfiehlt es sich, vor jedem Bunde auf der Drehbank einen kleinen Einstich machen zu lassen. Die Schleifscheibe braucht dann nicht haargenau eingestellt zu werden, um die scharfe Ecke vor dem Bunde herauszubekommen. Ferner hat man bei solchen abgesetzten Wellen darauf zu achten, daß sämtliche Zentrierlöcher dieselbe Tiefe erhalten, damit die Anschläge für den Schleifschlitten immer in derselben Stellung bleiben können. Das spielt natürlich eine große Rolle, wenn es sich um größere Mengen desselben Werkstückes handelt.

Genutete Wellen werden in der Weise hergestellt, daß man zunächst die Welle auf den gewünschten Durchmesser abschruppt, dann die Nuten schneidet und schließlich schleift. Die Fertigstellung einer solchen Welle mit Hilfe der Feile auf der Drehbank wäre kaum möglich, weil die Feile fortwährend gegen die Nute stoßen würde.

Bei gehärteten Teilen muß man die Zentrierlöcher nach dem Härten sorgfältig reinigen und schmieren. Aufgeworfener Grat ist sorgfältig zu beseitigen. Zum Schmieren hat sich eine Mischung von Mennige (Bleioxyd) und Specköl sehr gut bewährt.

Breite der Schleifscheibe.

Die zu wählende Breite der Schleifscheibe richtet sich hauptsächlich nach den Abmessungen des Arbeitsstückes und nach der Bauart der Maschine. Die ersten Schleifmaschinen hatten infolge ihrer leichten Konstruktion durchweg sehr schmale Scheiben. Die übliche Breite der Scheiben für alle Maschinen war eine Zeitlang etwa 12 mm. Hand in Hand mit der Entwicklung der Schleifmaschine haben auch die Abmessungen der Schleifscheibe beständig zugenommen. Heutzutage sind Scheiben mit einer Breite von 300 mm keine Seltenheit mehr.

In den Fig. 7—12 sind verschiedene Beispiele für die Bemessung der Scheibenbreite dargestellt. Für das Schleifen mit hin und her gehender Scheibe kann man theoretisch

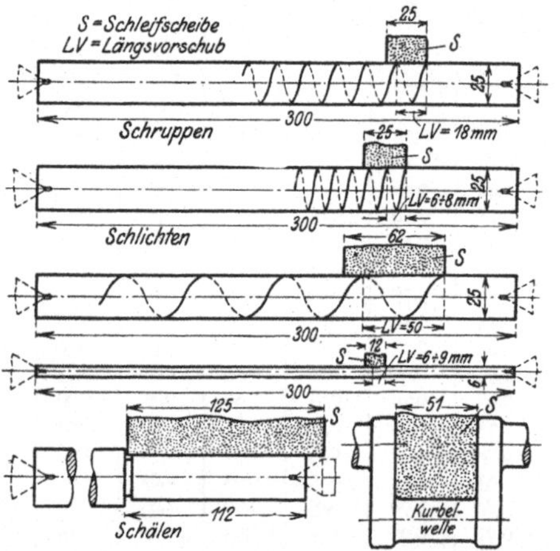

Fig 7—12. Beispiele für die richtige Bemessung der Scheibenbreite und des Längenvorschubes (LV).

den seitlichen Vorschub höchstens gleich der Breite der Scheibe machen. In der Praxis geht man herunter bis $^2/_3$ der Breite für Schrupparbeit (Fig. 7) und $^1/_3$ bis $^1/_4$ der Breite für Schlichtarbeit (Fig. 8). Die Breite der Scheibe hängt somit eng zusammen mit der Größe des Vorschubes und damit auch mit der erzielbaren Leistung. Voraussetzung für die Wahl einer breiten Scheibe ist dabei, daß die Maschine und das Werkstück starr genug sind, um infolge des Schnittdruckes nicht nachzugeben, wodurch ungenaue Arbeit entstehen würde. Die beiden Forderungen nach großer Leistung einerseits und großer Genauigkeit andererseits müssen sorgfältig gegeneinander abgewogen werden, um die Breite der Scheibe richtig zu bestimmen.

Die höhere Leistung der Maschine wird hauptsächlich durch die größere Breite der Scheibe bedingt. Man wird mit der in Fig. 9 dargestellten Anordnung natürlich eine größere Menge von Werkstücken herausbringen als bei Fig. 7. Die übliche Breite der Schleifscheibe beträgt heutzutage zwischen 35 und 100 mm. Bei den breiteren Scheiben muß man von den Brillen zur Unterstützung des Werkstückes weitgehendsten Gebrauch machen. Bei dünnen Wellen (Fig. 10) kann man breitere Scheiben höchstens dann anwenden, wenn die Wellen nicht gehärtet sind, denn sonst wird der erzeugte Druck zu groß.

Ein Beispiel für das Schälen ist in Fig. 11 gegeben. Die Scheibe muß etwas breiter sein als die Schleiflänge. Die Überstände werden in der Praxis zwischen 6 und 25 mm bemessen. Beim Schleifen der Zapfen von gekröpften Kurbelwellen (Fig. 12) ist die Breite der Scheibe genau durch die Länge des Zapfens bestimmt. Ähnliche Fälle, wo die Schleiflänge durch Bunde oder dergleichen begrenzt ist, wird man nicht selten finden.

Geschwindigkeiten der Schleifscheibe und des Arbeitsstückes.

Für die Schleifscheiben werden gewöhnlich Umfangsgeschwindigkeiten zwischen 25 und 35 m/sec empfohlen. Scheiben mit einem geringeren Härtegrad als K dürfen nicht über 30 m/sec machen, während besonders harte Scheiben bis 45 m/sec aushalten können, wobei nicht gesagt sein soll, daß diese hohen Geschwindigkeiten auch für den Betrieb geeignet sind. Schleifräder aus Korundum, Alundum und ähnlichen Schleifmitteln laufen in der Praxis mit 30 m/sec, während solche aus Karbolit, Krystolon, Karborundum und dergl. nur mit zirka 24 m/sec betrieben werden.

Auch die Wahl der Scheibengeschwindigkeit hängt von der Bauart der Maschine ab. Bei schweren Maschinen kann man z. B. mit Vorteil weichere Scheiben verwenden, als bei leichten, weil die großen Massen der schweren Maschinen Erschütterungen abdämpfen und die weichere Scheibe wirksamer machen als bei den leichten Maschinen und harten Scheiben.

Die Wirksamkeit einer Schleifscheibe hängt ferner von der Relativgeschwindigkeit zwischen Scheibe und Werkstück in hohem Maße ab. Um in dieser Beziehung Klarheit zu schaffen, können eigene Versuche mit fortlaufenden Aufzeichnungen nur warm empfohlen werden. Um für die Aufzeichnungen eine Konstante als Ausgangspunkt zu haben, ist es ratsam, nur mit einer und derselben Scheibengeschwindigkeit zu arbeiten und die Umfangsgeschwindigkeit des Werkstückes so lange zu ändern, bis ein befriedigendes Resultat erzielt wird. Nach der Bestimmung der beiden vorhergenannten Geschwindigkeiten muß man an die Festlegung der Vorschübe herantreten. Diese üben einen direkten Einfluß auf die Abnutzung der Schleifscheibe aus. Für die Abnutzung der Scheibe lassen sich folgende allgemeine Regeln aufstellen: Wenn die übrigen Verhältnisse unverändert bleiben, wird die Scheibe um so schneller abgenutzt: 1. je größer die Geschwindigkeit des Werkstückes, 2. je tiefer der abgenommene Span, 3. je stärker die Erschütterung der Maschine.

In der heutigen Praxis findet man zwei Gruppen von Kombinationen zwischen Scheibengeschwindigkeiten, Werkstückgeschwindigkeiten und Vorschüben. In der ersten Gruppe hat man es mit weichen, breiten Scheiben, geringen Geschwindigkeiten und größeren Längsvorschüben bei ziemlich beträchtlicher Spantiefe zu tun; während bei der zweiten Gruppe mit schmalen, harten Scheiben, hohen Geschwindigkeiten und geringen seitlichen Vorschüben gearbeitet wird. Die Spantiefe steht in umgekehrtem Verhältnis zur Größe des Längsvorschubes; d. h. sie kann gesteigert werden, wenn gleichzeitig der Längsvorschub entsprechend vermindert wird. Die eben geschilderten Verhältnisse eignen sich für Schrupparbeiten und die normalen Schlichtarbeiten. Um besonders glatte Oberflächen zu erzielen, werden höhere Geschwindigkeiten, kleinere Längsvorschübe und feinere Tiefenschaltungen mit Scheiben von feiner Körnung und harter Bindung empfohlen.

Die Frage der richtigen Geschwindigkeiten ist, wie man sieht, nicht ohne weiteres allgemein zu beantworten. In der ersten der vorhin erwähnten Gruppen beträgt die Geschwindigkeit des Werkstückes zwischen 1,5 und etwa 6 m/min für Schrupparbeiten und zwischen 8 und 12 m/min für Schlichtarbeiten. Der Längsvorschub beträgt zwischen

²/₃ und der vollen Breite der Schleifscheibe für jede Umdrehung des Werkstückes. Die zweite Gruppe verlangt Werkstücksgeschwindigkeiten zwischen 8 und 20 m/min für Schrupparbeiten und 20—30 m/min für Schlichtarbeiten, während der Längsvorschub ¼ bis ½ der Scheibenbreite beträgt.

Die Beschaffenheit des zu schleifenden Materials hat ebenfalls einen großen Einfluß auf die passende Werkstücksgeschwindigkeit. Wenn einmal die richtige Scheibengeschwindigkeit festgestellt ist, ist es allerdings leichter, die entsprechende Werkstücksgeschwindigkeit durch Versuche zu bestimmen. Die Zahlentafel II gibt die Werkstücksgeschwindigkeiten für durchschnittliche Arbeiten.

Übertragungsglied die Erschütterungen hervorruft, weil er bei schweren Schnitten fortwährend auf Verdrehung beansprucht ist.

Die durch das Rattern verursachten Marken nehmen meistens die Form kleiner Flecken an, die auf der Oberfläche des Werkstückes erscheinen. Aus ihrem Aussehen kann man manchmal auf die Ursache des Fehlers schließen. Wenn sie in einer Schraubenlinie von starker Steigung erscheinen, rührt das Übel von schlechteingestellter oder ungleichmäßiger Scheibe her. Wenn die Schraubenlinie nur von geringer Steigung ist, so ist die Ursache in Erschütterungen der Schleifspindel zu suchen, die entweder zu schwach ist oder zu lose in den Lagern läuft. Auch

Zahlentafel II.

Zweckmäßige Geschwindigkeiten des Werkstückes beim Rundschleifen.

Material des Werkstückes	Schleifmittel	Art der Herstellung der Scheibe	Korn	Grad	Umfangsgeschwindigkeit des Werkstückes in m/min.	
					Schruppen	Schlichten
Aluminium (Guß)	Karbolit Karborundum oder Krystolon	elastische Bindung	36—40	2 E — 2½ E 2 4	18—21	18—21
Messing oder Bronze (Guß)	Korund Karborundum oder Krystolon	im Hochfeuer gebrannt (verglast)	24—30	M — N L — M P	18—21	18—21
Gußeisen	Karbolit Karborundum oder Krystolon	gebrannt (verglast)	40—46	K — M L — N L — M	15—17	15—17
Legierte Stähle (vergütet)	Nr. 38 Alundum Nr. 58 Korund Aloxit	gebrannt (verglast)	24 komb. 40	L J	6—7,5	9—12
Ungehärteter Stahl mit 0,2—0,5 vH Kohlenstoff	Nr. 38 Alundum Nr. 58 Korund Aloxit	gebrannt (verglast)	24—36 komb. 36	L — M M — O	7,5—9	12—14
Gehärteter Stahl mit 0,2—0,5 vH Kohlenstoff	Alundum Korund oder Aloxit	gebrannt (verglast)	46 36	K P	9—10	15—17

Bemerkung: Zugrunde gelegt ist für Scheiben aus Alundum, Aloxit und Korund eine Umfangsgeschwindigkeit von 30 m/sec., für solche aus Karbolit, Karborundum und Krystolon eine Geschwindigkeit von 28 m/sec. Auf dieser Zahlentafel sind, wie im Original, nur die amerikanischen Schleifmittel erwähnt. In einem späteren Abschnitt werden die deutschen Schleifscheiben besonders behandelt.

Ursachen des Ratterns und Mittel zur Bekämpfung.

Es hat lange gedauert, bis man die richtige Ursache jenes unangenehmen Zitterns des Werkstückes herausfand, das man in der Werkstatt als „Rattern" bezeichnet. Bei Beobachtung dieser Erscheinung drängt sich zunächst der Gedanke auf, als könnte sie nur durch Erschütterungen der zu schwach bemessenen Maschine hervorgerufen sein. Daraus erklärt sich, daß die meisten Anstrengungen auf stärkere Bemessung der Maschinen und der Fundamente hinausliefen.

Jetzt weiß man ganz gut, daß die Ursache wo anders zu suchen ist und daß alle Werkstücke beim Schleifen mehr oder weniger unter dem Druck der Schleifscheibe zittern, ganz gleichgültig, auf welcher Maschine sie bearbeitet werden. Das Rattern wird also nicht durch die Maschine, sondern durch das Arbeitsstück selbst, durch die falsche Unterstützung und durch die Wahl ungeeigneter Geschwindigkeiten und Vorschübe verursacht.

Auch in der schlechten Ausführung der Zahnräder hat man die Quelle des besprochenen Fehlers zu suchen geglaubt. Man überzeugte sich aber bald, daß auch diese nicht die richtige ist. Etwas wahrscheinlicher klingt die Erklärung, daß in einigen Fällen der Mitnehmer als federndes

die Treibriemen bringen Erschütterungen hervor, wenn sie nicht über die ganze Länge gleichmäßig dick sind. Ein gutes Mittel gegen das Rattern ist die Anwendung reichlich bemessener Zentrierlöcher, so daß das Material recht kräftig gestützt wird. Vor allen Dingen ist aber auf das richtige Verhältnis zwischen Werkstücks- und Scheibengeschwindigkeit zu achten; die Scheibe darf unter keinen Umständen schmieren, sondern muß immer freischneiden.

Ganz besonders stellt sich das Zittern ein bei Werkstücken mit exzentrischer Form, wie z. B. bei gekröpften Kurbelwellen. Das wirksamste Mittel dagegen ist eine vollkommene Auswuchtung des Werkstückes unter gleichzeitiger Verminderung der Arbeitsgeschwindigkeit.

Die hauptsächlichste und ausschlaggebende Quelle des Ratterns ist aber in der ungenügenden Unterstützung des Werkstückes zu suchen. Daraus ergibt sich als wirksamstes Mittel gegen diesen Fehler: die vernünftige Anwendung von feststehenden Brillen. Der Gebrauch der Brillen bringt immer irgend einen Vorteil mit sich; im folgenden werden wir uns daher etwas eingehender mit diesem wesentlichen Ausrüstungsteil der Schleifmaschine beschäftigen.

Verschiedene Konstruktionen von feststehenden Brillen.

Eine der einfachsten Konstruktionen ist in Fig. 13 dargestellt. Diese Brille läßt sich nicht nach allen Richtungen einstellen, daher ist ihr Anwendungsgebiet beschränkt. Die Backen sind abnehmbar, so daß man nach Belieben solche aus Holz oder aus Bronze verwenden kann. Für gehärtetes Material wird man Bronze vorziehen. Weiter unten ist ihre zweckmäßige Ausbildung sowie die Wahl der Materialien eingehender behandelt. Im vorliegenden Falle ist ein keilförmiger Holzklotz verwendet. Wenn man nur wenige Werkstücke zu schleifen hat, empfiehlt es sich, die Backen aus Holz herzustellen, weil diese billiger sind und sich leichter dem Werkstück anpassen lassen, als die metallenen. Die Konstruktion der Brille ist ohne weiteres aus der Zeichnung verständlich.

Eine nach allen Richtungen verstellbare Brille ist in Fig. 14 gezeichnet. Die Backen werden gewöhnlich aus Bronze gemacht, und zwar für jeden Durchmesser des Arbeitsstückes verschieden bemessen. Dieses Modell wird mit Vorzug für Werkstücke angewendet, die eine große Genauigkeit verlangen, besonders für Wellen mit Keilnuten und unter 25 mm im Durchmesser. Mit Hilfe dieser Brille kann man größere Späne abnehmen. Beide Backen stehen unter Federdruck.

Die Bedienung der Brille ist wie folgt: zunächst befestigt man den Backenhalter mit Hilfe des Bolzens a, der in das V-förmige Lager b hineingebracht wird. Die

Backen mit dem Werkstück erfolgt, und die Schraube f wird so eingestellt, daß auf die abnehmenden Durchmesser des Werkstückes Rücksicht genommen wird. Wenn das Probestück beinahe die gewünschten Fertigmaße erhalten hat, muß man sorgfältig nach jedem Schnitt kontrollieren, an welchen Stellen die Brille trägt. Wenn das Versuchsstück fertig ist, muß die Brille in den Punkten A und B gut tragen, und die Mutter k muß sich bei dieser Endstellung gegen den darunter befindlichen Bund lehnen. Erst nach diesem Probeschleifen kann man die folgenden Werkstücke in Arbeit nehmen, wobei sämtliche Teile der Brille in der eben vorgenommenen Einstellung bleiben können. Die Schraube c wird nur in dem Maße nachgezogen, wie die Schuhe sich abnutzen, während die Schraube f zum Ausgleich für die langsam abnehmenden Durchmesser dient. Zur Beurteilung der Wirksamkeit dieser äußerst feinfühligen Nachstellungen beobachtet man am besten die entstehenden Funken.

Wenn einmal sämtliche Schrauben richtig eingestellt sind, drücken die Federn das Werkstück niemals über das richtige Maß hinaus. Hat ein Werkstück das gewünschte Fertigmaß erreicht, so erkennt man das daran, daß die Mutter k und die Schraube f gegen die entsprechenden Anschläge stoßen, so daß ein Weitervorschieben der Brille unmög-

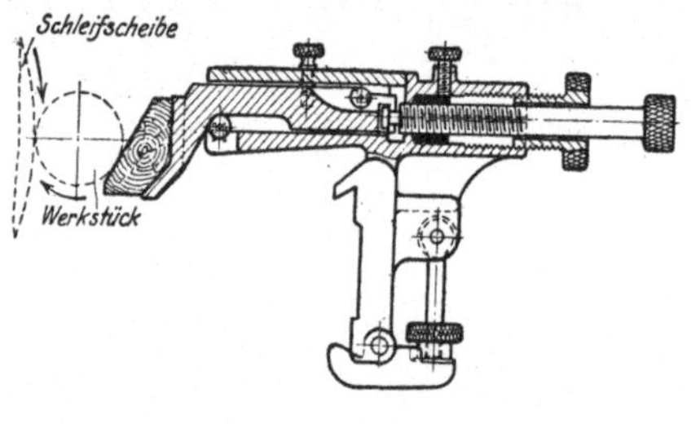

Fig. 13.

Einfachste Brillenkonstruktion mit Einstellung nach einer Richtung.

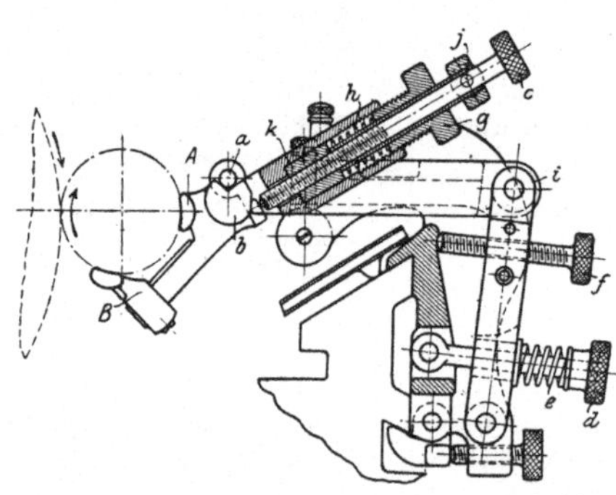

Fig. 14. Federnde Brille mit allseitiger Einstellung.

Schraube c wird vorher so weit zurückgeschoben, daß die Backe überhaupt frei hineingelegt werden kann, ohne das Werkstück zu berühren; die Mutter d wird ebenfalls abgezogen, um die Feder e zu entspannen. Dann dreht man die Stellschraube f zurück und zieht die Mutter g an, bis die Feder h leicht angespannt wird. Die Schraube c muß nunmehr vorgeschraubt werden, und wenn die Feder e völlig entlastet ist, und die Schraube f weit genug zurückgedreht ist, kommen die beiden Schuhe A und B in Berührung mit dem Schleifstück. Nunmehr läßt sich ein geringer Druck auf den Bolzen i ausüben, damit die Brille sich fest an das Werkstück anlegt. Die Schraube f ist dazu sorgfältig anzuziehen; man muß nur darauf achten, daß die Schraube nur leise den zugehörigen Anschlag berührt, damit keine Teile gewaltsam aus ihrer Lage gebracht werden. Wenn diese Schraube richtig den Anschlag berührt, ist man sicher, daß die Brille in den Punkten A und B richtig trägt. Die Mutter d ist zum Schluß anzuziehen, um die Pressung der Feder e zu steigern. Durch das Zusammenwirken der beiden Federn e und h wird der Druck der Schleifscheibe auf das Werkstück vollständig aufgenommen, und zwar gleichgültig, welche Schnittiefe gerade eingestellt ist. Nachdem man die erforderlichen Einstellungen vorgenommen hat, wird die ganze Vorrichtung durch Anziehen der Schraube j verriegelt, wodurch die Schraube c gegen Lockern gesichert ist.

Nach erfolgter Einstellung empfiehlt es sich, zunächst ein Werkstück zur Probe zu schleifen. Die Schraube c wird so angezogen, daß eine beständige Berührung der

lich ist. Voraussetzung für die richtige Einstellung ist, daß die Federn e und h die richtige Vorspannung erhalten haben. Wenn der Druck in den Punkten A und B ungleichmäßig verteilt ist, so kann man dies dadurch ausgleichen, daß man die Mutter d oder g anzieht, wodurch im ersten Falle der Druck bei A, im zweiten derjenige bei B vergrößert wird.

Eine dritte Brillenkonstruktion ist in Fig. 15 und 16 zur Darstellung gebracht. Es ist dies eine sogenannte starre Brille, bei der keine nachgiebigen Glieder (Federn) vorhanden sind. Bei Anwendung von gehärteten und geschliffenen Backen erreicht man mit dieser Konstruktion eine hohe Genauigkeit, bis zu den Grenzen von 0,0125 mm. Diese gehärteten Backen lohnen sich natürlich nur dann, wenn größere Mengen desselben Werkstückes zu schleifen sind; sonst kann man auch mit hölzernen auskommen.

Bei diesen Brillen muß man die Backe fest gegen das Werkstück pressen, gleichgültig ob die Welle genau rund läuft oder nicht. Meistens trauen sich die Arbeiter nicht, so fest anzuziehen, weil sie sehen, daß die Welle ganz krumm gebogen wird. Das ist aber nur so lange der Fall, wie die gewünschten Fertigmaße noch nicht erreicht sind. Wenn die für das Schleifen zugegebene Materialzugabe abgenommen ist, stellt sich das Werkstück von selbst in die richtige Lage ein.

Zum Gebrauch der beschriebenen Brille muß man folgendermaßen vorgehen: Der einstellbare Träger A der Brille läßt sich nach allen Richtungen hin bewegen, während der Gußkörper B fest auf dem Bett der Maschine mittels eines Spannhebels C und einer Mutter D angebracht ist. Der Deckel E läßt sich nach Abziehen der Schraube beiseite schieben, so daß man an den vorhin erwähnten Träger A herankommen kann. Die Backen sind gehärtet und auf genaues Maß geschliffen und lassen sich mittels einer Schraube H schnell auf dem Halter G befestigen. Die Befestigung

Eine weitere Konstruktion einer Brille ohne Federn ist aus der Zeichnung Fig. 17—18 ersichtlich. Jede Brille hat hierbei zwei Klötze aus Hartholz für die senkrechte Einstellung und zwei für die wagerechte. Die Befestigung am Bett der Maschine wird genau so vorgenommen, wie beim vorherigen Modell, die Einstellung der Backen ist auch ähnlich. Der Winkel der unteren Backen wird

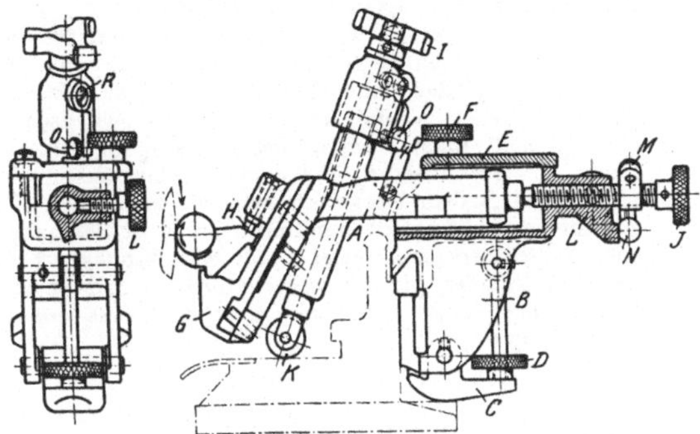

Fig. 15 u. 16. Starre Brillenkonstruktion mit auswechselbaren Backen.

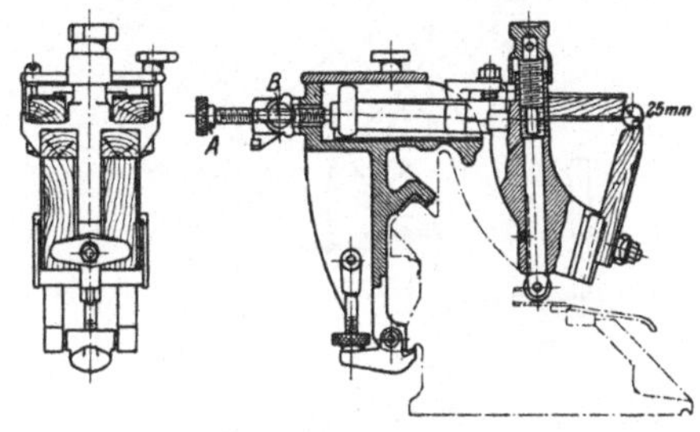

Fig. 17 u. 18. Andere Konstruktion einer Brille ohne Federn mit auswechselbaren hölzernen Backen.

ist, wie man sieht, schnell zu bedienen und vollkommen sicher, weil die Stützung an drei Punkten erfolgt.

Die Einstellung der Brille in senkrechter Richtung übernimmt der Sterngriff I, während die wagerechte Einstellung mit Hilfe der gekordelten Mutter J bewerkstelligt wird. Die Rolle K bewegt sich frei auf einer bearbeiteten Fläche des Bettes und gestattet zugleich die wagerechte Verschiebung der ganzen Konstruktion, so daß die Brille sich den Ungenauigkeiten des zu schleifenden Werkstückes anpassen kann. Die gekordelte Mutter L dient zur Festlegung der Schraube J, wenn erforderlich. Der einstellbare Anschlag M, der auf der Schraube J festgestellt wird, begrenzt den Hub der Schraube, sobald die richtige Tiefe erreicht ist. Zur Feststellung dieses Anschlages M dient die Schraube N. Die Schraube J läßt sich vollständig zurückziehen, um ein neues Werkstück aufzunehmen; die Endstellung wird immer wieder durch den Anschlag M gefunden. Während der Bearbeitung stellt man von Zeit zu Zeit die Schraube weiter ein, bis der Anschlag erreicht ist. Die Anschlagschraube O erzielt die gleiche Einstellung der senk-

verschieden bemessen, je nach dem Durchmesser des Werkstückes, wie später gezeigt werden wird. Auch das Material für die Backen muß von Fall zu Fall nach den weiter unten angegebenen Gesichtspunkten gewählt werden. Hölzerne Backen werden bei diesen Brillen bis zu einem Durchmesser von 100 mm verwendet, darüber hinaus muß man Gußeisen wählen.

Die Konstruktion Fig. 19 weicht von den vorherigen insofern ab, als die beiden Backen vollständig unabhängig von einander arbeiten. Die wagerechte Backe A wird an einem verschiebbaren, durch eine Feder B belasteten Schieber E befestigt und läßt sich durch die Schraube C einstellen. Die Spannung der treibenden Feder kann mittels der Mutter D sehr fein reguliert werden. Der Schieber E wird mit Hilfe der Stellschraube F in jeder beliebigen Lage festgeklemmt. Die untere Backe sitzt auf einem Halter G, der drehbar angeordnet ist und mit Hilfe der Schraube H fühlbar nachgestellt werden kann, um eine Anpassung an den wechselnden Durchmesser des Werkstückes zu erzielen. Für gehärtete Arbeitsstücke oder für Massenherstellungen lassen sich

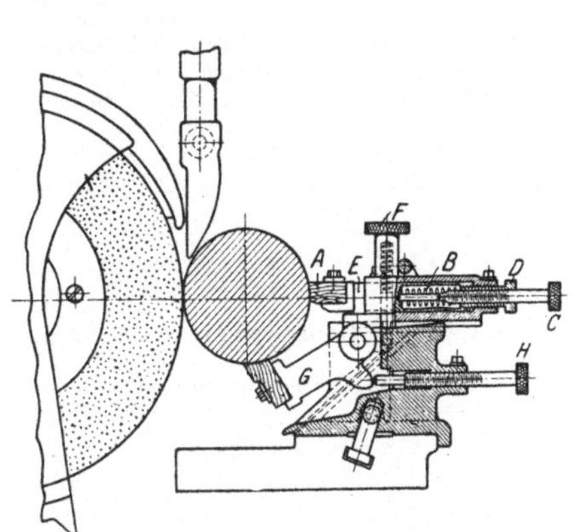

Fig. 19. Brille mit getrennt einstellbaren Backen.

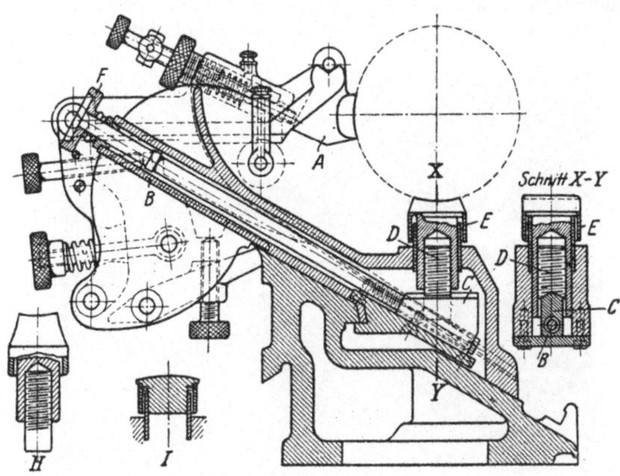

Fig. 20—23. Brille mit Keileinstellung für die untere Backe.

rechten Bewegung der Brille, indem sie gegen den Anschlag P stößt. Die Schraube R verbindet den Anschlag O mit der Einstellspindel, die durch den Handgriff I vorgeschoben wird. Hölzerne Backen lassen sich auch auf der beschriebenen Brille verwenden, wenn nur wenige Werkstücke von derselben Abmessung zu schleifen sind.

natürlich die hölzernen Backen durch solche aus Bronze oder aus gehärtetem Stahl ersetzen.

In Fig. 20—23 zeigen wir eine Brille, die sich besonders für schwerere Arbeitsstücke eignet. Der obere Teil ist ähnlich wie der in Fig. 14 angeordnet, und die Backe A läßt sich auch in derselben Weise einstellen. Die untere Backe dagegen wird durch die Schraube B auf und ab bewegt. Der Antrieb läßt sich am deutlichsten aus dem Schnitt XY ersehen. Die Schraube B treibt nämlich einen Keil C, der in einem Schlitz der Schraube D läuft. Diese letzte dient

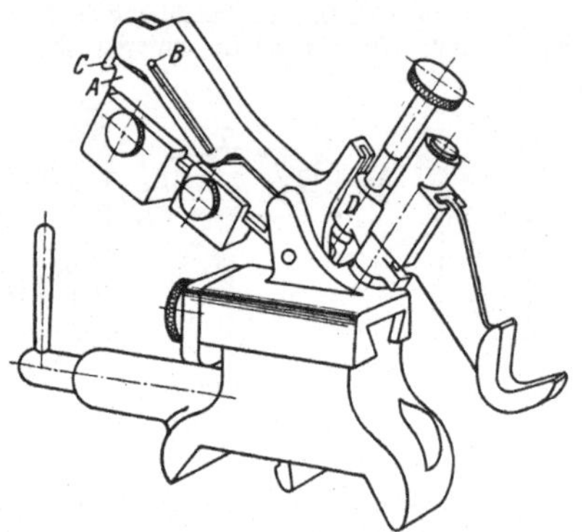

Fig. 24. Brille mit selbsttätiger Nachstellung der Backen.

zugleich als Unterstützung für die Backe E, und zwar kann man diese Unterlage nach Belieben höher oder niedriger legen, um, trotz des beschränkten Hubes des Keiles C, sich den verschiedenen vorkommenden Durchmessern der abzuschleifenden Wellen anzupassen. In dem Maße, wie das Werkstück im Durchmesser abnimmt, muß man mit der Mutter F nachkommen, während die obere Backe durch eine Feder selbsttätig im richtigen Maße vorgeschoben wird. Die unteren Backen können verschieden ausgebildet werden, wie bei H und I gezeichnet. Die Backe H ist für kleinere Durchmesser, I für größere entworfen.

Die aus der perspektivischen Zeichnung Fig. 24 ersichtliche Brille ist so durchgebildet, daß die Backe sich selbsttätig dem abnehmenden Durchmesser des Werkstückes anpaßt und stets eine gleichmäßige Unterstützung gewährt. Die richtige Lage zwischen Werkstück und Unterstützungsbacke wird durch die senkrechte Bewegung des Hebels A gewährleistet, der den Backenhalter D und damit auch die Backe hebt, in dem Maße, wie das Arbeitsstück abnimmt. Durch die Bewegung von A nach unten wird nämlich die Rolle B an einem Schlitz entlang geführt.

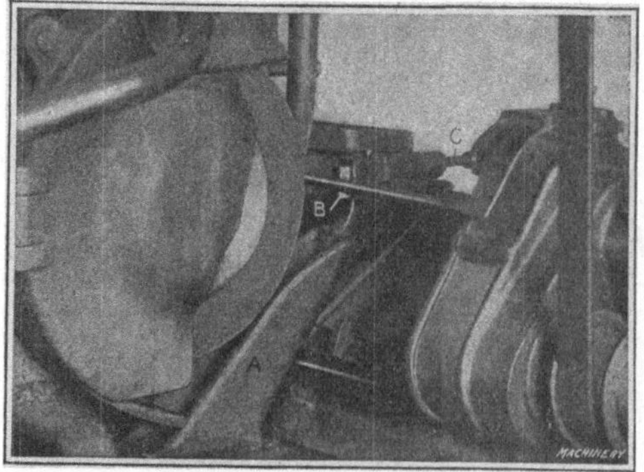

Fig. 25. Mitgehende Brille.

Die Neigung der Bahn für die Rolle B ist dabei so gelegt, daß diese den Unterstützungsdruck aufnehmen kann, ohne zurückzugleiten. Der richtige Druck wird durch Gewichte eingestellt, die auf dem Hebel A sitzen und durch Schrauben in der gewünschten Lage festgehalten werden. Nach erfolgter Bearbeitung werden die Backen durch Zurück-

ziehen der Rolle B und des Hebels A in ihre ursprüngliche Lage vom Werkstücke abgehoben. Der Hub wird durch den Anschlag C begrenzt. Sowohl die Einstellung in senkrechter als auch in radialer Richtung läßt sich durch Einstellschrauben bewerkstelligen. Die ganze Brille wird auf der Maschine durch Exzenterhebel befestigt.

Zum Schluß bringen wir noch in Fig. 25 eine mitgehende Brille, die beständig die Schleifscheibe begleitet und somit den Schleifdruck dicht unter der Erzeugungsstelle aufnimmt. Der Backenhalter A wird am Schlitten der Schleifscheibe befestigt und nimmt somit an dessen Bewegung teil. Die Backe B wird entweder rund oder V-förmig ausgebildet, damit sie sich dem Werkstück anpassen kann. Die Einstellung der Backen wird unmittelbar durch die Schraube C ohne Zwischenschaltung einer Feder bewerkstelligt. Diese Art Brillen werden mit gutem Erfolg für lange und schlanke Wellen angewendet, und man erzielt damit die größten Genauigkeiten.

Gebrauch und Einstellung der Brillen.

Fast alle Praktiker sind darin einig, daß größere Leistungen nur durch Anwendung mehrerer Brillen zu erzielen sind, und daß es kaum einen Fall gibt, in dem man ohne dieselben auskommt. Trotzdem findet man oft, daß die

Fig. 26. Beispiel für die Anwendung von Brillen beim Schleifen einer schlanken Welle.

Brillen nur dann gebraucht werden, wenn es überhaupt nicht anders geht. Bei einem Werkstück von z. B. 40 mm Durchmesser und 100 mm Länge könnte man im Zweifel sein, ob sich der Gebrauch einer Brille lohnen würde, während es ohne weiteres einzusehen ist, daß eine Welle von 1 m Länge und 25 mm Durchmesser unmöglich ohne Brille

Zahlentafel III.
Bestimmung der erforderlichen Anzahl von Unterstützungsbrillen.

Durchmesser des Werkstückes in mm	Länge zwischen den Spitzen in mm										
	150	300	450	600	750	900	1050	1200	1500	1800	2100
	Zweckmäßige Anzahl von Brillen										
12— 19	1	2	3	4	5	7	8	—	—	—	—
19— 25	—	1	2	3	4	5	6	7	—	—	—
25— 35	—	1	2	2	3	4	5	5	7	—	—
35— 48	—	1	1	2	2	3	4	4	5	7	—
50— 60	—	—	1	1	2	2	3	3	4	5	6
61— 75	—	—	1	1	2	2	2	3	4	5	5
76—100	—	—	1	1	1	2	2	2	3	4	5
101—125	—	—	—	1	1	1	2	2	3	3	4
126—150	—	—	—	1	1	1	1	2	2	3	3
151—200	—	—	—	—	1	1	1	1	2	2	3
201—250	—	—	—	—	—	1	1	1	1	2	2
251—300	—	—	—	—	—	—	1	1	1	1	2

gerade und genau geschliffen werden kann. Grundsätzlich kann man sagen, daß die Anzahl der Brillen durch den Durchmesser und die Länge des Werkstückes gegeben ist. Man kann natürlich keine allgemeinen Regeln aufstellen, weil auch die Form des Arbeitsstückes eine Rolle spielt. Für gewöhnlich wird jedoch bei Wellen von 25 mm Durchmesser alle 150 mm eine Brille aufgestellt, je größer der Durchmesser, um so weniger Brillen und um so größere Entfernungen zwischen ihnen. Die Zahlentafel III geben wir als Anhalt für gewöhnliche Fälle, d. h. für glatte, nicht abgesetzte Wellen. Wenn die Wellen Bunde haben und überhaupt verschiedene Durchmesser aufweisen, wird man natürlich die gemachten Angaben entsprechend ändern. Im allgemeinen richtet sich die Anzahl der erforderlichen Brillen nach dem kleinsten vorkommenden Durchmesser, besonders dann, wenn dieser in der Nähe der Spitzen liegt. Natürlich muß man auch Rücksicht auf die Stelle nehmen, wo der Schleifstein gerade arbeitet. Weiteres über den Gebrauch der Brillen wird man aus den später angeführten praktischen Beispielen entnehmen.

Die Fig. 26 gibt ein gutes Beispiel für die Verwendung der Brillen. Die zu schleifende Welle ist an den Enden schwächer bemessen als in der Mitte, und zwar beträgt der größere Durchmesser 25 mm, der kleinere 18 mm, während die Gesamtlänge 1200 mm ist. Die Länge der beiden schwächeren Enden beträgt 125 mm auf der einen, 240 mm auf der anderen Seite. Wie man sieht, kommen hierbei 5 Brillen zur Verwendung.

Beschaffenheit der Unterstützungsbacken.

Als Materialien für die Backen kommen gehärteter Stahl, Gußeisen, Bronze und verschiedene Holzarten in Betracht. Jedes Material hat seine bestimmten Anwendungsgebiete. Im folgenden sollen diese kurz gekennzeichnet werden.

In Fig. 27—35 ist bei A die einfachste Form einer einzelnen Backe dargestellt. Für gewöhnlich wird diese aus hartem Holz (Ahorn oder Hickory) gemacht. Wenn das Werkstück verhältnismäßig schwer ist, tut man besser, metallene Backen an Stelle der hölzernen zu verwenden. Die Vorteile der hölzernen Backen bestehen darin, daß sie sich leichter dem Werkstück anpassen lassen, wodurch sie billiger werden, so daß sie immer vorzuziehen sind, wenn man sie nur für eine kleinere Menge Arbeitsstücke braucht.

Bei B ist die Anordnung für die Verwendung zweier Backen aus Holz angegeben. Die beste Form für die Spannbacken ist die eines Kreissegmentes, das ungefähr die Hälfte des zu schleifenden Umfanges umfaßt. Aus der Abbildung sieht man, daß die Welle eine Keilnute hat, wodurch die

Anwendung einer größeren Auflagerfläche gerechtfertigt erscheint. Die Breite dieser Auflagerfläche darf niemals kleiner sein als etwaige Schlitze oder Nuten des Werkstückes, denn sonst würde die Backe einhaken. Bei der Einstellung ist darauf zu achten, daß die untere Backe so nahe wie möglich an die Schleifscheibe kommt, während die obere in Richtung der Mittellinie des Werkstückes zu bringen ist, wie die Abbildung zeigt.

Eine weitere Form der hölzernen Backen ist bei C zu sehen. Diese sind für Brillen ohne Federung bestimmt. Die eingeschriebenen Winkel α und β richten sich nach dem Durchmesser des Arbeitsstückes, etwa nach untenstehender Tabelle.

Durchmesser des Werkstückes in mm	Winkel α	Winkel β
25— 90	80°	77° 30'
90—100	80°	62° 30'
100—125	80°	47° —
125—150	80°	58° —
150—200	80°	67° 30'

Für Durchmesser zwischen 25 und 100 mm genügen Backen aus hartem Holz, während für solche zwischen 100 und 200 mm die untere Backe aus Bronze herzustellen ist, mit einem Halter aus Gußeisen (vgl. D).

Bei E sieht man eine Backe, die aus einem Stück gehärteten und geschliffenen Stahls besteht, und die sich sehr schnell in der aus der Figur ersichtlichen Weise an der Brille befestigen läßt. Diese Ausführung wird besonders für gehärtete Teile empfohlen.

Eine kleine Abweichung gegenüber der vorigen zeigt die Konstruktion F, die für Werkstücke von kleinerem Durchmesser auf größeren Maschinen gebraucht wird. Sie ist ebenfalls aus Stahl hergestellt und gehärtet und geschliffen, und eignet sich gleichfalls für gehärtete Teile, die in größeren Mengen zu schleifen sind.

Eine weitere Ausführungsform ist bei G dargestellt. Diese besteht aus Bronze und ist mehr für Brillen mit Federbelastung bestimmt. Für jeden Durchmesser des Werkstückes ist eine besondere Backe mit entsprechenden Abmessungen erforderlich.

Die bei H ersichtlichen Backen werden ebenfalls vornehmlich bei federnden Brillen verwendet. Die untere Backe c läßt sich auf dem Halter d verschieden einstellen, wodurch eine einfache Anpassung an die verschiedenen Durchmesser des Werkstückes erzielt wird. Man braucht also von dieser Sorte Backen nicht mehr für jeden Durchmesser ein besonderes Exemplar.

Für besonders große und schwere Werkstücke versagen alle vorher beschriebenen Konstruktionen, und es muß eine solche wie bei I gezeichnet zur Anwendung kommen. Die obere Backe kann entweder fest oder federnd aufgestellt sein, während die untere, die das Gewicht des schweren Werkstückes voll aufzunehmen hat, starrer ausgebildet ist und durch einen Keil äußerst genau und sicher in die erforderliche Höhe gebracht werden kann. Auf diese Weise entlastet man die Spitzen der Maschine von einem Teil des Gewichtes des Schleifstückes. Die obere Backe fängt lediglich den Druck der Schleifscheibe auf und läßt Erschütterung des Werkstückes gar nicht aufkommen.

Über die Art der Wasserzufuhr.

Die Art und Weise wie das Wasser dem Schleifstück zugeführt werden muß, ist besonders sorgfältig zu prüfen. In den ersten Schleifmaschinen benutzte man einfach kleine Wasserhähne, durch die ein geringer Strahl irgendwie auf das Material gerichtet wurde. Da die damaligen Scheiben noch sehr klein waren, konnte man damit auskommen.

In dem Maße wie die Abmessungen der Schleifscheiben zunahmen, mußte man auch der Frage einer verbesserten Wasserzuführung mehr Beachtung schenken. Aus den Fig. 36—40 kann man eine fortschreitende Entwicklung der Konstruktionen für Wasserauslässe ersehen.

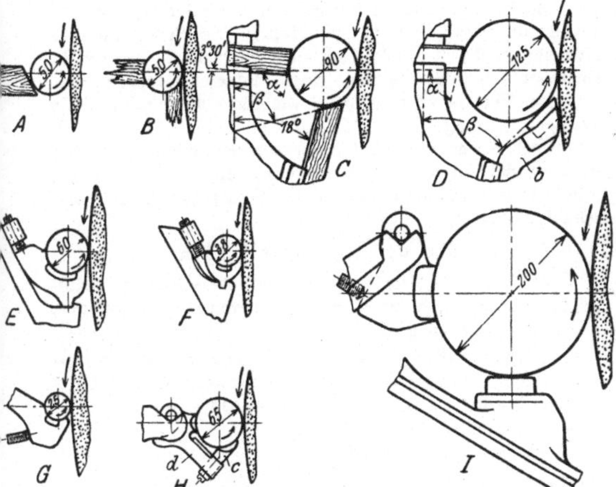

Fig. 27-35. Gebrauch und Einstellung der Brillen.

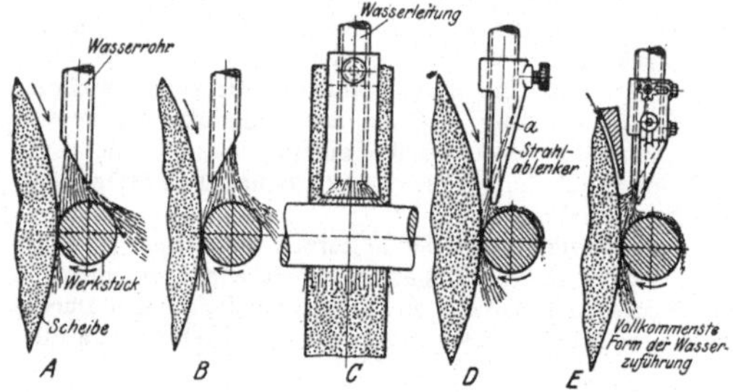

Fig. 36—40. Verschiedene Anordnungen der Wasserzuführung.

Bei A ist ein einfaches Wasserrohr mit schräger Spitze abgebildet, das aber die Öffnung nach der falschen Seite zugekehrt hat, so daß es seinen Zweck vollkommen verfehlt, indem das Wasser nach allen Richtungen hin spritzt. Der Grund dafür ist in der Kapillaranziehung zwischen dem Wasser und dem Leitungsrohr zu suchen, wodurch das Wasser stets nach der langen Seite abgelenkt wird.

Kühlmittel zum Schleifen.

Von einschneidender Bedeutung für alle Schleifarbeiten ist die Frage einer wirksamen Kühlung. Die Reibung zwischen Schleifscheibe und Werkstück erzeugt gewaltige Wärmemengen, die zwar der Scheibe nichts schaden, aber um so mehr dem Werkstück, besonders wenn es gehärtet ist. Das zum Schleifen am meisten angewendete Kühlmittel ist Wasser, das aber stark mit Soda gesättigt wird, um das Rosten der Maschinenteile zu vermeiden. Will man besonders vorsichtig sein, so kann man noch die dem Wasser besonders ausgesetzten Teile der Maschine mit einer Rostschutzfarbe bestreichen, was aber nicht unbedingt notwendig ist.

Das Schleifen von kleineren Teilen in der Werkzeugmacherei geschieht wohl auf trockenem Wege; dagegen läßt sich bei der Massenschleiferei von Maschinenteilen nicht ohne Kühlung auskommen. Um sich davon zu überzeugen, braucht man nur einmal beim Schleifen den Wasserstrahl plötzlich abzustellen und die Wirkung zu beobachten. Das Werkstück fängt sofort an zu zittern. Wahrscheinlich treten rasche örtliche Erwärmungen auf, wodurch das Arbeitsstück in schneller Aufeinanderfolge periodisch gegen die Schleifscheibe hin- und hergeworfen wird, so daß eine rauhe Oberfläche entsteht. Man wird bald einsehen, daß die Kühlung unbedingt notwendig ist. Das Wasser muß fortwährend und regelmäßig laufen. Ein Wechsel in der Wasserzufuhr beeinflußt sofort die Schneidwirkung der Scheibe, was an der Funkenbildung erkannt wird.

Auch künstliche Kühlmischungen hat man ersonnen. Eine solche, die zufriedenstellend arbeitet, ist unter dem Namen Aquadag bekannt. Das Aquadag wird mit Wasser in bestimmtem Verhältnis gemischt; zur Verhütung der Rostbildung wird Soda oder Borax zugesetzt. Die Lösung wird genau so angewendet wie gewöhnliches Wasser.

Besondere Schwierigkeiten haben sich beim Schleifen von Aluminium herausgestellt. Die Schleifspäne kommen nämlich nicht so leicht heraus, sondern setzen sich zwischen Scheibe und Werkstück, so daß diese bald anfängt zu schmieren. Nach vielen Versuchen hat man zum Schleifen von Aluminium eine Kühlflüssigkeit, bestehend aus gleichen Teilen Spindelöl und Petroleum, als die beste herausgefunden.

Zur Kühlung beim Formschleifen benutzt eine Automobilfabrik eine Mischung aus Seife, Soda, Schweinefett und Wasser. Die Kühlflüssigkeit wird folgendermaßen zubereitet: zunächst mischt man gleiche Teile Seife und Schweinefett und kocht diese Mischung. Auf einen Teil der noch heißen Flüssigkeit werden 15 Teile einer Lösung (meistens 1 : 15) von kalzinierter Soda in Wasser zugesetzt. Die Stärke der Sodalösung läßt sich noch je nach den Schleifstücken verschieden abtönen.

Auch die Form und Größe des Werkstückes muß bei der Bestimmung des Kühlmittels berücksichtigt werden. Z. B. erfordern abgesetzte Wellen mit scharfen Ecken ein dünnflüssigeres Kühlmittel. Die dickflüssigen Lösungen setzen sich nämlich leicht an den Bunden ab, so daß der Arbeiter Mühe hat, den Schleifstein vor dem Bund richtig umzusteuern.

Die richtige Stellung des vorigen Wasserrohres ist bei B zu sehen. Die abgeschrägte Seite ist in diesem Falle von der Schleifscheibe abgewendet, so daß die Kapillarwirkung der längeren Seite das Wasser von selbst in die richtige Bahn bringt. Aber das Herumspritzen von Wasser läßt sich auch bei dieser Anordnung nicht ganz vermeiden. Als bestes Mittel dagegen hat sich ein Schirm oder Strahlablenker a erwiesen, der zugleich zur Regulierung des Strahles dienen kann, wie bei C und D gezeichnet. Der Strahl wird auf den Punkt hingeleitet, wo er am meisten gebraucht wird. Die Ausflußöffnung und der Schirm müssen so breit bemessen sein, daß der erzeugte Strahl die ganze Breite der Scheibe bedeckt (vgl. Seitenansicht C). Wenn eine der Kanten

Fig. 41. Wasserzuführung mit verstellbarem Mundstück.

der Scheibe trocken schneidet, können nämlich leicht un angenehme Vorschublinien auf der Oberfläche des Schleifstückes entstehen.

Bei E sieht man schließlich eine weiter verbesserte Ausführungsform einer Wasserzufuhr. Der Strahlablenker läßt sich in diesem Falle nach allen Richtungen hin genau einstellen, so daß eine viel feinere Regelung möglich ist.

Aus Fig. 41 erkennt man, wie die eben beschriebene Wasserzuführung an der Maschine aussieht. Der Schirm ist jedoch etwas zu weit zurückgeschoben worden, so daß noch zu viel Wasser auf den vorderen Teil des Werkstückes fällt. Durch Zurückschrauben des Schirmes läßt sich das schnell beheben.

Größe der Kühlmittelzufuhr.

Die beim Rundschleifen erforderlichen Mengen Kühlmittel richten sich nach den erzeugten Wärmemengen. Diese sind um so größer:

1. je größer das Werkstück, weil dann die Berührungsfläche mit der Schleifscheibe ebenfalls zunimmt;
2. je breiter die Scheibe, aus demselben Grunde;
3. je schneller die Scheibe läuft.

Die Beschaffenheit der Schleifstücke bestimmt auch zum Teil die erforderliche Kühlmittelmenge; z. B. verlangt gehärteter Stahl unter sonst gleichen Umständen mehr Kühlmittel als weicher.

In allen Fällen muß die Wasserzufuhr so groß sein, daß das Werkstück so kühl wie möglich gehalten wird, und daß die Scheibe in ihrer ganzen Breite vom Kühlmittel bedeckt wird.

Die Pumpen an den Schleifmaschinen sind im allgemeinen als Flügelpumpen ausgebildet, deren Drehzahlen zwischen 500 und 1200 in der Minute schwanken. Die erforderlichen Mengen an Kühlmittel für gewöhnliche Schleifarbeiten betragen zwischen 4 und 120 Liter in der Minute, je nach Größe der Maschine. Um einen Anhalt zu geben, mag gesagt sein, daß eine Schleifscheibe von 50 mm Breite, nach der hin- und hergehenden Methode arbeitend zwischen 12 und 20 Liter in der Minute braucht.

Beispiele von Rundschleifarbeiten.

In den vorhergehenden Zeilen wurde versucht, einen Überblick über alle wesentlichen Punkte zu geben, die beim Rundschleifen in Betracht zu ziehen sind. Da wir es hier mit einem sehr weit verzweigten Gebiet zu tun haben, das nicht in allen seinen Einzelheiten theoretisch erfaßt werden kann, müssen die gegebenen Erörterungen durch Bilder aus der Praxis ergänzt werden, aus denen der Leser noch eigene Schlüsse für ähnliche Fälle ziehen mag. In den Fig. 42—95 bringen wir eine Reihe von lehrreichen Beispielen, die sämtlich durch die Werkstatt gegangen sind. Alle bemerkenswerten Angaben sind aus den Unterschriften der Figuren zu entnehmen.

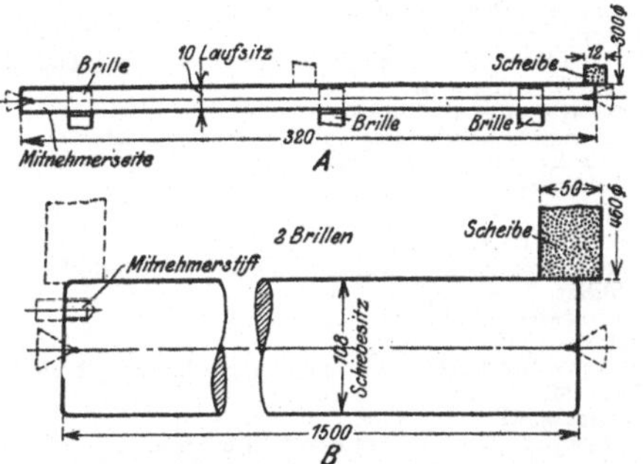

Fig. 42 u. 43.

Fig. 42 (A).
Werkstück: Welle für Nähmaschine.
Material: Stahl, 0,2 vH Kohlenstoff; im Einsatz gehärtet.
Umfangsgeschw.: 7 m/min. beim Schruppen; 10 m/min. beim Schlichten.
Materialzugabe: 0,15 mm.

Schleifscheibe: Norton Alundum, elastisch gebunden.
Grad: 5. Korn: 36.
Umfangsgeschw.: 30 m/sec.

Bemerkungen: Leistung: 15 Stück pro Stunde; sehr begrenzt durch den geringen Durchmesser des Werkstücks und die geringe Spantiefe (0,025 mm beim Schruppen, 0,013 mm beim Schlichten), da die Härteschicht stehen bleiben muß. Vier Doppelhübe für jede Teilarbeit. Vor dem Schlichten vollständig fertig schruppen; 0,025 mm zum Schlichten stehen lassen. Längsvorschub des Werkstücks 3,5 bzw. 2,5 mm/Umdr. für Schruppen bzw. Schlichten.

Fig. 43 (B).
Werkstück: Gegenhalter für eine Fräsmaschine.
Material: Ungehärteter Maschinenstahl, 0,2 vH Kohlenstoff.
Umfangsgeschw.: 17 m/min. beim Schruppen und Schlichten; Endschliff mit 24 m/min.
Materialzugabe: 0,5 mm.

Schleifscheibe: Aloxit, im Hochfeuer gebrannt, für Schruppen und Schlichten.
Grad: L für Schruppen, M für Schlichten.
Korn: 24II für Schruppen, 40 für Schlichten.
Umfangsgeschw.: 30 m/sec. für Schruppen, 28 m/sec. für Schlichten.

Bemerkungen:
Schruppen: Längsvorschub des Werkstücks 33 mm/Umdr.; 6 Doppelhübe; Scheibe nach je 15 Stück abziehen. Schleif-

zeit 11,76 min. Zum Schlichten 0,05—0,075 mm stehen lassen.
Schlichten: Längsvorschub des Werkstücks bei den ersten 5 Doppelhüben 33 mm/Umdr., beim letzten Hub 9 mm. Scheibe nach je 4 Stücken abziehen.
Gesamtschleifzeit 23,9 min.

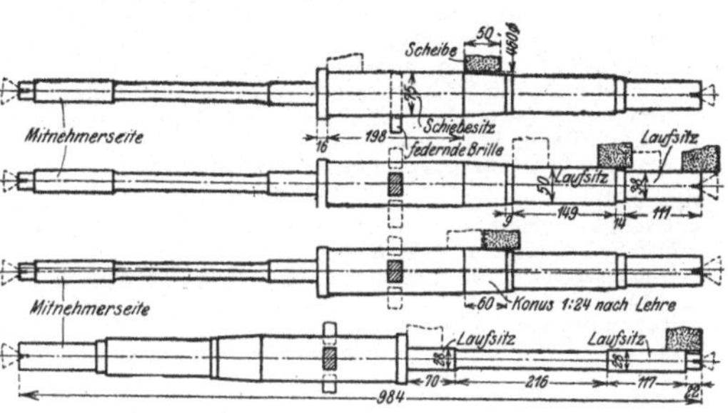

Fig. 44—47.

Werkstück: Welle.
Material: Ungehärteter Stahl, 0,2 vH Kohlenstoff.
Umfangsgeschw.: 8 m/min. beim Schruppen; 14 m/min. beim Schlichten.
Materialzugabe: 0,4—0,45 mm.
Schleifscheibe: Amer. Korundum, im Hochfeuer gebrannt.
Grad: K. Korn: 46.
Umfangsgeschw.: 35 m/sec.
Bemerkungen: Leistung: 1 Welle in 1½ Std.
Mechan. Längsvorschub beim Schruppen 28, beim Schlichten 16 mm/Umdr. für alle Durchmesser; Tiefenvorschub: 0,03 mm beim Schruppen; 0,013 mm beim Schlichten. Scheibe nach jedem Bund abziehen.

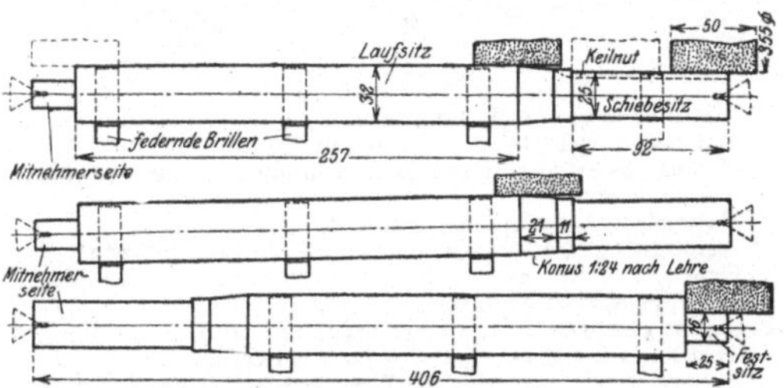

Fig. 48—50.

Werkstück: Welle.
Material: Ungehärteter Maschinenstahl, 0,2 vH Kohlenstoff.
Umfangsgeschw.: 15 m/min. beim Schruppen; 20 m/min. beim Schlichten.
Materialzugabe: 0,3—0,4 mm.
Schleifscheibe: Aloxit, im Hochfeuer gebrannt.
Grad: M. Korn: 40I.
Umfangsgeschw.: 35 m/sec.
Bemerkungen: Scheibe nach je 30 Arbeitsstücken abziehen.
Längsvorschub des Werkstücks beim Schruppen 17,7, beim Schlichten 12 mm/Umdr. Alle Durchmesser werden geschruppt und geschlichtet; zum Schlichten bleiben 0,025 mm stehen. Spantiefe 0,025 mm beim Schruppen, 0,013 mm beim Schlichten.
Leistung: 7 Wellen pro Stunde; gering infolge des kleinen Durchmessers an einem Ende und infolge des konischen Teiles, der (konzentrisch zu den übrigen Durchmessern) in besonderer Aufspannung geschliffen wird.

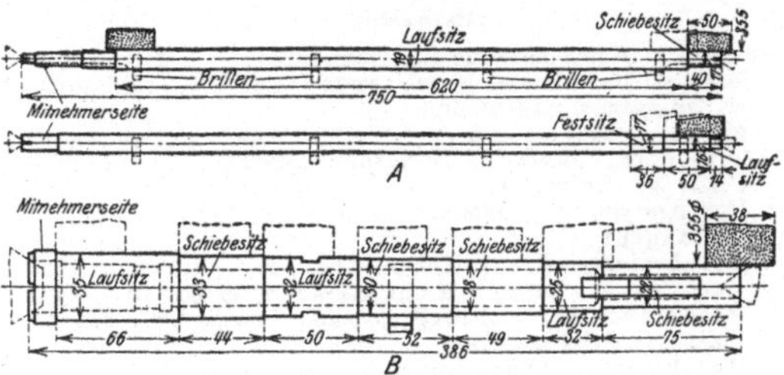

Fig. 51 u. 52.

Fig. 51 (A).
Werkstück: Welle.
Material: Ungehärteter Maschinenstahl, 0,2 vH Kohlenstoff.
Umfangsgeschw.: 11 m/min. beim Schruppen; 17 m/min. beim Schlichten.
Materialzugabe: 0,25—0,4 mm.
Schleifscheibe: Norton Alundum, im Hochfeuer gebrannt.
Grad: L. Korn: 38—36.
Umfangsgeschw.: 35 m/sec.
Bemerkungen: Leistung: 3 Stück pro Stunde.
Scheibe nach dem Schleifen von je 20 Durchmessern abziehen.
Mechan. Längsvorschub 12,6 mm/Umdr. beim Schruppen; 8 mm/Umdr. beim Schlichten.
Spantiefe beim Schruppen 0,025 mm, beim Schlichten 0,013 mm.

Fig. 52 (B).
Werkstück: Spindel.
Material: Gezogener Stahl, im Einsatz gehärtet.
Umfangsgeschw.: 20 m/min. für Schruppen; 25 m/min. für Schlichten.
Materialzugabe: 0,4—0,6 mm.
Schleifscheibe: Norton Alundum, im Hochfeuer gebrannt.
Grad: K. Korn: 38—46.
Umfangsgeschw.: 33 m/sec.
Bemerkungen: Leistung: 50 Stück in 24 Stunden.
Scheibe nach je 50 Arbeitsstücken abziehen.
Mechan. Längsvorschub 9 mm/Umdr. beim Schruppen, 7mm/Umdr. beim Schlichten.
Zum Schlichten bleiben 0,075—0,1 mm stehen.

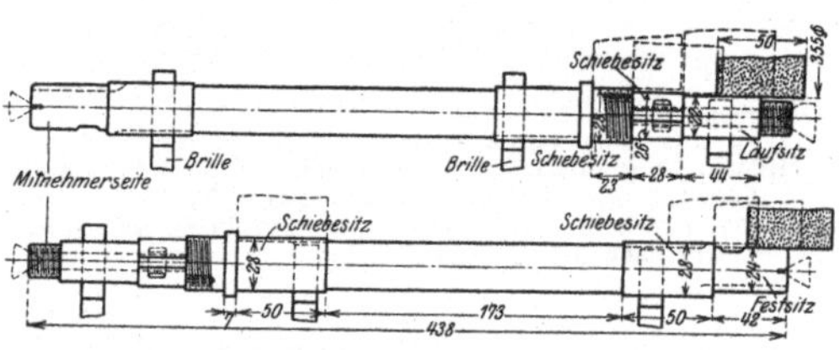

Fig. 53 u. 54.

Werkstück: Welle für Fräsmaschine.
Material: Ungehärteter Stahl, 0,2 vH Kohlenstoff.
Umfangsgeschw.: 14 m/min. beim Schruppen; 20 m/min. beim Schlichten.
Materialzugabe: 0,25—0,4 mm.
Schleifscheibe: Norton Alundum, im Hochfeuer gebrannt.
Grad: L. Korn: 36.
Umfangsgeschw.: 33 m/sec.
Bemerkungen: Leistung: 10—12 Stück pro Stunde.
Abziehen der Scheibe nach 50 Durchmessern.
Für alle Durchmesser mechan. Längsvorschub, beim Schruppen 12, beim Schlichten 8 mm/Umdr.
Einstechverfahren; zum Schlichten 2 Doppelhübe.

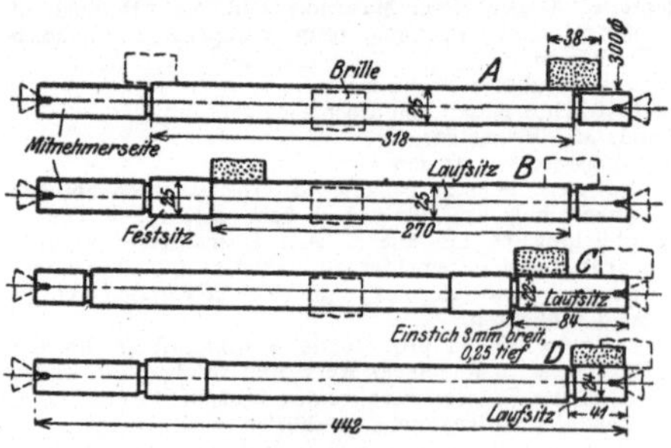

Fig. 55—58.

Werkstück: Kupplungswelle für Fräsmaschine.
Material: Ungehärteter Maschinenstahl, 0,15 vH Kohlenstoff.
Umfangsgeschw.: 14 m/min.
Materialzugabe: 0,4 mm.
Schleifscheibe: Aloxit, im Hochfeuer gebrannt.
Grad: M. Korn: 365.
Umfangsgeschw.: 30 m/sec.
Bemerkungen:
Durchmesser A: 2 Doppelhübe des Werkstücks bei 3 mm/Umdr. Längsvorschub mit auf volle Schnittiefe gestellter Scheibe; Schleifzeit 5,9 min.; Abziehen der Scheibe nach 15 Arbeitsstücken.
Durchmesser B: Längsvorschub 2,4 mm; Schleifzeit 2,3 min.; Abziehen der Scheibe nach 25 Arbeitsstücken; sonst wie A.

Durchmesser C und D: Längsvorschub von Hand, beim ersten Hub mit 250 mm/min., bei den folgenden 3 Hüben mit 500 mm/min.; Schleifzeiten 2,02 bzw. 1,49 min.; Abziehen der Scheibe nach 20 bzw. 30 Arbeitsstücken.
Gesamtschleifzeit 11,7 min. pro Welle.

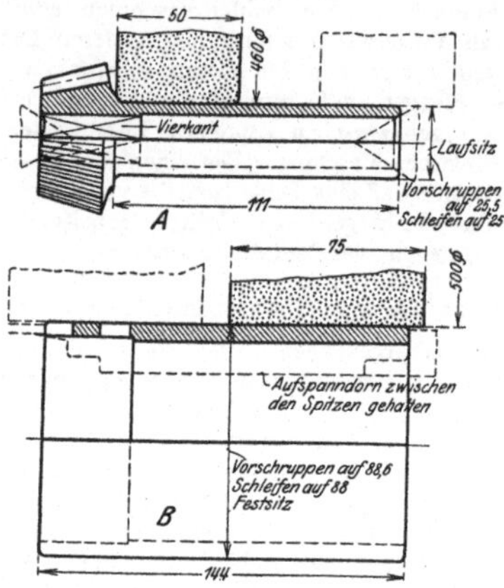

Fig. 59 u. 60.

Fig. 59 (A).
Werkstück: Kegelrad.
Material: Chrom-Vanadiumstahl, in Öl gehärtet.
Umfangsgeschw.: 6 m/min.
Materialzugabe: 0,5 mm.
Schleifscheibe: Norton Alundum, im Hochfeuer gebrannt.
Grad: M. Korn: 24.
Umfangsgeschw.: 26 m/sec.
Bemerkungen: Leistung: 25—30 Stück pro Stunde.
Einstechverfahren in Verbindung mit Längsvorschub zum Schlichten.

Fig. 60 (B).
Werkstück: Lagerbuchse.
Material: Nahtloses Stahlrohr, 0,15 vH Kohlenstoff in Öl gehärtet, Skleroskophärte 70.
Umfangsgeschw.: 22 m/min.
Materialzugabe: 0,6 mm.
Schleifscheibe: Norton Alundum, im Hochfeuer gebrannt.
Grad: M. Korn: 24.
Umfangsgeschw.: 28 m/sec.
Bemerkungen: Leistung: 125 Stück in 9 Stunden.
Mechan. Längsvorschub 17 mm/Umdr.; 8 Doppelhübe; Tiefenschaltung ca. 0,075 mm beim Schruppen für jeden Hub.

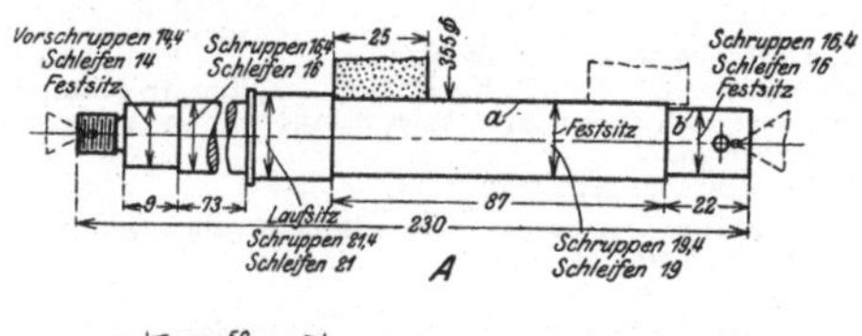
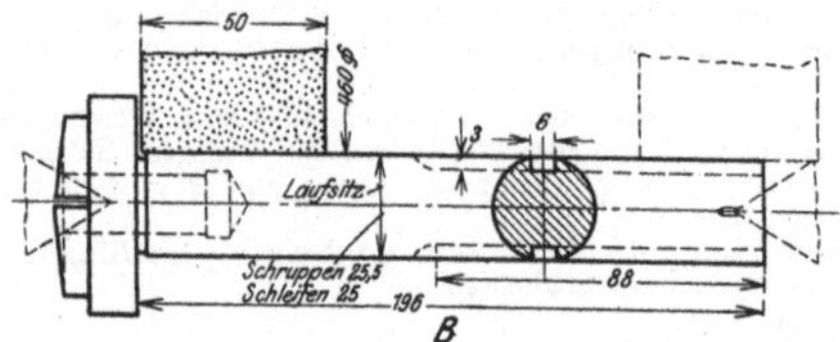

Fig. 61 u. 62.

Fig. 61 (A).
Werkstück: Antriebswelle.
Material: Ungehärteter Stahl, 0,5 vH Kohlenstoff.
Umfangsgeschw.: 22 m/min.
Materialzugabe: 0,4 mm.
Schleifscheibe: Norton Alundum, im Hochfeuer gebrannt.
Grad: N. Korn: 60.
Umfangsgeschw.: 37 m/sec.
Bemerkungen: Leistung: In 9 Stunden 240 Flächen a und 300 Flächen b.
Einstechverfahren in Verbindung mit Längsvorschub zum Schlichten.
Schleifzeit für Absatz a: 2 Minuten.

Fig. 62 (B).
Werkstück: Übertragungszahnrad.
  Material: Chrom-Vanadiumstahl, in Öl gehärtet.
  Umfangsgeschw.: 6 m/min.
  Materialzugabe: 0,5 mm.
Schleifscheibe: Norton Alundum, im Hochfeuer gebrannt.
  Grad: M. Korn: 24.
  Umfangsgeschw.: 26 m/sec.
Bemerkungen: Leistung: 3 min. für 1 Stück.
  Einstechverfahren in Verbindung mit Längsvorschub; zum
    Schlichten 4 Doppelhübe, Tiefenschaltung 0,025—0,05 mm
    pro Hub.

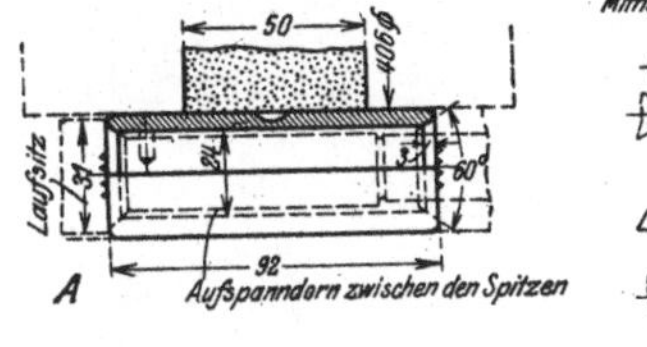

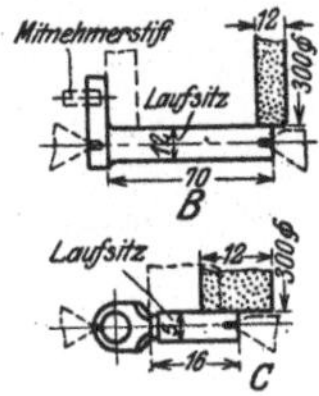

Fig. 63—65.

Fig. 63 (A).
Werkstück: Kolbenbolzen.
  Material: Stahlrohr, 0,15—0,25 vH Kohlenstoff, in Öl gehärtet.
  Umfangsgeschw.: 17 m/min.
  Materialzugabe: 0,3 mm.
Schleifscheibe: Norton Alundum, im Hochfeuer gebrannt.
  Grad: K. Korn: 46.
  Umfangsgeschw.: 34 m/sec.
Bemerkungen: Leistung: 240 Stück in 9 Stunden.
  Scheibe wird fast auf volle Schnittiefe vorgeschaltet und einmal
    von Hand herübergeführt; dann folgen noch 4 Doppelhübe
    mit mechan. Längsvorschub von 6 mm/Umdr.
  Zum abwechselnden Aufspannen sind 2 Spezialdorne vorge-
    sehen.

Fig. 64 (B).
Werkstück: Kurbelzapfen.
  Material: Zementstahl.
  Umfangsgeschw.: 18 m/min.
  Materialzugabe: 0,3 mm.
Schleifscheibe: Norton Alundum, elastisch.
  Grad: 2½. Korn: 120.
  Umfangsgeschw.: 33 m/sec.
Bemerkungen: Leistung: 60 Stück pro Stunde.
  Scheibe nach je 120 Arbeitsstücken abdrehen.
  Längsvorschub 3,3 mm/Umdr.; 0,013 mm Spantiefe
  Kühlmittel: Maschinenöl und Petroleum 1:1.

Fig. 65 (C).
Werkstück: Schlitten für Nähmaschine.
  Material: Stahl, 0,2 vH Kohlenstoff, im Einsatz gehärtet.
  Umfangsgeschw.: 8 m/min. beim Schruppen; 10 m/min. beim
    Schlichten.
  Materialzugabe: 0,2 mm.
Schleifscheibe: Norton Alundum, elastisch.
  Grad: 5. Korn: 36.
  Umfangsgeschw.: 30 m/sec.
Bemerkungen: Leistung: 145 Stück pro Stunde.
  Längsvorschub von Hand; etwa 4 Doppelhübe.

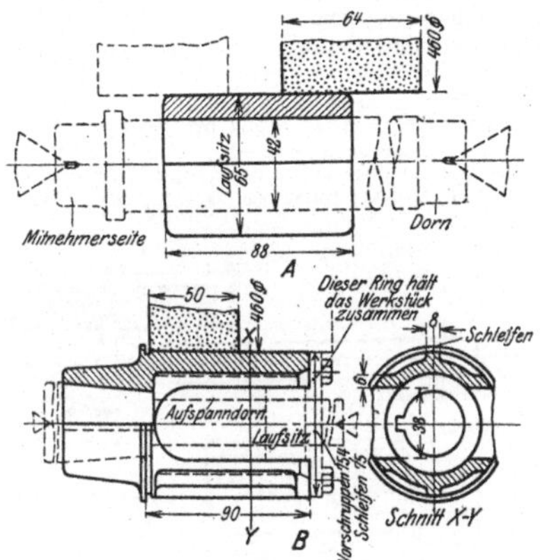

Fig. 66—68.

Fig. 66 (A).
Werkstück: Buchse für Fräsmaschine.
  Material: Gußeisen.
  Umfangsgeschw.: 17 m/min.
  Materialzugabe: 0,4 mm.
Schleifscheibe: Karborundum, im Hochfeuer gebrannt.
  Grad: P. Korn: 40.
  Umfangsgeschw.: 30 m/sec.
Bemerkungen: Leistung: 30 Stück pro Stunde.
  Abziehen der Scheibe nach 30 Arbeitsstücken.
  Schleifen mit festeingestellter Scheibe; Längsvorschub des
    Werkstücks beim ersten Hub 5 mm/Umdr., bei den 3 fol-
    genden Hüben 8 mm/Umdr.

Fig. 67 u. 68 (B).
Werkstück: Gelenkstück für eine Cardanwelle.
  Material: Gehärteter Stahl, 0,2 vH Kohlenstoff.
  Umfangsgeschw.: 19 m/min.
  Materialzugabe: 0,5—0,6 mm.
Schleifscheibe: Norton Alundum, im Hochfeuer gebrannt.
  Grad: M. Korn: 24.
  Umfangsgeschw.: 28 m/sec.
Bemerkungen: Leistung: 20 Stück pro Stunde.
  Einstechverfahren in Verbindung mit einem Doppelhub zum
    Schlichten.

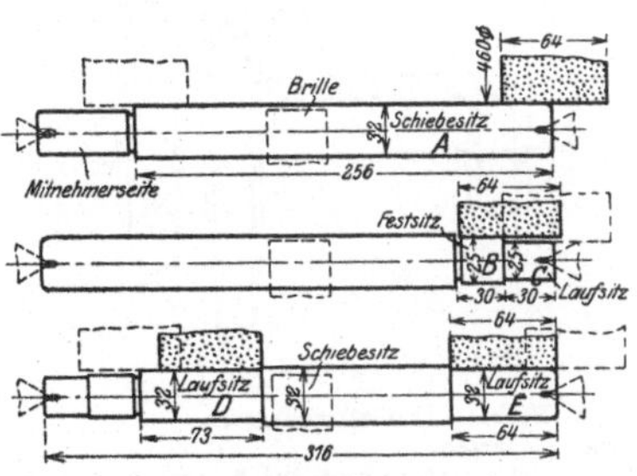

Fig. 69—71.

Werkstück: Welle für Fräsmaschine.
  Material: Ungehärteter Maschinenstahl, 0,2 vH Kohlenstoff.
  Umfangsgeschw.: 14 m/min.
  Materialzugabe: 0,3 mm.
Schleifscheibe: Aloxit, im Hochfeuer gebrannt.
  Grad: M. Korn: 365.
  Umfangsgeschw.: 30 m/sec.
Bemerkungen: Gesamtschleifzeit für 1 Stück: 9,9 min.
  Schleifen mit festeingestellter Scheibe bei allen 5 Durchmessern
    und Längsvorschub des Werkstücks.
  Durchmesser A: 1 Hub von Hand mit 250 mm/min. Längs-
    vorschub, dann 3 Hübe mit mechan. Vorschub von
    3,6 mm/Umdr. Schleifzeit 4 min. Abziehen der Scheibe nach
    7 Arbeitsstücken.
  Durchmesser B: 4 Hübe mit Handvorschub von 500 mm/min.
    Schleifzeit 1,5 min. Abziehen der Scheibe nach 20 Arbeits-
    stücken.
  Durchmesser C: Handvorschub von 500 mm/min, 2 Hübe;
    Schleifzeit 1,3 min. Abziehen der Scheibe nach 30 Arbeits-
    stücken.
  Durchmesser D und E: Handvorschub von 500 mm/min,
    2 Hübe; Schleifzeit zusammen 4,4 min. Abziehen der Scheibe
    nach 10 Arbeitsstücken.

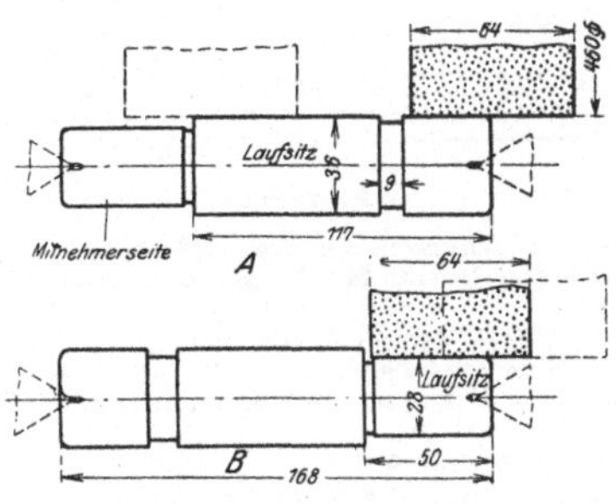

Fig. 72 u. 73.

Werkstück: Zwischenwelle für Fräsmaschine.
  Material: Maschinenstahl, ungehärtet, 0,15 vH Kohlenstoff.
  Umfangsgeschw.: 11 m/min. bei A, 15 m/min. bei B.
  Materialzugabe: 0,4 mm.

Schleifscheibe: Aloxit, im Hochfeuer gebrannt.
Grad: M. Korn: 365.
Umfangsgeschw.: 30 m/sec.
Bemerkungen: Leistung: 15 Stück pro Stunde.
Schleifen beider Flächen mit festeingestellter Scheibe und Längsvorschub des Werkstückes.
Durchmesser A: 4 Doppelhübe; erster Hub mit Handvorschub 2mm/Umdr., folgende 3 Hübe mechanisch 4mm/Umdr. Schleifzeit 2,6 min. Abziehen der Scheibe nach 13 Arbeitsstücken.
Durchmesser B: 4 Doppelhübe mit Handvorschub 4 mm/Umdr. Abziehen der Scheibe nach 20 Arbeitsstücken.

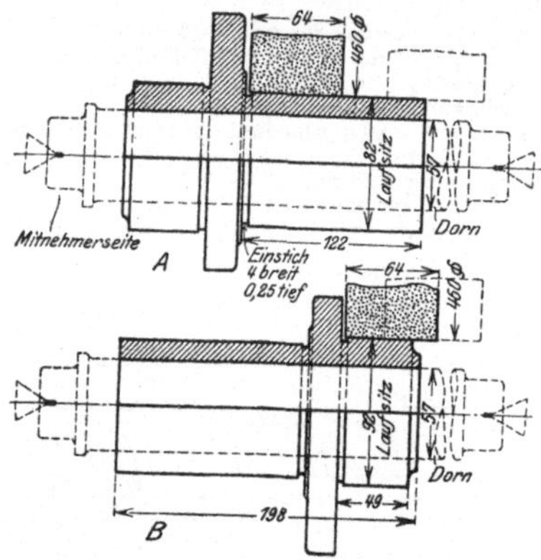

Fig. 74 u. 75.

Werkstück: Buchse für Getriebekasten.
Material: Gußeisen.
Umfangsgeschw.: 15 m/min. bei A, 17 m/min. bei B.
Materialzugabe: 0,4 mm.
Schleifscheibe: Karborundum, im Hochfeuer gebrannt.
Grad: P. Korn: 40.
Umfangsgeschw.: 30 m/sec.
Bemerkungen: Gesamtschleifzeit für 1 Stück: 9,1 min.
Schleifen mit festeingestellter Scheibe. 4 Hübe der Scheibe. Erster Hub mit 6 mm, folgende 3 Hübe mit 13 mm/Umdr.
Durchmesser A: Schleifzeit 4,97 min. Abziehen der Scheibe nach 30 Arbeitsstücken.
Durchmesser B: Schleifzeit 4,13 min. Abziehen der Scheibe nach 10 Arbeitsstücken.

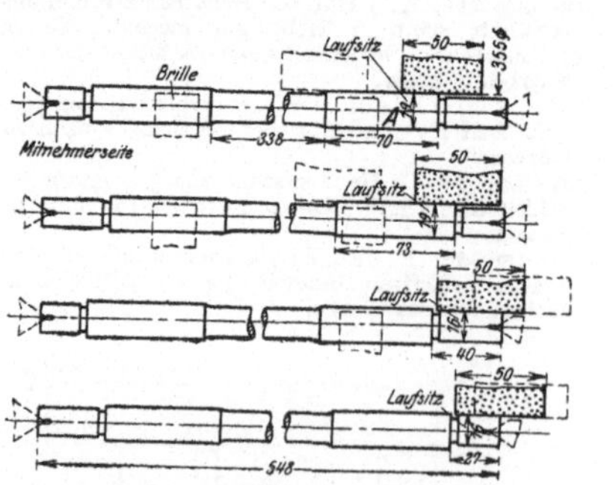

Fig. 76—79.

Werkstück: Zwischenwelle für Fräsmaschine.
Material: Ungehärteter Maschinenstahl, 0,15—0,2 vH Kohlenstoff.
Umfangsgeschw.: 10—12 m/min.
Materialzugabe: 0,4 mm.
Schleifscheibe: Aloxit, im Hochfeuer gebrannt.
Grad: M. Korn: 365.
Umfangsgeschw.: 30 m/sec.
Bemerkungen: Leistung: 8 Stück pro Stunde.
Längsvorschub der festeingestellten Scheibe für alle vier Durchmesser.
Durchmesser A und B: Handvorschub, beim ersten Hub 1,2, bei den folgenden 3 Hüben 2,4 mm/Umdr. Schleifzeit 2,02 min. pro Durchmesser. Abziehen der Scheibe nach 20 Arbeitsstücken.

Durchmesser C und D: 4 Doppelhübe, Handvorschub 2,4 mm/Umdr. Schleifzeit 1,69 min. Abziehen der Scheibe nach 20 Arbeitsstücken.

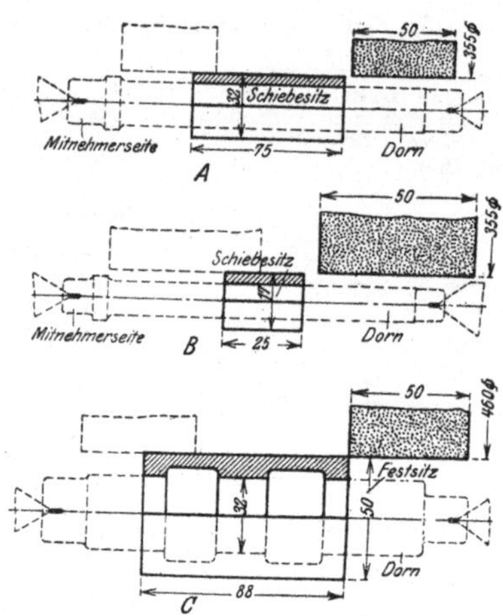

Fig. 80—82.

Fig. 80 (A).
Werkstück: Buchse.
Material: Gußeisen.
Umfangsgeschw.: 40 m/min.
Materialzugabe: 0,6 mm.
Schleifscheibe: Karborundum, im Hochfeuer gebrannt.
Grad: N. Komb. Korn: 46.
Umfangsgeschw.: 32 m/sec.
Bemerkungen: Leistung: 100 Stück in 1½ Stunden.
Abziehen der Scheibe nach 50 Arbeitsstücken.
Schleifen mit festeingestellter Scheibe; Längsvorschub des Werkstücks 1 mm/Umdr.

Fig. 81 (B).
Werkstück: Buchse.
Material: Bronze.
Umfangsgeschw.: 22 m/min.
Materialzugabe: 0,5—0,6 mm.
Schleifscheibe: Norton Alundum, im Hochfeuer gebrannt.
Grad: R. Komb. Korn: 36.
Umfangsgeschw.: 32 m/sec.
Bemerkungen: Leistung: 130 Stück pro Stunde.
Abziehen der Scheibe täglich einmal.
Schleifen mit festeingestellter Scheibe; 2 Hübe des Werkstücks mit 1 mm/Umdr. Längsvorschub.

Fig. 82 (C).
Werkstück: Buchse.
Material: Phosphorbronze.
Umfangsgeschw.: 21 m/min.
Materialzugabe: 0,5 mm.
Schleifscheibe: Amerik. Korundum, im Hochfeuer gebrannt.
Grad: M. Korn: 54.
Umfangsgeschw.: 33 m/sec.
Bemerkungen: Leistung: 42 Stück pro Stunde.
Abziehen der Scheibe nach 60—80 Arbeitsstücken.
Schleifen mit festeingestellter Scheibe; 2 Hübe des Werkstücks mit einem Längsvorschub von 4 mm/Umdr.

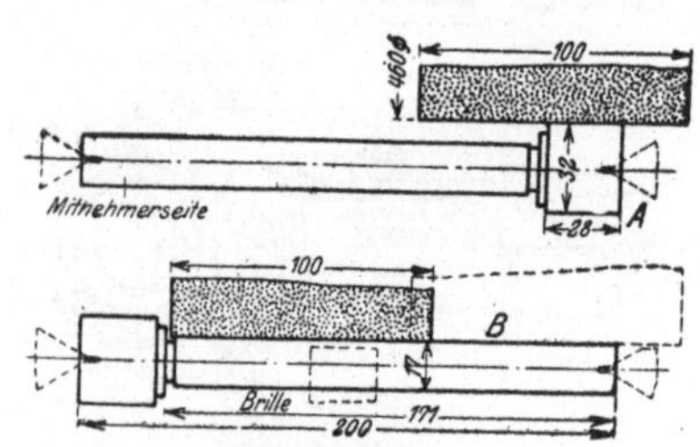

Fig. 83 u. 84.

Werkstück: Ritzelwelle.
  Material: Ungehärteter Stahl, 0,3 vH Kohlenstoff.
  Umfangsgeschw.: 4—8 m/min.
  Materialzugabe: 0,5 mm.
Schleifscheibe: Norton Alundum, im Hochfeuer gebrannt.
  Grad: M. Korn: 24.
  Umfangsgeschw.: 30 m/sec.
Bemerkungen: Leistung: 20 Stück pro Stunde.
  Anwendung von Formschleifen und Einstechverfahren in Verbindung mit Längsvorschub des Werkstücks: Erst Durchmesser A auf Maß schleifen (Formschleifen); dann Werkstück umdrehen, zweimal auf Durchmesser B einstechen bis auf 0,025 mm des Endmaßes und schließlich Werkstück zum Schlichten an der Scheibe vorbeiführen.
  Abziehen der Scheibe nach 50 Arbeitsstücken.

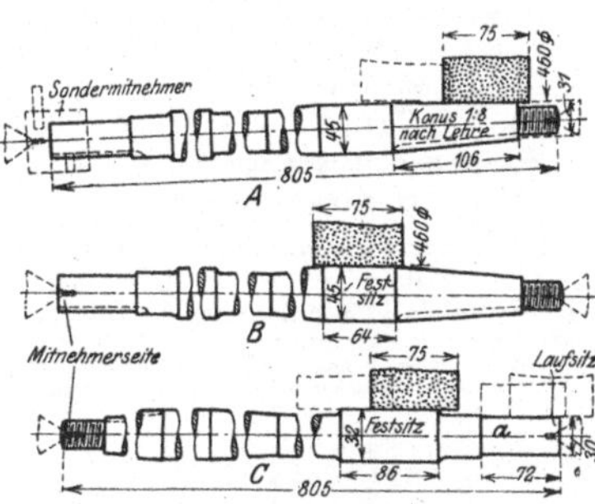

Fig. 85—87.

Werkstück: Hinterradachse für Automobile.
  Material: Nickelstahl, ölgehärtet und getempert, Skleroskophärte 60—70.
  Umfangsgeschw.: 10 m/min. im Mittel.
  Materialzugabe: 0,75—1,0 mm für alle Durchmesser.
Schleifscheiben: Norton Alundum, im Hochfeuer gebrannt.
  Grad: M. Korn: 24 für Aufspannung A und B.
  Grad: L. Korn: 24 für Aufspannung C.
  Umfangsgeschw.: 37 m/sec.
Bemerkungen: Die Scheibe wird am Spindelkopfende fast auf volle Tiefe vorgeschaltet und einmal über das Werkstück geführt und nimmt dann in 3 Doppelhüben mit mechan. Längsvorschub von 4,5 mm/Umdr. den letzten Span ab.
  A: Konus-Schleifen. Abziehen der Scheibe nach 16 Arbeitsstücken.
  B: Formschleifen der Hauptlagerfläche. Schleifzeit 35 sec.
  C: Rundschleifen mit hin- und hergehender Scheibe. Schleifzeit 1,5 min.
  In gleicher Aufspannung wird auch die Fläche (a) mit einem Längsvorschub von 4,5 mm/Umdr. geschliffen. Schleifzeit 50 sec.

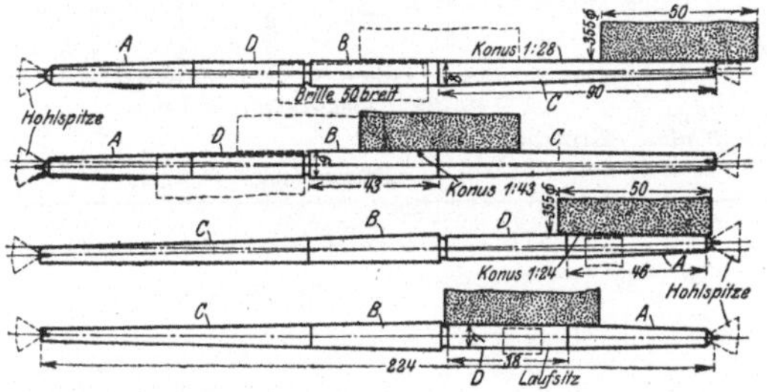

Fig. 88—91.

Werkstück: Spindel.
  Material: Ungehärteter Stahl, 0,2 vH Kohlenstoff.
  Umfangsgeschw.: 12—18 m/min. für Schruppen; 18—24 m/min. für Schlichten.
  Materialzugabe: 0,25—0,4 mm.
Schleifscheibe: Amerik. Korundum, im Hochfeuer gebrannt.
  Grad: K. Korn: 58—46.
  Umfangsgeschw.: 30 m/sec.
Bemerkungen: Leistung: Schätzungsweise 25 Wellen pro Stunde.
  Durchmesser A und D: Formschleifen; Tiefenschaltung der Scheibe 0,013 mm/Umdr.; Schleifzeiten: 20 bzw. 22 sec.
  Durchmesser B. und C: Längsvorschub des Tisches 0,6 bis 0,3 mm/Umdr.; Spantiefe 0,013 mm pro Hub. Schleifzeiten: 45 bzw. 20 sec.

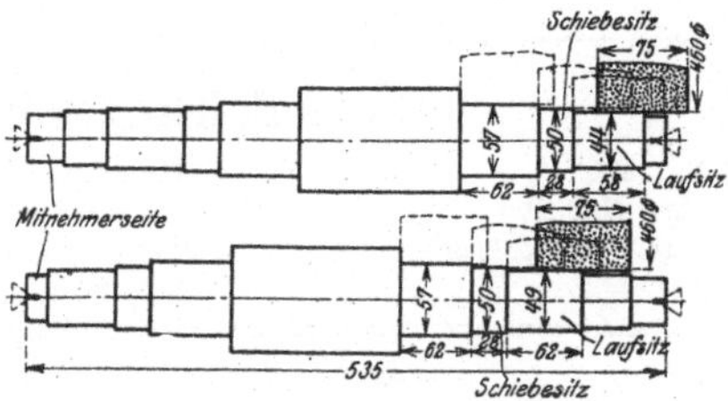

Fig. 92 u. 93.

Werkstück: Schneckenwelle.
  Material: Stahllegierung, warm behandelt.
  Umfangsgeschw.: 12 m/min.
  Materialzugabe: 0,5—0,75 mm.
Schleifscheibe: Norton Alundum, im Hochfeuer gebrannt.
  Grad: K. Korn: 46.
  Umfangsgeschw.: 30 m/sec.
Bemerkungen: Leistung: 35 Wellen in 10 Stunden.
  Für alle 6 Durchmesser Handvorschub. Die beiden Durchmesser rechts und links von der Schnecke werden nur blank geschliffen, die übrigen 4 genau auf Maß.
  Scheibe nach 12 Durchmessern abziehen.

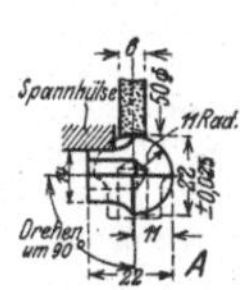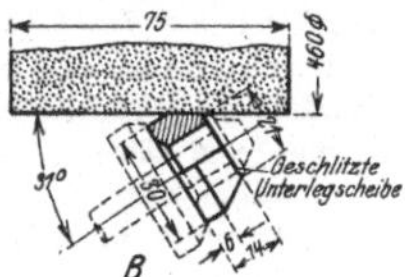

Fig. 94 u. 95.

Fig. 94 (A).
Werkstück: Ventilstößel.
  Material: In Öl gehärteter Stahl; Skleroskophärte 70.
  Umfangsgeschw.: 21 m/min.
  Materialzugabe: 0,25 mm.
Schleifscheibe: Norton Alundum, im Hochfeuer gebrannt.
  Grad: M. Korn: 67.
  Umfangsgeschw.: 33 m/sec.
Bemerkungen: Leistung: 250 Stück in 9 Stunden.
  Das Schleifen der halbkreisförmigen Fläche erfolgt durch Hin- und Herschwenken des Werkstücks aus der ausgezogenen in die gestrichelt gezeichnete Stellung, während die Scheibe den Tiefenvorschub erhält.

Fig. 95 (B).
Werkstück: Konus an Ventilatorwelle.
  Material: Gehärteter Stahl, 0,15 vH Kohlenstoff.
  Umfangsgeschw.: 35 m/min. im Mittel.
  Materialzugabe: 0,25 mm.
Schleifscheibe: Norton Alundum, im Hochfeuer gebrannt.
  Grad: M. Korn: 24.
  Umfangsgeschw.: 41 m/sec.
Bemerkungen: Leistung: 1200 Stück in 9 Stunden.
  Bis zur Entfernung der schwarzen Kruste erhält die Scheibe nur Tiefenschaltung; zum Schlichten wird sie hin- und hergeführt.

Zum Schluß noch ein Wort über die Bewertung und Nutzbarmachung der vorgenommenen Versuche. Wer in der Schleiferei Erfolge erzielen will, muß sich an Hand der eigenen Erfahrungen eine sichere Grundlage für seine Arbeiten schaffen. Alle vorkommenden Arbeiten sind systematisch bis in die kleinsten Einzelheiten zu registrieren. Eine erschöpfende Aufzeichnung aller wesentlichen Angaben möchten wir in der Anleitungskarte, Tafel IV, S. 16, vorführen: Hier ist tatsächlich alles Wissenswerte bis zum letzten Handgriff eingetragen. Mit einer Sammlung solcher Karten wird natürlich die Kalkulation zuverlässig arbeiten.   M. T.

Tafel IV.

Anleitungskarte für Schleifarbeiten.

Teil Nr.: *639.*
Abteilung Nr.: *50.*
Maschine: *Landis Schleifmasch.*

Gegenstand: *Hülse für Getriebekasten.*
Arbeitsstufe: *2 Durchmesser zu schleifen.*
Material: *Gusseisen.*
Arbeitsstufe: *9.*

Datum: *26. 6. 17.*

Geprüft von:
S. A.

Skizze:

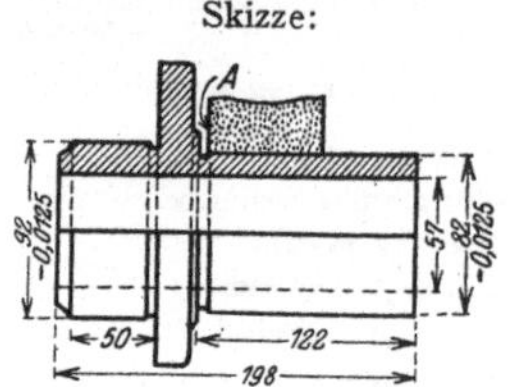

Erforderliche Ausrüstung:

Scheibe: *Karborundum.*
      Korn 40.
      Grad P.
      Breite 64 mm.
Dorn: *57 mm ⌀.*
Mitnehmer: *passend zum Dorn.*
Mikrometer: *Bereich 100 mm.*

Stufen der Bearbeitung	Geschw. d. Scheibe		Geschw. d. Werkstücks		Längs-vorschub		Zeit
	n/min	m/sec	n/min	m/min	mm/Umdr.	mm/min	min
1. Aufspannung: Schleifen des langen Endes Toleranz + − 0,01 mm							
1. *Arbeitsstück auf den Dorn ziehen*							0,54
2. *Dorn zwischen Spitzen bringen*							0,25
3. *Kupplung zur Arbeitsspindel einrücken*							0,10
4. *Scheibe bei A (Skizze) ansetzen und bis zum Anschlag vorrücken; Scheibe 4 mal hin- und hergehen lassen, ohne dass sie über das Werkstück hinausläuft. Nur mit der Hand vorschalten.*							
1. Doppelhub: Vorschub nicht über 380 mm/min.	*1273*	*30*	*60*	*15,6*	*6,35*	*380*	
2.—4. „ : Vorschub ca. 760 mm/min.			*60*	*15,6*	*12,7*	*760*	*2,68*
Scheibe zurückziehen.							
5. *Werkstück anhalten und mit Mikrometer nachmessen*							0,23
6. *Arbeitsstück aus den Spitzen herausnehmen*							0,25
7. *„ vom Dorn abziehen*							0,52
Zeit zum Abziehen der Scheibe: 4 min für je 10 Stück							0,40
							4,87
Zuschlag						*10 vH*	0,49
							5,36
2. Aufspannung: Schleifen des kurzen Endes Toleranz + − 0,01 mm							
Reihenfolge, Geschwindigkeiten und Vorschübe genau wie bei Aufspannung 1.	*1273*	*30*	*60*	*17,3*	*6,35*	*380*	
			60	*17,3*	*12,7*	*760*	*3,67*
Zuschlag						*10 vH*	0,37
							4,04
Ruhepausen, 6 min alle Stunden							0,94

Normalzeit insgesamt: *10,4 min.*

Zugabe für Einrichten der Maschine: *40 min.*   Grundlohn: *68 Pf/St.*

Prämienzeit: *14,8 min.*

Innenschleifen.

Seit etwa zehn Jahren hat das Verfahren des Innenschleifens von Bohrungen infolge der außerordentlichen Vervollkommnung der betreffenden Maschinen eine große Bedeutung erlangt. Früher wurde das Innenschleifen nur für gehärtetes Material angewendet und sehr häufig griff man

Fig. 96. Innenschleifvorrichtung zum nachträglichen Einbau auf einer gewöhnlichen Rundschleifmaschine.

zu dem sehr zeitraubenden Verfahren des Polierens; dabei müßte die Bohrung vorher genau hergestellt werden — man ließ nur 0,03—0,05 mm stehen — damit nur möglichst wenig Material fortzupolieren blieb. Diese Methode liefert zwar äußerst genaue Bohrungen und wird auch jetzt noch bei Werkstücken angewandt, bei denen eine besonders hohe Genauigkeit und sehr glatte Oberflächen verlangt werden, im allgemeinen aber hat die moderne Innenschleifmaschine das alte Verfahren vollkommen verdrängt. Man schleift jetzt nicht nur gehärtetes Material, sondern auch weichen Stahl, Gußeisen und Bronze und arbeitet dabei billiger und besser als früher. Bei allen so hergestellten Werkstücken ist absolut genaue Passung gewährleistet.

Fig. 97. Innenschleifmaschine mit feststehendem Spindelkopf.

Maschinen für das Innenschleifen.

Es kommen für das Innenschleifen zwei Maschinenarten in Betracht: die Universalschleifmaschine und die Spezial-Innenschleifmaschine. Die letztere ist natürlich für alle vorkommenden Fälle am geeignetsten, da sie eigens für diesen Zweck konstruiert ist. Sie ist für die Massenfabrikation austauschbarer Teile unentbehrlich. Doch läßt sich häufig auch die Universalschleifmaschine gut zum Innenschleifen verwenden. Auf dem drehbaren Tisch der Maschine wird dann eine besondere Innenschleifvorrichtung mit Schleifscheibe und Spindel montiert (Fig. 96 B); das Nähere ist aus der Abbildung zu ersehen.

Nach der Art des Längsvorschubes lassen sich bei den Innenschleifmaschinen zwei Gruppen unterscheiden. Die erste Gruppe hat einen feststehenden Spindelkopf mit Spannvorrichtung für das Arbeitsstück, während die Schleifspindel den Längsvorschub erhält. Bei der zweiten Gruppe dreht die Schleifscheibe sich am Ort, und das Werkstück bewegt sich ihr entgegen bzw. von ihr fort. Diese letztere Ausführung ist mehr der Arbeitsweise der Universalschleifmaschine angepaßt.

Im folgenden sollen nun verschiedene Ausführungen von Innenschleifmaschinen beschrieben werden.

Die Abbildung Fig. 97 zeigt eine Konstruktion, die stark von der üblichen Bauart der Rundschleifmaschinen abweicht. Am linken Ende des Tisches B ist auf einem festen, brückenartigen Untergestell der Spindelkopf mit der Spannvorrichtung für das Werkstück montiert. Er ist bis zu einem Winkel von 45° nach rechts und links aus der Längsrichtung des Tisches herausdrehbar, so daß sich auch konische Bohrungen schleifen lassen.

Fig. 98. Innenschleifmaschine mit beweglichem Spindelkopf.

Die Umfangsgeschwindigkeit des Werkstückes wird durch die Stufenscheibe des Deckenvorgeleges eingestellt. Am anderen Ende des Tisches befindet sich auf dem Kreuzschlitten A die Schleifspindel mit Riemenvorgelege und einer Antriebsscheibe, von deren Durchmesser die Geschwindigkeit der Spindel abhängt. Der Längsvorschub der Schleifscheibe wird durch den Hebel C ausgelöst.

Diese Maschine eignet sich infolge der kräftigen Bauart von Spindelkopf und Schlitten besonders zur Massenherstellung austauschbarer Teile, da ihr ruhiger Gang ein sehr genaues Arbeiten der Schleifscheibe ermöglicht.

Die zweite Maschine, Fig. 98, ist für kleinere Arbeitsstücke gedacht, zum Schleifen von Buchsen, Muffen und ähnlichen Teilen, die eine hohe Umfangsgeschwindigkeit des Werkstückes erfordern.

Die Schleifspindel A sitzt auf dem feststehenden Gußkörper B und steht über zwei Riemen und eine Zwischenwelle mit dem Deckenvorgelege in Verbindung, dessen Stufenscheibe verschieden hohe Geschwindigkeiten auf die Spindel überträgt. Durch Drehen des Handrades C betätigt man die Tiefenschaltung der Scheibe, die mechanisch durch den Knopf D ausgelöst wird. Der Tisch selbst besteht aus zwei übereinander liegenden Platten, von denen die obere

Fig. 99. Zweispindel-Schleifmaschine für Innen- und Außenschleifen.

um 5^0 nach beiden Seiten der normalen Lage drehbar ist; sie wird durch die Schraube H festgestellt und mit Hilfe der beiden Klemmhebel I und J an der unteren Platte befestigt. Diese untere Platte ist direkt auf dem Gestell aufmontiert. Ihr Hub wird durch ein verzögernd wirkendes Getriebe in der Mitte des Weges verlangsamt, um so der Neigung der Scheibe, in der Mitte weniger Material abzunehmen, entgegenzuarbeiten; gleichzeitig kann dadurch auch ein kräftigerer Längsvorschub angewendet werden. Durch eine an der Rückseite der Maschine angebrachte dreistufige Riemenscheibe kann der Tisch, unabhängig vom Spindelkopf, drei verschiedene Vorschübe erhalten, und der Hub ist mit Hilfe der Schraube E innerhalb einer beliebigen Länge auf 0,025 mm genau einstellbar. Der Antrieb des Tisches kann von Hand erfolgen durch Drehen des Rades F; bei Verwendung mechanischen Antriebes wird die Umsteuerung des Tisches durch Lösen des Klemmhebels G ausgeschaltet.

Der Spindelkopf ist drehbar auf einer gußeisernen Platte befestigt, die in dem Schlitz des Tisches verschiebbar ist und durch den Hebel L festgestellt wird. Mit Hilfe einer mit Gradeinteilung versehenen Scheibe läßt sich der Spindelkopf um jeden beliebigen Winkel bis zu 90^0 aus der Richtung der Längsachse des Tisches herausdrehen und wird in der gewünschten Lage durch die Schrauben K festgestellt. Die Werkstückspindel ist am vorderen Ende zur Aufnahme von Spannpatronen ausgebildet, während das hintere Ende mit einer Anzugvorrichtung für dieselben versehen ist. Durch An-

bringen geeigneter Vorrichtungen kann dieselbe Maschine auch zum Außenschleifen und für verschiedene Werkzeugarbeiten Verwendung finden.

Die in Abbildung Fig. 99 dargestellte Maschine ist zum Schleifen des Innen- und Außendurchmessers von Buchsen und ähnlichen Teilen in derselben Aufspannung eingerichtet, wodurch die genaue Konzentrizität der beiden Flächen gesichert ist.

Das Futter A für das Werkstück wird durch das Handrad B gespannt und die drehende Bewegung durch Riemenübertragung vermittelst der Scheibe P erzeugt. Um konische Bohrungen schleifen zu können, ist der Spindelkopf um Winkel bis einschließlich 30^0 verstellbar. Bemerkenswert ist an der Konstruktion die Art der Lagerung des Schlittens F für die beiden Schleifspindeln C und D. Er ist nach vorn und hinten schwenkbar an einer gehärteten und geschliffenen, zylindrischen Stange aufgehängt, so daß er beim Nachmessen weggedreht werden kann. Der Längsvorschub erfolgt mechanisch durch Riemenantrieb über die beiden Scheiben I, und von Hand mit Hilfe des Kreuzgriffes M, wobei die Hublänge durch Anschläge am Zahnrad J eingestellt wird. Auch ist eine selbsttätige Einrichtung zum Ausschalten des Vorschubes vorgesehen (Hebel L). Der Antrieb für die Drehbewegung der Außenschleifspindel D wird ebenfalls durch Riemenübertragung über die Scheibe E bewirkt, während ein zweiter kürzerer Riemen über dieselbe Scheibe die Innenschleifspindel C in Umdrehung versetzt. Die Tiefenschaltung für den Durchmesser erfolgt durch das Sperrad G mit Klinkenhebel H. Die Umsteuerung des Schlittens an einer beliebigen Stelle wird von Hand durch den Hebel K bewirkt.

Innenschleifspindeln.

Beim Schleifen kleiner Bohrungen von verhältnismäßig großer Tiefe besteht eine große Schwierigkeit in der Ausbildung genügend kräftiger Spindeln, um genau gerade Löcher herzustellen; da lange Spindeln von geringem Durchmesser erfahrungsgemäß leicht zurückfedern und daher ungleichmäßig schneiden. Die älteren Konstruktionen für diese Zwecke, die besonders auf Universalschleifmaschinen benutzt werden, besitzen einen in Form eines dünnwandigen Rohres ausgebildeten Spindelhalter, der am Ende eine kleine Buchse zur Unterstützung der Spindel in der Nähe der Scheibe trägt. Da der Außendurchmesser des Rohres stets kleiner sein muß als die Schleifscheibe, waren äußerst leichte und dünne Spindeln erforderlich, besonders wenn die Lochdurchmesser 25 mm und weniger betrugen. Bei

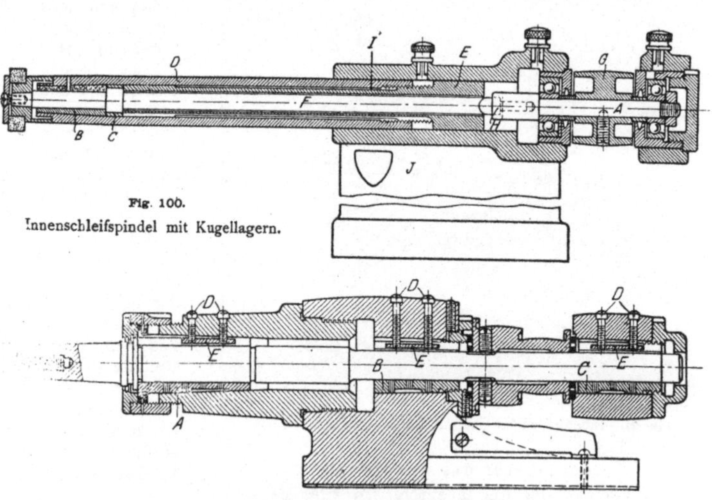

Fig. 100.
Innenschleifspindel mit Kugellagern.

Fig. 101 Innenschleifspindel mit nachstellbaren Lagern.

neueren Konstruktionen ragt die Schleifspindel meist soweit über das Lager hinaus, wie die Tiefe der zu schleifenden Bohrung beträgt. Dadurch wird eine bessere Lagerung und Schmierung gewährleistet, wie an Hand von Beispielen noch ausgeführt werden soll. Nur bei Löchern von mehr als 50 mm ⌀ führt man im allgemeinen das Spindellager bis an die Schleifscheibe heran, so daß es beim Vorwärtshub mit in das Loch hineingeht.

Über die Umdrehungszahl der Schleifspindel ist zu sagen, daß sie mit abnehmendem Durchmesser der Bohrung wachsen muß, um eine genügende Umfangsgeschwindigkeit der Scheibe zu erzielen. Beim Flächen- und Rundschleifen mit großen Scheiben wendet man durchschnittlich eine Umfangsgeschwindigkeit von 30 m/sec an. Wollte man mit ähnlichen Zahlen bei den kleinen Innenschleifscheiben arbeiten, so müßten die Spindeln so hohe Umdrehungszahlen*) erhalten, wie sie bei guter Lagerung und Schmierung kaum zu erzielen sind. Diese Schwierigkeit ist jedoch zum großen Teil beseitigt, seitdem man weiche und trotzdem frei schneidende Schleifscheiben erhalten kann, die auch bei geringen Umfangsgeschwindigkeiten vollkommen arbeiten.

Im folgenden seien ein paar neuzeitliche Konstruktionen von Innenschleifspindeln beschrieben.

Fig. 100 zeigt eine in zwei kräftigen Rohren D und E geführte Spindel F. Die Welle A, die an beiden Enden auf Kugellagern läuft, übermittelt mit Hilfe der Riemenscheibe G den Antrieb für die Spindel, mit welcher sie bei H gekuppelt ist. Durch eine (nicht bezeichnete) Schraube (etwa bei I)

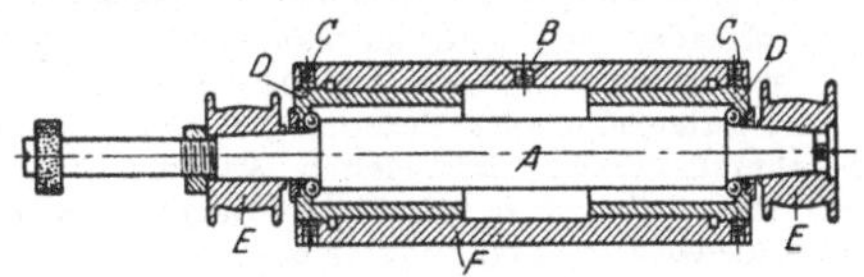

Fig. 102. Innenschleifspindel mit zwei Riemenscheiben.

sind die beiden miteinander verschraubbaren Rohre D und E an dem Gußkörper J befestigt; löst man diese Schraube, so kann die Spindel F mitsamt den Hülsen und der Spannbuchse B ohne Störung der Antriebswelle herausgezogen werden. Die geschlitzte, außen konische Buchse B wird beim Anziehen der äußeren Hülse D zunächst gegen den Lagerring C gepreßt, bis dieser vollkommen festsitzt, und bei weiterem Anziehen in die konische Hülse D hineingezogen, wodurch die Buchse zusammengepreßt wird und einen starken Druck auf die Spindel und den Lagerring ausübt. Um diesen zu vermindern und einen guten Laufsitz zu erzielen, muß die Hülse D wieder etwas zurückgeschraubt werden, nachdem man zuvor die Buchse B an D befestigt und die (nicht gezeichnete) Schraube bei I gelockert hat.

Eine andere Art der Spindellagerung weist die Konstruktion Fig. 101 auf. Hier ist die kräftig gebaute Spindel durch drei Lager A, B und C aus Phosphorbronze gestützt. Sie bestehen aus außen konisch abgedrehten, keilförmig geschlitzten Buchsen, die durch Eintreiben der Keile E leicht gespreizt werden und durch die Schrauben D fest mit dem Lagerkörper verbunden werden.

Für hohe Umfangsgeschwindigkeiten ist die Spindel Fig. 102 gedacht, die mit 25 000 bis 30 000 minutlichen Umdrehungen läuft. Der Antrieb der auf Kugellagern laufenden Spindel A erfolgt an ihren beiden Enden über die Riemenscheiben E. Das ganze Lager läuft in Öl, welches durch Loch B eingeführt wird. Ein staubdichtes, gußeisernes Gehäuse F umschließt das Ganze. Um die Kugellager nachzustellen, löst man die Schrauben C und dreht mit einem Hakenschlüssel die beiden Muttern D nach rechts

oder links, je nachdem ob man anziehen oder lockern will. Bei richtiger Einstellung muß das seitliche Spiel vollkommen ausgeschaltet sein und die Spindel sich spielend leicht mit der Hand drehen lassen.

Das Einspannen des Werkstückes beim Innenschleifen.

Ein besonders wichtiger Punkt bei der Ausrüstung einer Innenschleifmaschine ist die richtige Wahl des Spannfutters. Sie ist oft wichtiger als die Wahl der Schleifscheibe, weil die Wirtschaftlichkeit des Verfahrens vorwiegend davon abhängt, daß das Einspannen auch schwieriger Stücke in möglichst kurzer Zeit auf die zweckmäßigste Weise erfolgt.

Es gibt natürlich eine große Zahl von Spannvorrichtungen für die verschiedenartigsten Werkstücke*). Hier sollen nur ein paar Hinweise für das Einspannen dünner Buchsen gegeben werden.

Vollkommen unangebracht für diesen Zweck ist die Verwendung eines Dreibackenfutters, wie überhaupt jeder Vorrichtung, die einen radialen Druck auf die Buchse ausübt, weil das Ergebnis stets ein mehr oder weniger „dreieckiges Loch" sein wird. Man nimmt statt dessen eine Spannvorrichtung, die das Werkstück an den Endflächen faßt, nur geringen Druck in Achsenrichtung ausübt, sich leicht handhaben und genau zylindrische Bohrungen schleifen läßt (z. B. Fig. 114 weiter unten).

Beim Schleifen des Innen- und Außendurchmessers solcher dünner Buchsen kann man zwei Wege einschlagen. Beginnt man mit dem Innenschleifen, so wird das Stück für die zweite Arbeit auf einen Dorn gesteckt; das Ergebnis sind sehr genaue, konzentrische Flächen. Hat man dagegen zuerst den Außendurchmesser geschliffen, so muß das Werkstück zum Innenschleifen in eine passende Spannbuchse gebracht werden. Die praktische Erfahrung hat nun gelehrt, daß dieses zweite Verfahren unvorteilhaft ist und zwar aus folgenden Gründen:

1. Es scheint, daß die Buchsen sich leichter verziehen, wenn der Außendurchmesser zuerst geschliffen wird.

2. Es ist bedeutend schwieriger, einen Außendurchmesser genau auf Maß zu schleifen, wenn die Bohrung zum Aufspannen noch unbearbeitet ist, als wenn zuerst die Innenfläche geschliffen wird (während die Buchse von den Enden her zu halten ist) und danach das Außenschleifen stattfindet, wobei das Stück mit der fertigen Bohrung auf dem genau passenden Dorn sitzt.

3. Wenn man zuerst den Außendurchmesser geschliffen hat, muß man zum Aufspannen während des folgenden Innenschleifens eine genau auf Toleranzmaß passende Spannbuchse verwenden, und zwar für jeden Nenndurchmesser eine andere. Nun ist es aber erfahrungsgemäß kaum möglich, eine Spannbuchse, nachdem sie einmal von der Maschine genommen ist, ein zweites und drittes Mal wieder so einzuspannen, daß man ein absolut genau konzentrisches Loch schleifen kann. Entweder muß die Buchse nachgeschliffen werden, wodurch sie zu weit wird, oder die Außendurchmesser der folgenden Arbeitsstücke müssen zu dem neuen Durchmesser der Buchse passend geschliffen werden. Beides wird vermieden, wenn man zuerst den Innendurchmesser des Werkstückes bearbeitet, da der Dorn zum Aufspannen während des Außenschleifens sich bedeutend leichter auf genauem Maß halten läßt.

Das Nachmessen gerader und konischer Bohrungen.

Um zu prüfen, ob die Maschine wirklich genau gerade Bohrungen liefert, bedient man sich meistens zylindrischer Kaliberdorne. Solange die Arbeitsstücke dabei nicht vom Futter genommen werden können — also beim Nachmessen der ersten Stücke einer neuen Lieferung — kann man auf diese Weise jedoch nur den vorderen Durchmesser der Boh-

---

*) Die Fortunawerke in Cannstatt fertigen heute Schleifvorrichtungen an, die mit 40—60 000 min. Umdrehungen anstandslos arbeiten.

*) Weiter unten soll dieser wichtige Punkt ausführlich behandelt werden.

rung prüfen. Will man feststellen, ob der Lochdurchmesser hinten mit dem vorderen übereinstimmt, so wendet man vorteilhaft folgende Methode an: nachdem man etwas vorgeschruppt hat, läßt man die Scheibe bei geringem Tiefenvorschub erst auf der einen Seite des Loches und dann schnell auf der gegenüberliegenden Seite schneiden und beobachtet beide Male während eines Hubes die auftretenden Funkengarben. Bleiben sie gleich stark, so ist das Loch zylindrisch; werden sie schwächer oder verschwinden sie gar auf der zweiten Seite, so ist der Durchmesser an der Stelle größer, und der Spindelkopf muß entsprechend nachgestellt werden. Dabei ist zu beachten, daß der am Werkstück auftretende Fehler doppelt so groß ist wie der, der beim Einstellen der Spindel gemacht worden ist.

Beim Schleifen konischer Bohrungen stellt man den gewünschten Konus auf der am Spindelkopf angebrachten Gradteilung ein. Will man aber sicher sein, daß die Arbeitsstücke genau sind — was bei austauschbaren Teilen unumgänglich ist —, so prüft man am besten mit einer Konuslehre. Ist der Fehler der Bohrung erheblich, so kann ihn der Arbeiter ohne weiteres am „Wackeln" der Lehre erkennen. Bei geringen Abweichungen dagegen bestreicht man den Konus mit Mennige oder Preußischblau und beobachtet nach der Einführung in das Loch die Verteilung der Farbe, woraus man auf die Genauigkeit der Passung schließt.

Lage der Schleifscheibe zum Werkstück.

Was die Lage der Schleifscheibe zur Bohrung des Werkstückes betrifft, so kann man beim Innenschleifen nach zwei Methoden verfahren. Denkt man sich in der Abbildung Fig. 103 den Arbeiter auf der linken Seite stehend, so zeigt Fig. 103 B die auf Universalschleifmaschinen übliche Art: der

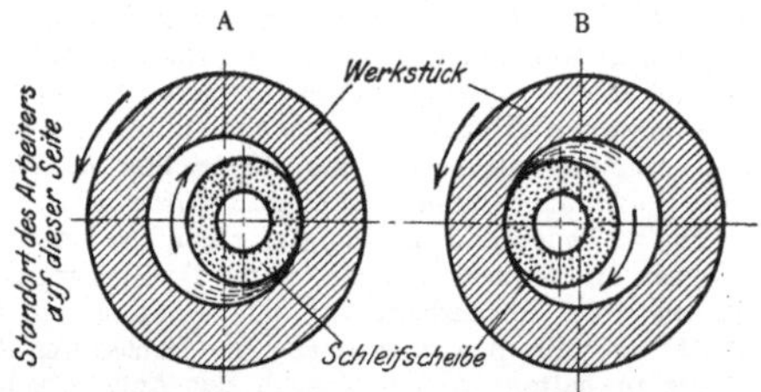

Fig. 103. Lage der Schleifscheibe zum Werkstück.

automatische Tiefenvorschub schaltet die Scheibe nach vorn, d. h. in der Richtung auf den Arbeiter zu, daher läßt man auf der Vorderseite der Bohrung schneiden. In Fig. 103 A ist das entgegengesetzte Verfahren schematisch dargestellt; die Scheibe schneidet auf der Hinterseite. Diese Methode, die auf Sonderinnenschleifmaschinen mit von Hand in umgekehrter Richtung geschalteter Scheibe vorwiegend angewendet wird, hat zwei Vorzüge: einmal kann der Arbeiter beim Schleifen konischer Bohrungen bequem in das Loch hineinsehen und den Weg der Scheibe verfolgen; auch das Nachmessen gestaltet sich leichter. Zweitens ist die Anbringung von Schutzvorrichtungen gegen das herausspritzende Wasser auf der Rückseite der Maschine viel einfacher als auf der Vorderseite. Gegen das Schleifen auf der Rückseite spricht aber als nicht zu unterschätzender Umstand, daß es ganz allgemeiner Gebrauch ist, beim Außenschleifen die Scheibe nach vorn zu schalten, demzufolge es natürlicher erscheint, auch beim Innenschleifen vorn zu schneiden, besonders wenn beide Arbeiten auf derselben Maschine vorgenommen werden. Mit Rücksicht auf diese eingewurzelte Gewohnheit der Arbeiter wird meistens noch nach der alten Methode verfahren.

Die zweckmäßige Umdrehungsrichtung des Werkstücks beim Naßschleifen ist auf den Arbeiter zu, so daß das Kühlmittel — besonders wenn die Zufuhr von der unteren Seite her erfolgt — nicht nach vorn über die Maschine spritzen kann.

Materialzugaben für das Innenschleifen.

Die Frage nach der Größe der Materialzugabe ist für das Innenschleifen sehr sorgfältig zu überlegen. Früher, als man nur verhältnismäßig leicht gebaute Maschinen und Spindeln zur Verfügung hatte, ließ man so wenig Material wie möglich stehen, damit das Schleifen nicht noch mehr Zeit in Anspruch nehmen sollte. Auf den modernen Innenschleifmaschinen arbeitet man jedoch vorteilhafter mit größeren Zugaben, weil das Einspannen der Werkstücke sehr erschwert ist, wenn die Scheibe nur einen ganz geringen Span abnehmen darf. Hat man z. B. eine dickwandige Buchse zu schleifen, so spannt man sie gewöhnlich in ein Dreibackenfutter, das aber keine genau zentrische Einspannung gestattet. Der Fehler betrage etwa 0,05—0,075 mm. Um diesen zunächst zu beseitigen und eine genau zylindrische Bohrung zu erhalten, muß etwa 0,15 bis 0,175 mm Material abgenommen werden. Rechnet man nun noch etwa 0,05 bis 0,075 mm Abschliff bis zum Fertigmaß, so wären als Mindestzugabe 0,2 bis 0,25 mm stehen zu lassen. Im allgemeinen pflegt man darüber hinauszugehen, um am Anfang, beim Abnehmen der rauhen Oberfläche, lieber wenige, aber kräftige Schnitte nehmen zu können, was zeitsparender ist, als wenn man, durch die geringe Materialzugabe behindert, nur vorsichtig mehrere leichte Schnitte führen kann. Arbeitet man jedoch mit gut zentrierenden, von vornherein rundlaufenden Spannfuttern, so kann man beträchtlich an Zeit gewinnen, wenn man nur geringe Zugaben stehen läßt. Bei gehärteten Stücken muß man allerdings meist mit größeren Zugaben rechnen, um Fehler, die durch Verziehen auftreten können, auszugleichen.

Im folgenden soll noch an einem Beispiel gezeigt werden, inwieweit die Leistung der Schleifscheibe von der Menge des fortzunehmenden Materials abhängt. An einem rohen Zahnrad aus warmbehandeltem Vanadiumstahl war eine konische Bohrung zu schleifen. Nachdem Scheiben von verschiedenstem Grad und Korn versucht worden waren, erzielte man die besten Ergebnisse mit einer solchen aus Alundum, im Hochfeuer gebrannt, Korn 60, Grad K, 19 mm $\varnothing$ und 25 mm Breite, und zwar betrug die Höchstleistung

60 Stück bei einer Materialzugabe von 0,375 mm
80 „ „ „ „ „ 0,2 „
200 „ „ „ „ „ 0,125 „

Die Umfangsgeschwindigkeit der Scheibe betrug dabei 12 m/sec, die des Werkstücks im Mittel 30 m/min.

Durchmesser der Bohrung in mm	Länge der Bohrung in mm											
	12	25	38	50	75	100	125	150	175	200	250	300
	Zugaben in mm											
12	0,15	0,15	0,20	0,20	.	.	.	.	.	.	.	.
25	0,15	0,15	0,20	0,20	0,25	0,25	0,30	0,35	.	.	.	.
38	0,20	0,20	0,25	0,25	0,30	0,30	0,35	0,35	0,40	0,40	.	.
50	0,20	0,20	0,25	0,25	0,30	0,30	0,35	0,35	0,40	0,40	0,50	0,55
62	0,25	0,25	0,25	0,30	0,30	0,30	0,35	0,40	0,40	0,45	0,50	0,55
75	0,25	0,25	0,25	0,30	0,30	0,35	0,35	0,40	0,45	0,45	0,50	0,60
88	0,25	0,25	0,25	0,30	0,35	0,35	0,40	0,45	0,45	0,50	0,55	0,60
100	0,25	0,25	0,30	0,30	0,35	0,35	0,40	0,45	0,45	0,50	0,55	0,60
125	0,25	0,30	0,35	0,35	0,40	0,40	0,45	0,45	0,50	0,50	0,55	0,65
150	0,30	0,30	0,35	0,35	0,40	0,40	0,45	0,45	0,50	0,55	0,60	0,65
175	0,35	0,35	0,35	0,40	0,40	0,45	0,45	0,50	0,50	0,60	0,60	0,65
200	0,40	0,40	0,45	0,45	0,45	0,45	0,50	0,50	0,55	0,60	0,65	0,70
225	0,45	0,45	0,45	0,45	0,50	0,50	0,55	0,55	0,60	0,60	0,65	0,70
250	0,45	0,45	0,50	0,50	0,50	0,50	0,55	0,55	0,60	0,65	0,65	0,75
275	0,45	0,50	0,50	0,55	0,55	0,55	0,60	0,60	0,65	0,65	0,70	0,75
300	0,50	0,50	0,50	0,55	0,55	0,55	0,60	0,60	0,65	0,65	0,70	0,75

Zahlentafel I. Materialzugaben für Innenschleifen.
(Gültig für alle Materialien.)

Die Zahlentafel I gibt die Größe der üblichen Materialzugaben für Bohrungen von verschiedener Länge und verschiedenem Durchmesser an; besondere Fälle wie dünnwandige Buchsen sind darin nicht berücksichtigt.

Umfangsgeschwindigkeit von Schleifscheibe und Werkstück.

Die Schneidwirkung einer Schleifscheibe ist in hohem Grade von ihrer Umfangsgeschwindigkeit abhängig, und besonders beim Innenschleifen sollte man danach streben, den Scheiben, soweit dies praktisch durchführbar ist, die theoretisch günstigste Geschwindigkeit zu erteilen. Bei Scheiben von mehr als 50 mm $\varnothing$ läßt sich das fast immer durchführen, dagegen muß man bei kleinen Scheiben beträchtlich von der günstigsten Geschwindigkeit heruntergehen. Eine Scheibe von etwa 12 mm $\varnothing$ müßte 30 000 Umdrehungen in der Minute machen, um eine Umfangsgeschwindigkeit von ca. 20 m/sec zu erreichen. Die dabei auftretende starke Erwärmung würde aber die Spindellagerung sehr erschweren, und man benutzt daher — unter Anwendung einer niedrigeren Umfangsgeschwindigkeit — weichere und trotzdem freischneidende Scheiben, ohne eine geringere Leistung der Maschine befürchten zu müssen. Auch ist bei diesen kleineren Geschwindigkeiten eine sichere Lagerung und Schmierung der Spindel viel eher möglich.

Die in den später folgenden Beispielen angegebenen Zahlen für die Umfangsgeschwindigkeiten der Schleifscheiben wie auch der Werkstücke weichen sehr stark voneinander ab. Das kommt daher, daß eine Fabrik mehr auf eine gute Genauigkeit gibt, und daher eine harte, feinkörnige Scheibe verwendet, während eine andere hauptsächlich eine große Leistung erzielen will und daher Scheiben von gröberem Korn und weicherer Bindung benutzt. Beim Innenschleifen von weichem Stahl nimmt man gewöhnlich Scheiben bis zum Grad M, bei warm behandeltem Stahl bis Grad L und bei Chromnickel- oder Vanadiumstahl bis Grad K.

Im allgemeinen kann man sagen, daß die Werkstücksgeschwindigkeit um so höher sein muß, je niedriger die Geschwindigkeit der Scheibe und je härter ihre Bindung ist, da sonst leicht Schmieren eintritt; denn harte Scheiben halten das stumpfe Korn zu lange fest und schneiden dann nicht scharf.

Es empfiehlt sich, zuerst die Scheibengeschwindigkeit genau festzulegen und danach Grad und Korn der Scheibe und die Werkstücksgeschwindigkeit entsprechend zu verändern. Die gebräuchlichen Umfangsgeschwindigkeiten für Innenschleifscheiben bewegen sich zwischen 10 und 35 m/sec; die besten Ergebnisse erzielt man bei Geschwindigkeiten von 20 bis 30 m/sec.

Schleifscheiben aus Karbolit, Karborundum oder Krystolon läßt man im allgemeinen mit geringerer Geschwindigkeit laufen (20—22 m/sec), während Scheiben aus Alundum, Aloxit oder Korundum bei 22 bis 25 m/sec Umfangsgeschwindigkeit die besten Leistungen aufweisen.

Schwieriger ist die Werkstücksgeschwindigkeit festzusetzen, da sie von den verschiedensten Umständen abhängt, wie die verlangte Genauigkeit, die Art der verwendeten Maschine, die Vorbehandlung des Materials — ob gehärtet oder weich — und schließlich das Verhältnis der Durchmesser von Bohrung und Schleifscheibe. Es sollen daher nur ein paar kurze Hinweise gegeben werden. Z. B. soll man ein Werkstück von 75 mm $\varnothing$ langsamer laufen lassen als ein solches von 25 mm $\varnothing$, weil sonst die Schneidfläche der Scheibe zu stark angegriffen würde und man eine Scheibe von härterem Grad anwenden müßte; eine solche Scheibe schneidet aber nicht so frei, wie eine weichere, und das Schleifen würde daher längere Zeit in Anspruch nehmen.

In Zahlentafel II sind die gebräuchlichen Werkstückgeschwindigkeiten für verschiedene Materialien bei Verwendung der angegebenen Schleifscheiben aufgeführt.

Material	Schleifmittel	Art der Bindung	Korn	Grad	Umfangsgeschwindigkeit des Werkstückes in m/min
Aluminium (Guß)	Karbolit,	elastisch	46—50	2½ E	
	Karborundum	im Hochfeuer gebrannt	50	P	45—54
	oder Krystolon	elastisch	36	2½	
Messing oder Bronze (Guß)	Alundum, Korundum oder Aloxit	im Hochfeuer gebrannt	36—46 46—50 46—50	K K O	39—45
Gußeisen	Karbolit, Karborundum oder Krystolon	im Hochfeuer gebrannt	36—40	K P K	33—36
Stahllegierung (warm behandelt)	Nr. 38 Alundum, Nr. 58 Korundum oder Aloxit	im Hochfeuer gebrannt	46 46 50	J J M	24—30
Stahl mit 0,2 bis 0,5 % C. (weich)	Nr. 38 Alundum, Nr. 58 Korundum oder Aloxit	im Hochfeuer gebrannt	46 46 50	J J M	18—24
Stahl mit 0,2 bis 0,5 % C. (gehärtet)	Nr. 38 Alundum, Nr. 58 Korundum oder Aloxit	im Hochfeuer gebrannt	46 46 50	K K M	24—33

Umfangsgeschwindigkeit für Alundum-, Aloxit- und Korundum-Scheiben: 22—25 m/sec, für Karbolit-, Karborundum- und Krystolon-Scheiben: 20—22 m/sec.

Zahlentafel II. Werkstücksgeschwindigkeiten zum Innenschleifen für verschiedene Materialien.

Breite der Schleifscheiben.

Nach langen Versuchen über die vorteilhafteste Breite der Schleifscheiben ist man in der Industrie zu dem Schluß gekommen, daß man beim Innenschleifen von Bohrungen von 25—75 mm $\varnothing$ die besten Leistungen mit einer 18 mm breiten Scheibe erzielt, vorausgesetzt, daß die Bohrungen frei von Nuten sind. Schmalere Scheiben bieten nur eine ungenügende Schneidfläche, während breitere Scheiben eine zu große Berührungsfläche mit dem Werkstück haben und es daher zu stark erwärmen.

Beim Innenschleifen von Bohrungen mit Nuten muß man breitere und härtere Scheiben anwenden, und zwar müssen sie um so härter sein, je mehr Nuten vorhanden sind. (Näheres hierüber folgt unter „Innenschleifen genuteter Bohrungen".)

Verhältnis des Schleifscheibendurchmessers zur Größe der Bohrung.

Es ist aus Sparsamkeitsrücksichten üblich geworden, zum Innenschleifen kleiner Bohrungen (unter 35 mm $\varnothing$) den Schleifscheibendurchmesser in der Größe der Bohrung zu wählen, indem man die Scheibe zum Gebrauch mit dem Diamanten nur soweit abdreht, daß sie mit geringem Spielraum in die Bohrung paßt. Mit diesen Scheiben kann man natürlich eine große Anzahl von Werkstücken schleifen, und man verwendet sie solange, bis sie vollständig abgenutzt sind. Das ist aber wenig vorteilhaft, denn je größer der Berührungsbogen zwischen Schleifscheibe und Werkstück ist, um so größer ist die Erwärmung und die Neigung der Scheibe zu schmieren. Und diese beiden Umstände treten bei den kleinen Innenschleifscheiben, die nur eine geringe Abkühlungsfläche darbieten, viel leichter auf, als bei den großen Außenschleifscheiben. Daher ist es besser, die Scheiben recht klein zu wählen im Verhältnis zur Bohrung und außerdem, besonders für gehärtete Werkstücke, solche von recht weicher Bindung anzuwenden, da gehärtetes Material schneller zum Schmieren neigt.

Trocken- und Naßschleifen.

Allgemein arbeitet man in der Werkzeugmacherei beim Innenschleifen trocken, ein Verfahren, das aber für die Massenfabrikation nicht anwendbar ist. Als Regel kann gelten, daß weicher und gehärteter Stahl naß, dagegen Gußeisen, Bronze und Messing trocken geschliffen werden. Natürlich gibt es dabei auch Ausnahmen, z. B. kommt man ohne Kühlung aus bei sehr kleinen Flächen, bei denen nur ein geringer Span abzunehmen ist, so daß sich das Werkstück nur sehr wenig erwärmt.

Vorteile des Naßschleifens sind eine glattere und genauere Bohrung und vor allem einfacheres Nachmessen. Denn wenn man z. B. ein stark erwärmtes Werkstück mit einer kalten Lehre nachmißt, so macht es erstens Schwierigkeiten, sie wieder zu entfernen, und zweitens kann der Arbeiter auch nicht feststellen, ob die Größe der Bohrung im abgekühlten Zustande richtig sein wird. Beim Trockenschleifen kann es auch leicht vorkommen, daß geringe Risse in der Oberfläche auftreten, besonders wenn eine Scheibe von zu feinem Korn und zu harter Bindung oder auch ein zu starker Tiefenvorschub angewendet worden ist. Bei der Herstellung austauschbarer Teile mit engen Toleranzgrenzen ist daher nasses Schleifen unerläßlich.

Dasselbe gilt auch für gußeiserne Stücke, bei denen große Genauigkeit verlangt wird, also besonders beim Schleifen dünner Buchsen, denn man kann oft beobachten, daß trocken geschliffene Buchsen hinterher ihre Gestalt leicht ändern. Das kann vermieden werden, wenn man das Werkstück durch Anwendung eines Kühlmittels während der Bearbeitung auf niedriger Temperatur erhält. Schleift man trocken, so ist es auf jeden Fall notwendig, die Maschine an eine Saugleitung anzuschließen, um Staub und Späne zu entfernen.

Ungenaue Bohrungen.

Eine unangenehme Erscheinung beim Innenschleifen sind die sogenannten trichterförmigen Bohrungen, die stets dann auftreten, wenn man am Ende des Hubes die Scheibe ganz aus der Öffnung herausgehen läßt. Infolge des plötzlich aufhörenden Widerstandes federt sie etwas zur Seite ab, was um so leichter geschieht, wenn gleichzeitig in der Spindellagerung Spielraum ist. Man mache es sich daher zur Regel, die Schleifscheibe nur dann vollständig aus der Bohrung herausgehen zu lassen, wenn es unbedingt nötig ist, also etwa beim Nachmessen.

Anwendungsbeispiele.

Bei der großen Mannigfaltigkeit der Innenschleifverfahren ist es schwierig, für alle allgemeingültige Angaben zu machen. Es sollen daher nur an Hand von ausgewählten Beispielen jedesmal alle Einzelheiten, wie Beschaffenheit der Scheibe, Umfangsgeschwindigkeiten, Vorschub, Materialzugabe und Genauigkeit angegeben werden, so daß man beim Vorkommen ähnlicher Fälle einen ungefähren Anhalt für diese Zahlen hat. Man findet die Angaben in den Unterschriften zu den Zeichnungen, während im folgenden nur das Wesentliche der einzelnen Verfahren mitgeteilt werden soll.

Schleifen von Buchsen.

Besondere Schwierigkeit macht das Schleifen gehärteter, dünner Buchsen und die Herstellung einer gleichmäßig zylindrischen Bohrung über die ganze Länge derselben. Schleift man zuerst den Außendurchmesser, wie das in manchen Betrieben üblich ist, so sollte man das Werkstück nicht auf die innere Bohrung spannen, sondern eine Vorrichtung

verwenden, die die Buchse von den Endflächen her faßt. Zum Innenschleifen wird sie darauf in eine entsprechende Spannpatrone gebracht.

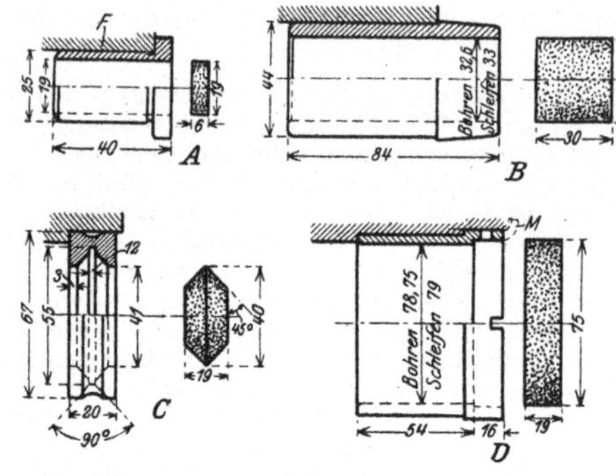

Fig. 104 (A).   Fig. 104—107.
Werkstück: Buchse.
   Material: Gehärteter Stahl, 0,15 vH Kohlenstoff.
   Umfangsgeschw.: 43 m/min.
   Materialzugabe: 0,13 mm.
Schleifscheibe: Detroit, im Hochfeuer gebrannt.
   Grad: M. Korn: 67.
   Umfangsgeschw.: 17 m/sec.
Bemerkungen: Leistung: 425 Stück in 9 Stunden.
   Vorschub von Hand.

Fig. 105 (B).
Werkstück: Buchse.
   Material: Stahl, 0,15 vH Kohlenstoff, in Öl gehärtet.
   Umfangsgeschw.: 29 m/min.
   Materialzugabe: 0,4 mm.
Schleifscheibe: Norton Alundum, im Hochfeuer gebrannt.
   Grad: K. Korn: 46.
   Umfangsgeschw.: 17 m/sec.
Bemerkungen: Leistung: 80 Stück in 9 Stunden.
   Mechanisch. Längsvorschub 6 mm/Umdr.
   20 Doppelhübe für jedes Werkstück.

Fig. 106 (C).
Werkstück: V-förmige Laufringfläche eines Kugellagers.
   Material: Gehärteter Stahl, 0,15 vH Kohlenstoff.
   Umfangsgeschw.: 51 m/min.
   Materialzugabe: 0,3—0,5 mm.
Schleifscheibe: Norton Alundum, im Hochfeuer gebrannt.
   Grad: J. Korn: 38—60.
   Umfangsgeschw.: 23 m/sec.
Bemerkungen: Leistung: 300 Stück in 9 Stunden.
   Handvorschub.
   Scheibe nach 50 Arbeitsstücken abziehen.

Fig. 107 (D).
Werkstück: Führungsbuchse.
   Material: Gehärteter Stahl, 0,15 vH Kohlenstoff.
   Umfangsgeschw.: 98 m/min.
   Materialzugabe: 0,25 mm.
Schleifscheibe: Norton Alundum, im Hochfeuer gebrannt.
   Grad: J. Korn: 36.
   Umfangsgeschw.: 35 m/sec.
Bemerkungen: Leistung: 75 Stück in 9 Stunden.
   Mechanisch. Längsvorschub: Beim Schruppen 3,5 mm/Umdr., beim Schlichten 1,1 mm/Umdr.
   6 Doppelhübe für jedes Werkstück.

In Fig. 104—107 sind ein paar derartige Beispiele zusammengestellt. Die Buchse Fig. 104, die innen und außen zu schleifen ist, wird, da die verlangte Genauigkeit nicht sehr groß und die Wandstärke des Werkstückes ziemlich kräftig ist, in einer Spannpatrone mit Druckluftanzug gehalten.

Die gleichen Verhältnisse liegen bei der Buchse Fig. 105 vor. Dagegen ist die Materialzugabe bei dem Beispiel Fig. 107 sehr knapp (0,25 mm bei einem Durchmesser von 79 mm), so daß man das Werkstück nach dem Außenschleifen in eine genau passende Spannbuchse bringen und es außerdem, wie die Abbildung andeutet, von den Endflächen her durch Klemmbacken M halten muß, damit während des Schleifens keine schädliche Spannung auftritt.

Schleifen von Laufringflächen an Kugellagern.

Die Laufringflächen an Kugellagern werden entweder V-förmig oder halbkreisförmig geschliffen. Für das erste Verfahren verwendet man Formschleifscheiben, die mit dem Diamanten stets genau auf Maß gehalten werden und deren Zusammensetzung gleichzeitig zu schruppen und zu schlichten gestattet.

Fig. 106 ist ein Beispiel für das Innenschleifen solcher V-förmigen Laufringfläche. Man bringt die Scheibe vorsichtig zur Berührung mit den beiden Schleifflächen und betätigt dann von Hand den Tiefenvorschub. Dieser wird sehr vorsichtig unter Benutzung der am Spindelschlitten befindlichen Mikrometereinstellung gehandhabt, bis der richtige Durchmesser ungefähr erreicht ist. Mit dieser Einrichtung vermeidet man ein mehrmaliges Zurückziehen der Scheibe für das Nachmessen. Dieses geschieht mittels einer mit kugeligen Endflächen versehenen Lehre. Wie die Unterschrift zu der Abbildung angibt, verwendet man eine Scheibe mit kombiniertem Korn, die sich besser auf Maß hält als eine solche von einfachem Korn, so daß man sie nur nach je 50 Arbeitsstücken neu abzuziehen braucht.

Beim Schleifen halbkreisförmiger Laufringflächen führt man zweckmäßig das Schruppen und Schlichten in zwei getrennten Aufspannungen aus, den Schruppschnitt auf einer Universal- oder einer gewöhnlichen Innenschleifmaschine und das Schlichten auf einer besonderen Radialschleifmaschine.

Fig. 108. Schleifen des Laufringes eines Kugellagers.

Fig. 108 zeigt den Laufring eingespannt in ein Futter mit sechs in gleichen Abständen verteilten Backen. Die mit dem Diamanten auf den richtigen Radius abgezogene Scheibe wird bis zu einem Anschlag vorgeschaltet, so daß sie genau im Mittelpunkt über der Kugellauffläche steht; dann stellt man den Tiefenvorschub auf die erforderliche Tiefe ein. Zum Schlichten läßt man je nach der Größe des Lagers und des Kugeldurchmessers 0,05 bis 0,2 mm stehen.

Für den Endschliff benutzt man darauf die Radialschleifmaschine Fig. 109. Die zugehörige Abziehvorrichtung für die Scheibe ist aus Fig. 110—112 zu ersehen.

Um eine wirklich genau halbkreisförmige Kugellauffläche zu erhalten, hat man für das Schlichten folgende Einrichtung getroffen: die Scheibe dreht sich an Ort und erhält nur den erforderlichen Tiefenvorschub, während das Werkstück eine schwingende Bewegung um den Punkt M ausführen muß, der auf der Mittellinie des Laufringes liegt (Fig. 110). Das Wichtigste ist also die genaue Einstellung dieser Achse über dem Drehpunkt des kreisförmigen Tisches. Zu diesem Zweck wird der Kreuzschlitten (Fig. 109) mit dem das Arbeitsstück haltenden Spindelkopf durch Anschläge A mit entsprechenden Anschlagstiften auf dem Tisch in Berührung gebracht. Dann wird die Schleifscheibe vorgeschaltet, bis auch sie genau in der Mittellinie des Laufringes steht. Der Vorschub erfolgt von Hand mittels Zahnstange und Zahnrad bis zur Berührung mit dem Einstellstift C (Fig. 109).

Fig. 109. Innenschleifmaschine mit drehbarem Spindelkopf.

Zum Abziehen der Scheibe wird der Diamant auf dem Halter E (Fig. 109 und 111 u. 112) befestigt, der sich in etwa 75 mm Abstand vom Mittelpunkt des Tisches befindet. Der Anschlag F (Fig. 109) dient dazu, die Scheibe genau über E festzustellen. Nachdem der Diamant mit Hilfe von kleinen Scheibenlehren a (Fig. 111) auf den jeweils verlangten Radius eingestellt ist, kann die Scheibe abgezogen werden, indem man den Diamanten im Halbkreis von Hand hin und her bewegt[*]).

Häufig treten beim Schleifen der Laufringflächen als unangenehme Nebenerscheinung kleine Risse und Unebenheiten in der Oberfläche auf, deren Ursache mit großer Wahrscheinlichkeit darin zu suchen ist, daß die Oberfläche des Werkstücks sich plötzlich so stark erwärmt, daß die Elastizitätsgrenze des Materials überschritten wird, bevor es sich wieder hat abkühlen können. Die Veranlassung zu dieser starken Erwärmung kann eine sehr verschiedene sein, z. B. eine sehr feinkörnige Scheibe von gleichzeitig zu harter Bindung, eine schmierende, nicht frei schneidende Scheibe und eine, die nicht trocken schleift; ein Überschreiten der Leistungsfähigkeit der Scheibe oder auch Spannungen, die vom Härten im Material zurückgeblieben sind. Alle diese Fehlerquellen können aber leicht vermieden werden, einmal durch die richtige Wahl der Scheibe, und zweitens, indem man die Arbeitsstücke nach dem Härten eine Zeitlang ruhig

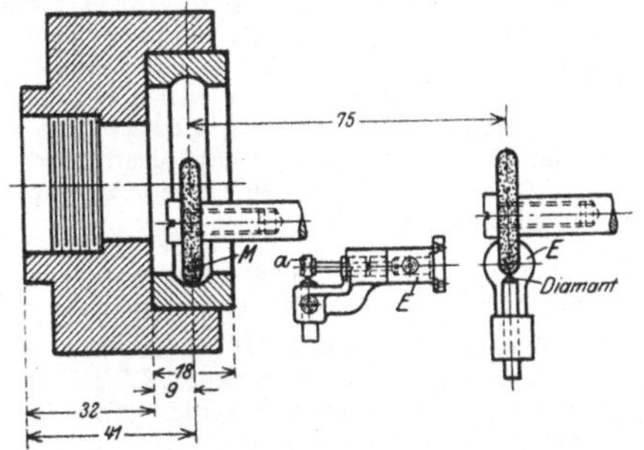

Fig. 110—112.

liegen läßt, damit sich die Spannungen wieder ausgleichen können. Zum Schleifen gehärteter Laufringflächen verwendet man am besten eine Scheibe etwa vom Grad J mit kombiniertem, ungleichförmigem Korn, da diese sich weniger leicht abnutzt als eine solche mit gleichförmigem Korn.

---

[*]) Weiter unten sollen die Abziehvorrichtungen für Schleifscheiben ausführlicher behandelt werden.

Zum Schleifen des Kugellagerringes (Fig. 113) wird eine Tassenschleifscheibe S benutzt, die man bis zur Berührung mit dem Boden des Werkstückes vorschaltet. Innendurchmesser und Bodenfläche werden dann gleichzeitig geschliffen. Dabei ist die Materialzugabe für die Seitenwand größer bemessen, weil sich die Scheibe beim Schleifen gewissermaßen gegen die Wand stützt und daher dort einen stärkeren Span abnimmt.

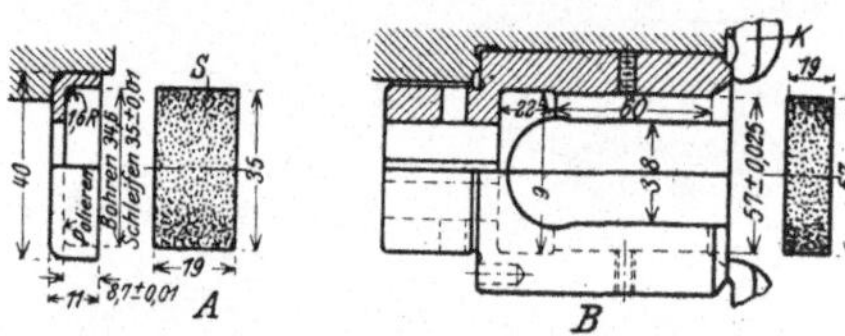

Fig. 113 u. 114.

Fig. 113 (A).
Werkstück: Laufring für ein Ventilator-Kugellager.
 Material: Gepreßtes Stahlblech, 2,769 mm stark (englische Feinblechlehre Nr. 12), in Öl gehärtet.
 Umfangsgeschw.: 80 m/min.
 Materialzugabe: Für den Boden 0,13 mm; für Innendurchmesser 0,4 mm.
Schleifscheibe: Tassenscheibe, Norton Alundum, im Hochfeuer gebrannt.
 Grad: K. Korn: 46.
 Umfangsgeschw.: 32 m/sec.
Bemerkungen: Leistung: 225—230 Stück in 9 Stunden.
 Eine Scheibe reicht für 100 Arbeitsstücke.

Fig. 114 (B).
Werkstück: Gelenkstück für Cardanwelle.
 Material: Gehärteter Stahl, 0,15 vH Kohlenstoff.
 Umfangsgeschw.: 46 m/min.
 Materialzugabe: 0,3—0,4 mm.
Schleifscheibe: Norton Alundum, im Hochfeuer gebrannt.
 Grad: K. Korn: 36.
 Umfangsgeschw.: 21 m/sec.
Bemerkungen: Leistung: 160 Stück in 9 Stunden.
 Mechanisch. Längsvorschub 7 mm/Umdr.
 24 Doppelhübe für jedes Werkstück.

Die Scheibe muß stets etwa von der Größe des Werkstückdurchmessers sein, weil kleinere oder schon sehr abgenutzte Scheiben die Bodenfläche nicht sauber schleifen können. Die Bearbeitung wird dadurch teurer, da man nur eine verhältnismäßig geringe Zahl von Arbeitsstücken mit einer Scheibe fertigstellen kann.

Zum Schluß muß noch an der in der Abbildung bezeichneten Stelle poliert werden. Das geschieht, indem man vor dem Schlichten etwas Öl auf die Fläche bringt und dann die Scheibe noch ein paar Mal hin und her gehen läßt. Während es im allgemeinen nicht ratsam ist, Öl auf die Scheibe zu bringen, weil dadurch leicht Schmieren auftritt, so schadet es in diesem Falle nichts, denn beim darauffolgenden Schruppen am nächsten Werkstück schneidet sich die Scheibe wieder frei.

Schleifen zylindrischer und konischer Bohrungen an verschiedenen Maschinenteilen.

Die beiden in Fig. 115 u. 116 dargestellten konischen Spindellager sind bis auf die verschiedene Länge der Schleiffläche von gleicher Gestalt und werden daher auch nach dem gleichen Verfahren bearbeitet. Während des Innenschleifens, das zuerst stattfindet, sind sie in ein Dreibackenfutter gespannt, das bei jedem Arbeitsstück neu ausgerichtet werden muß. Zum Außenschleifen werden sie mit der fertigen Bohrung auf einen Dorn gesteckt.

In Fig. 117 ist eine konische Bohrung an einem Gelenkstück für eine Cardanwelle zu schleifen. Als Spannvorrichtung dient ein gewöhnliches Dreibackenfutter D, und das Schruppen und Schlichten findet in derselben Aufspannung statt. Da das Werkstück eine Keilnut besitzt, verwendet man eine härtere Scheibe (Grad K) als bei voller Bohrung.

Ein Beispiel für einfaches, zylindrisches Innenschleifen ist die in Fig. 118 dargestellte Welle mit Stirnrad. Die stündliche Leistung ist hierbei beeinträchtigt durch die benutzte Spannvorrichtung, die das Werkstück auf der Planscheibe der Maschine befestigt, so daß jedes Stück erst ausgerichtet werden muß.

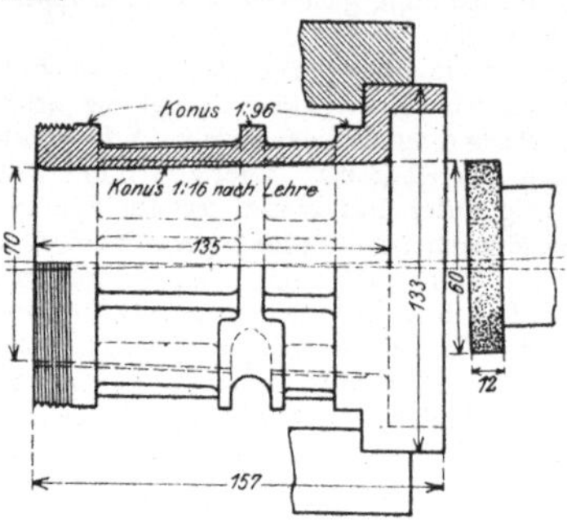

Fig. 115.

Werkstück: Spindellager.
 Material: Phosphorbronze.
 Umfangsgeschw.: 45 m/min. im Mittel.
 Materialzugabe: 0,2—0,3 mm.
Schleifscheibe: Norton Alundum, elastisch gebunden.
 Grad: $\frac{1}{4}$. Korn: 46.
 Umfangsgeschw.: 20 m/sec.
Bemerkungen: Leistung: 3 Stück pro Stunde.
 Mechanisch. Längsvorschub 6 mm/Umdr.
 Größte zulässige Verschiebung der 1:16-Konuslehre: 1,2 mm.

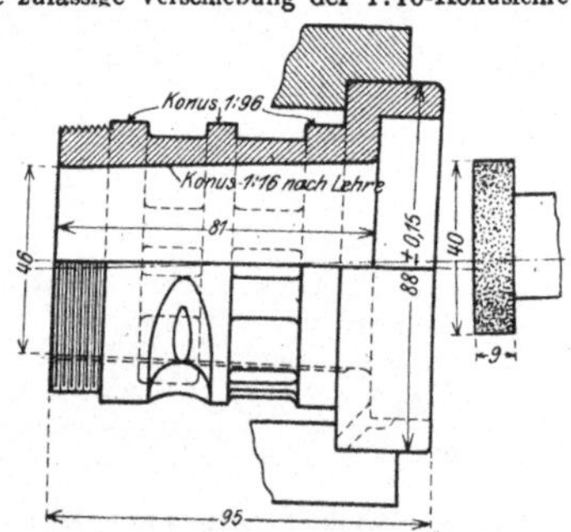

Fig. 116.

Werkstück: Spindellager.
 Material: Phosphorbronze.
 Umfangsgeschw.: 45 m/min. im Mittel.
 Materialzugabe: 0,2—0,3 mm.
Schleifscheibe: Norton Alundum, elastisch gebunden.
 Grad: $\frac{1}{4}$. Korn: 46.
 Umfangsgeschw.: 17 m/sec.
Bemerkungen: Leistung: 8—10 Stück pro Stunde.
 Mechan. Längsvorschub 4 mm/Umdr.
 Größte zulässige Verschiebung der 1:16-Konuslehre: 0,8 mm.

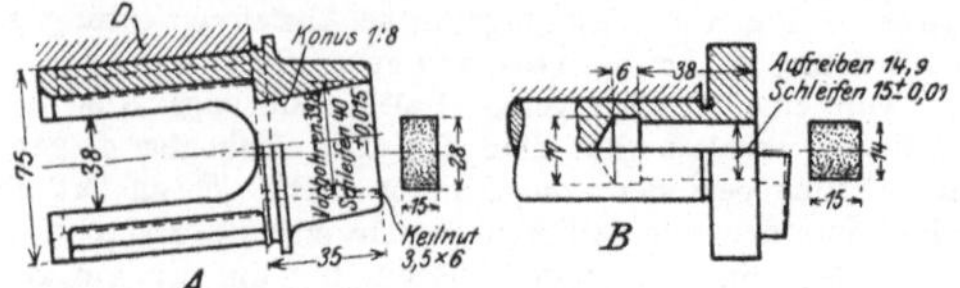

Fig. 117 (A).   Fig. 117 u. 118.
Werkstück: Gelenkstück für Cardanwelle.
 Material: Chrom-Vanadiumstahl, in Öl gehärtet.
 Umfangsgeschw.: 35 m/min. im Mittel.
 Materialzugabe: 0,4—0,5 mm.
Schleifscheibe: Norton Alundum, im Hochfeuer gebrannt.
 Grad: K. Korn: 60.
 Umfangsgeschw.: 18 m/sec.
Bemerkungen: Leistung: 25—28 Stück pro Stunde.
 Mechan. Längsvorschub.
 15—20 Doppelhübe für jedes Werkstück.

Fig. 118 (B).
Werkstück: Welle mit Stirnrad.
  Material: Chrom-Vanadiumstahl, in Öl gehärtet.
  Umfangsgeschw.: 15 m/min.
  Materialzugabe: 0,13—0,18 mm.
Schleifscheibe: Norton Alundum, im Hochfeuer gebrannt.
  Grad: K. Korn: 60.
  Umfangsgeschw.: 9 m/sec.
Bemerkungen: Leistung: 20—22 Stück pro Stunde.
  7—8 Doppelhübe für jedes Werkstück.

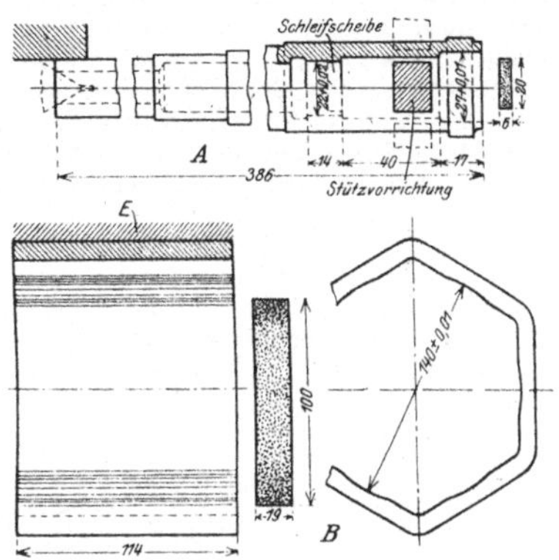

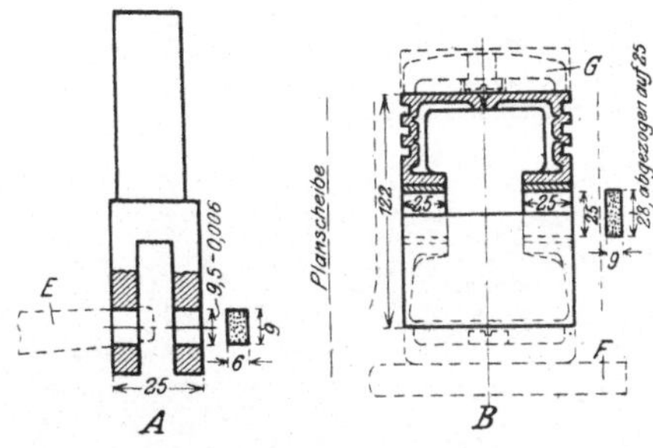

Fig. 119 u. 120.

Fig. 119 (A).
Werkstück: Hohlspindel.
  Material: Stahl, im Einsatz gehärtet.
  Umfangsgeschw.: 30 m/min. im Mittel.
  Materialzugabe: 0,25 mm.
Schleifscheibe: Amerik. Korundum, im Hochfeuer gebrannt.
  Grad: J. Korn: 80.
  Umfangsgeschw.: 18 m/sec.
Bemerkungen: Leistung: 3 Stück pro Stunde (lose zu je 50
  Stück in Arbeit).
  Mechan. Längsvorschub 3 mm/Umdr.

Fig. 120 (B).
Werkstück: Jochring für sechspoligen elektrischen Anlasser.
  Material: Stahlband mit geringem Kohlenstoffgehalt.
  Umfangsgeschw.: 108 m/min.
  Materialzugabe: 0,2—0,25 mm.
Schleifscheibe: Norton Alundum.
  Grad: K. Korn: 46.
  Umfangsgeschw.: 28 m/sec.
Bemerkungen: Leistung: 12—14 Stück pro Stunde.
  Mechanisch. Längsvorschub 6 mm/Umdr.

An der Hohlspindel Fig. 119 sind zwei Innendurchmesser
auf besonders hohe Genauigkeit zu schleifen. Das Werkstück ist an einem Ende durch einen Dorn zentriert und in
ein Dreibackenfutter gespannt; an dem anderen Ende wird
es durch eine gut zentrierende Stützvorrichtung gehalten.
Jedes Stück muß vor Beginn des Innenschleifens ausgerichtet werden; die Außenflächen sind vorher schon fertig bearbeitet. Man benutzt eine feinkörnige Korundumscheibe
von weicher Bindung, die nach jedem Werkstück mit einem
Krystolon- oder Korundumstück abgezogen werden muß,
da die Spindel in Öl läuft.

Ein ungewöhnliches Beispiel für das Innenschleifen
ist in Fig. 120 dargestellt. Das Werkstück, ein Jochring für
einen sechspoligen Automobilanlasser, besteht aus Stahlband, das erst in Form gebogen, dann elektrisch ge-
schweißt und schließlich gebohrt worden ist. Da die Schleifscheibe das Werkstück nur an sechs Punkten berührt, kann
man mit hohen Umfangsgeschwindigkeiten arbeiten. Die
Aufspannung erfolgt in einer Spannbuchse E in Verbindung
mit einer Platte, die über die Vorderseite des Jochringes
faßt und mit Stiften und Flügelmuttern befestigt ist.

Bei der Ventilstange Fig. 121 müssen die Bohrungen an
den Gabelenden sehr genau ausgerichtet sein. Um dies zu
erreichen, wird das Werkstück mit der einen Bohrung auf
einen konischen Zentrierdorn E gesteckt, der auf der Spindel

Fig. 121 u. 122.

Fig. 121 (A).
Werkstück: Ventilstange.
  Material: Im Einsatz gehärteter Stahl, 0,2 vH Kohlenstoff.
  Umfangsgeschw.: 9 m/min.
  Materialzugabe: 0,1—0,13 mm.
Schleifscheibe: Norton Alundum, im Hochfeuer gebrannt.
  Grad: M. Korn: 60.
  Umfangsgeschw.: 8 m/sec.
Bemerkungen: Leistung: 150 Stück pro Stunde.

Fig. 122 (B).
Werkstück: Kolben für Automobilmotor.
  Material: Gußeisen.
  Umfangsgeschw.: 34 m/min.
  Materialzugabe: 0,25 mm.
Schleifscheibe: Norton Krystolon, im Hochfeuer gebrannt.
  Grad: J. Korn: 60.
  Umfangsgeschw.: 18 m/sec.
Bemerkungen: Leistung: 20 Stück pro Stunde.

sitzt. Die Spannvorrichtung ist aus der Abbildung Fig. 123
zu ersehen: Durch zwei drehbare Finger A wird das Arbeitsstück auf dem Ring B der Planscheibe festgehalten, indem
durch Drehen des Rades C die Finger angezogen werden.
Der Zentrierdorn wird durch den Hebel D bewegt. Nachdem
genau eingespannt ist, wird zuerst die eine Bohrung auf
0,03 mm fertig geschliffen, dann umgespannt, die zweite
Bohrung ebensoweit hergestellt und schließlich von beiden
der letzte Span genommen.

Die mit Bronzebuchsen ausgestatteten Pleuelbolzen-
löcher des Automobilkolbens Fig. 122 sind ohne Toleranzgrenzen auf genau 25 mm ⌀ zu schleifen; außerdem müssen
beide Bohrungen gut ausgerichtet sein. Die Spannvorrichtung (Fig. 124) besteht aus einer Planscheibe A, auf der die
zylindrische Hülse B befestigt ist, die den Kolben aufnimmt.
Dieser stützt sich mit der unteren Endfläche auf eine federnde
Platte F (Fig. 122), während von oben her der Klemmhebel C
die Lage des Werkstückes sichert. Bevor jedoch dieser
Hebel befestigt wird, prüft man mit Hilfe der Lehrbolzen D,

Fig. 123. Aufspannvorrichtung für die Ventilstange Fig. 121.

ob die beiden Bohrungen in einer Geraden liegen. Die Bolzen sind auf zwei verschiedene Durchmesser abgeschliffen, der vordere genau in die Bohrung des Kolbens, der hintere in die der Spannhülse B passend.

Fig. 124. Aufspannvorrichtung zum Automobilkolben Fig. 122.

Die Spannhülse für einen Schraubenautomaten (Fig. 125) wird auf der Universalschleifmaschine Fig. 96 bearbeitet. Das Zentrieren und Festhalten des Werkstückes wird durch acht Schrauben bewerkstelligt. Es ist eine zylindrische und eine konische Bohrung zu schleifen, und beide werden in derselben Aufspannung fertiggestellt. Die Einstellung des Werkstückes bleibt während der Bearbeitung unverändert; dagegen muß die Scheibenspindel jedesmal wieder auf den verlangten Konus eingestellt werden. Man verwendet eine Scheibe, die nur vor der ersten Benutzung am vorderen Ende etwas konisch abgeschliffen wird, dann aber bis zur vollständigen Abnutzung, ohne abgezogen zu werden, arbeitet. Dabei wird der vordere Teil der Scheibe stärker beansprucht, so daß er bald keilförmig abgestumpft ist. Die stündliche Leistung ist ziemlich gering infolge des Wechsels der Spindeleinstellung.

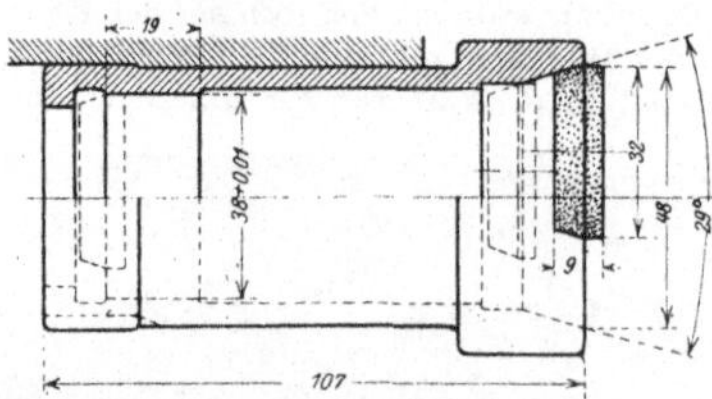

Fig. 125.

Werkstück: Spannhülse für einen Schraubenautomaten.
    Material: Gehärteter Werkzeugstahl.
    Umfangsgeschw.: 30 m/min. im Mittel.
    Materialzugabe: Für den Zylinder 0,25 mm, für den Konus 0,3 mm.
Schleifscheibe: Norton Alundum.
    Grad: J. Korn: 38—80.
    Umfangsgeschw.: 19 m/sec.
Bemerkungen: Leistung: 4 Stück pro Stunde.
    Zylinderschleifen mit mechan. Längsvorschub von 5,4 mm/Umdr.
    Konusschleifen mit Handvorschub.

Innenschleifen genuteter Bohrungen.

Bohrungen mit einer oder mehreren Nuten sind bedeutend schwieriger zu schleifen als einfache zylindrische oder konische Flächen. An den Kanten der Nuten wird die Scheibe stärker beansprucht, so daß man stets eine härtere Scheibe wählen muß, die das Korn gut festhält, weil sie sonst zu schnell stumpf würde. Und zwar wählt man den Grad um so höher, je mehr Nuten vorhanden sind.

Trotz dieser Vorsichtsmaßregel arbeiten die kleinen Innenschleifscheiben bei genuteten Bohrungen mit ziemlich geringem Wirkungsgrad im Verhältnis zu Außenschleifscheiben. Von den verschiedenen Methoden, um diesem Übelstande abzuhelfen, hat sich besonders eine für gehärtetes Material bewährt. Die Scheiben werden in Maschinenöl aufbewahrt, immer nur ein paar Stunden lang benutzt, dann ausgewechselt und wieder bis zur nächsten Benutzung in das Öl gesteckt. Vor dem Schleifen werden sie mit dem Gebläse gereinigt und mit einem Karborundumblock abgezogen. Durch die Behandlung mit Öl arbeiten die Scheiben wie solche von weicherer Bindung und neigen viel weniger zum Schmieren.

Wichtig für das Innenschleifen genuteter Bohrungen ist auch, daß die Scheibe nicht unrund wird, weshalb man sie stets genügend breit bemessen soll; und ferner verwendet man vorteilhaft großen Längsvorschub von Hand mit schnellem Hubwechsel, um genau konzentrische Bohrungen zu erhalten.

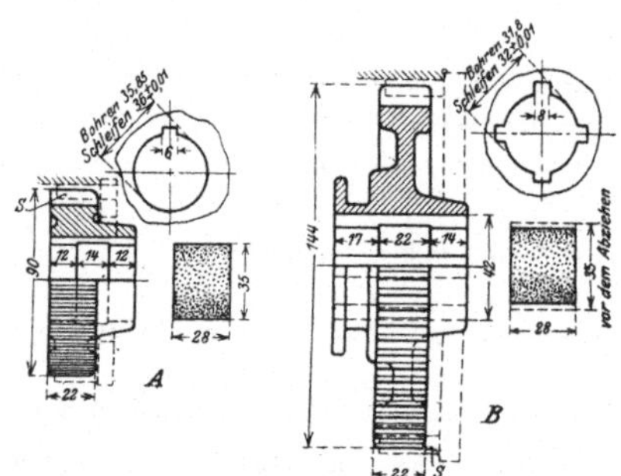

Fig. 126 u. 127.

Fig. 126 (A).
Werkstück: Zahnrad mit einer Nut.
    Material: Stahl, im Gesenk geschmiedet und gehärtet; 0,15 vH Kohlenstoff.
    Umfangsgeschw.: 45 m/min.
    Materialzugabe: 0,13—0,2 mm.
Schleifscheibe: Norton Alundum, im Hochfeuer gebrannt.
    Grad: M. Korn: 60.
    Umfangsgeschw.: 18 m/sec.
Bemerkungen: Leistung: 200 Stück in 9 Stunden.
    Scheibe nach je 10—50 Arbeitsstücken abziehen.

Fig. 127 (B).
Werkstück: Verschieberad für Automobilgetriebe (mit 4 Nuten).
    Material: Stahl, im Gesenk geschmiedet und gehärtet; 0,15 vH Kohlenstoff.
    Umfangsgeschw.: 40 m/min.
    Materialzugabe: 0,13—0,2 mm.
Schleifscheibe: Norton Alundum, im Hochfeuer gebrannt.
    Grad: N. Korn: 60.
    Umfangsgeschw.: 18 m/sec.
Bemerkungen: Leistung: 200 Stück in 9 Stunden.
    Scheibe nach je 10—50 Arbeitsstücken abziehen.

In Fig. 126—127 sind zwei Beispiele für genutete Werkstücke angegeben, beides Zahnräder, das eine (Fig. 126) mit einer Nut, das andere (Fig. 127) mit vier Nuten. Nach dem oben Gesagten wird für das letztere eine härtere Scheibe verwendet. Dadurch ist es möglich, daß — unter sonst gleichen Umständen (siehe Unterschrift) — beide Scheiben die gleiche Leistung aufweisen. Nach je 10—50 Arbeitsstücken ist ein erneutes Abziehen der Scheiben notwendig. Die Spannplatte für die Werkstücke greift mit einer Anzahl von runden Stiften S in die Zähne ein.

Schwieriger noch als bei den beiden vorhergehenden Beispielen ist die Bearbeitung des Gelenkstückes für eine Cardanwelle (Fig. 114), weil hier die Bohrung an zwei gegenüberliegenden Seiten ganz offen ist, und das Korn der

Scheibe daher in noch größerem Maße als bei Keilnuten abgenutzt wird. Die Verwendung einer entsprechend noch härteren Scheibe erwies sich jedoch als unvorteilhaft, weil dieselbe sehr leicht festklebte und außerdem die Schleifspindel zur Seite drängte.

Eine weitere Schwierigkeit besteht in der Neigung der Scheibe, an den Öffnungen der Bohrung abzufedern, so daß ein unrundes Loch entsteht.

Durch besonders sorgfältige Lagerung und Einstellung der Werkstück- und Schleifspindel konnten diese Übelstände jedoch zum großen Teil beseitigt werden. Außerdem benutzte man zum Einspannen Klemmbacken K, die an den Endflächen angreifen, so daß kein radialer Druck auf das Material ausgeübt wird.

Die Materialzugabe schließlich wurde auf ein Mindestmaß beschränkt, so daß bei erreichtem Fertigmaß die Oberfläche gerade blank geschliffen war.

Innenschleifen in Verbindung mit Flächen- oder Außenschleifen an demselben Werkstück.

Ein Beispiel für Innen- und Flächenschleifen an demselben Werkstück ist das in Fig. 128 dargestellte Kegelrad. Es ist daran die Bohrung und die hintere Fläche zu schleifen, und zwar werden von beiden mit derselben Tassenscheibe

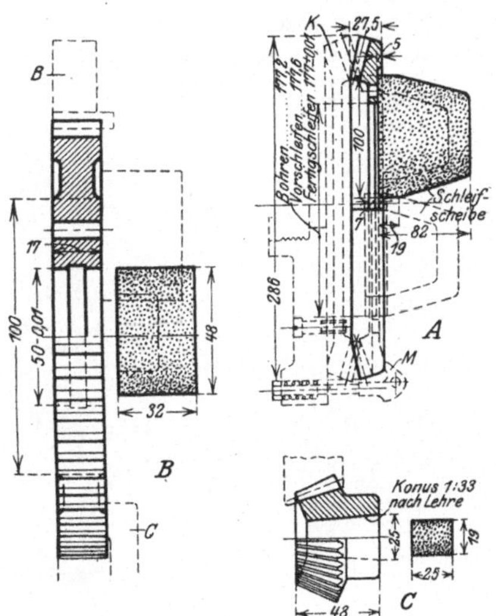

Fig. 128—130.

Fig. 128 (A).

Werkstück: Kegelrad.
  Material: Schmiedestahl, 0,15 vH Kohlenstoff, in Öl gehärtet.
  Umfangsgeschw.: 150 m/min. im Mittel.
  Materialzugabe: 0,3 mm für Innen- und Flächenschleifen vor und nach dem Härten.
Schleifscheibe: Vor und nach dem Härten dieselbe Scheibe: Norton Alundum, im Hochfeuer gebrannt.
  Grad: K. Korn: 46.
  Umfangsgeschw.: 28 m/sec.
Bemerkungen: Leistung: Vor dem Härten 200 Stück in 9 Stunden, nach dem Härten 125 Stück in 9 Stunden.
  Nur Handvorschub.

Fig. 129 (B).

Werkstück: Stirnrad für Automobilgetriebe.
  Material: Gehärtete Stahllegierung, warm behandelt.
  Umfangsgeschw.: 33 m/min.
  Materialzugabe: 0,25 mm für die Bohrung; 0,13 mm für die Fläche.
Schleifscheibe: Norton Alundum, im Hochfeuer gebrannt.
  Grad: K. Korn: 46.
  Umfangsgeschw.: 18 m/sec.
Bemerkungen: Leistung: 9 Stück pro Stunde.
  Für die Bohrung mechan. Längsvorschub 5,4 mm/Umdr.
  Für die Fläche Handvorschub.
  Scheibe nach je 10 Arbeitsstücken abziehen.

Fig. 130 (C).

Werkstück: Zahnrad für die Hinterradachse von Automobilen.
  Material: Schmiedestahl, warm behandelt; 0,2—0,25 vH Kohlenstoff und 0,17 vH Vanadium.
  Umfangsgeschw.: 30 m/min. im Mittel.
  Materialzugabe: 0,13 mm.
Schleifscheibe: Norton Alundum, im Hochfeuer gebrannt.
  Grad: K. Korn: 60.
  Umfangsgeschw.: 12 m/sec.
Bemerkungen: Leistung: 700 Stück in 8 Stunden.
  Mechan. Längsvorschub.
  Scheibe nur vor dem ersten Werkstück abziehen, dann abnutzen bis fast auf die Größe des Spindeldurchmessers.
  Eine Scheibe reicht für 200 Arbeitsstücke.

0,3 mm abgeschliffen, damit diese Flächen zum Aufspannen während des folgenden Schneidens der Zähne dienen können. Nachdem dann die Zähne geschnitten sind, wird das Werkstück gehärtet und kommt zum zweiten Male zur Schleifmaschine, um fertig bearbeitet zu werden. Zum Aufspannen benutzt man ein zweites Kegelrad K, das auf der Planscheibe befestigt ist und dessen Zähne in die des Werkstücks eingreifen. Zwei Klemmbacken M halten das Stück außerdem von der Hinterseite her in der richtigen Lage. Vor und nach dem Härten wurde dieselbe Scheibe benutzt, obgleich im allgemeinen gehärtetes Material eine weichere Scheibe verlangt. Da aber im vorliegenden Fall die zu schleifende Fläche sehr klein ist, würde ein Auswechseln der Scheibe nur unnötig viel Zeit in Anspruch nehmen, ohne eine erhebliche Verbesserung zu bedeuten.

Fig. 131. Aufspannvorrichtung für das Stirnrad Fig. 129.

Ein ähnliches Beispiel ist in dem Stirnrad für Automobilgetriebe (Fig. 129) gegeben. Es sind dieselben Flächen wie bei dem vorhergehenden Kegelrad zu schleifen, und wiederum wird eine Tassenscheibe benutzt. Die Art der Aufspannung ist aus Fig. 131 ersichtlich. Gehärtete und geschliffene runde Stifte greifen an drei Stellen in die Zähne ein und berühren sie in ihrem Teilkreis. Über die Stifte fassen drei konzentrisch zur Schleifspindel abgeschliffene Backen B, die an der Planscheibe A befestigt sind. Durch zwei ebenfalls auf der Planscheibe sitzende Klemmbolzen C wird das Werkstück gut festgehalten.

Bei dem kleinen Kegelrad (Fig. 130) für die Hinterradachse von Automobilen wurde besonderer Wert darauf gelegt, mit einer Scheibe eine möglichst große Zahl von Werkstücken bei guter Genauigkeit schleifen zu können (siehe Unterschrift).

In Fig. 132 u. 133 sind zwei Beispiele für Innen- und Außenschleifen an demselben Werkstück gegeben, Fig. 132 eine Lagerhülse für Automobilgetriebe, Fig. 133 ein Kegelrad. Beide Teilarbeiten finden in derselben Aufspannung statt. Bei dem Kegelrad wird zuerst die Bohrung geschliffen und während dann der äußere Durchmesser geschruppt wird, läßt man gleichzeitig auch die Hinterseite des Radkranzes von der Scheibe bearbeiten.

Zum Schluß sei noch die Bearbeitung der beiden Zylinder eines Verbundkompressors (Fig. 134 u. 135) beschrieben.

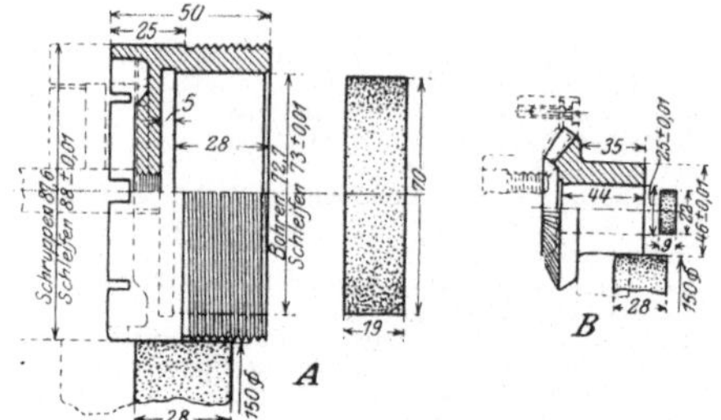

Fig. 132 u. 133.

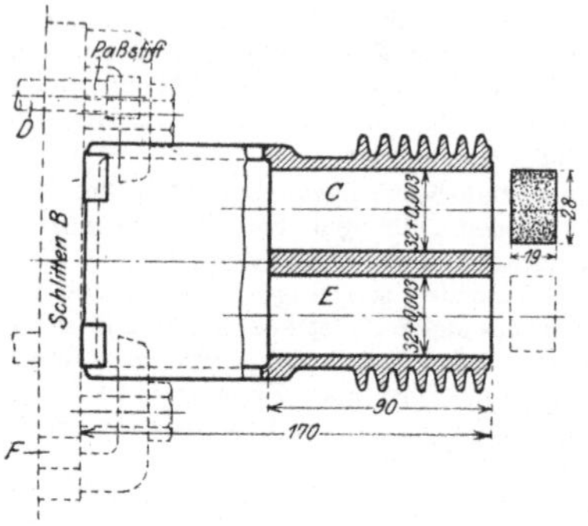

Fig. 134.

Fig. 132 (A).

Werkstück: Lagerhülse für Automobilwechselgetriebe.

Material: Schmiedestahl, gehärtet, 0,15 vH Kohlenstoff.

Umfangsgeschw.: 66 m/min. für Außendurchmesser, 54 m/min. für Innendurchmesser.

Materialzugabe: 0,4 mm für außen; 0,3 mm für innen.

Schleifscheibe: Detroit für außen; Norton Alundum, im Hochfeuer gebrannt für innen.

Grad: M für außen; K für innen. Korn: 46 für außen, 50 für innen.

Umfangsgeschw.: 17 m/sec. für außen. 20 m/sec. für innen.

Bemerkungen: Leistung: 100 Stück in 9 Stunden.

Mechan. Längsvorschub 6,8 mm/Umdr. für außen und für innen

Fig. 133 (B).

Werkstück: Kegelrad.

Material: Schmiedestahl, 0,15 vH Kohlenstoff, gehärtet.

Umfangsgeschw.: 34 m/min. für Außendurchmesser. 19 m/min. für Innendurchmesser.

Materialzugabe: 0,4 mm für Innen- und Außendurchmesser.

Schleifscheibe: Für innen und außen: Norton Alundum, im Hochfeuer gebrannt.

Grad: M für außen. Korn: 36 für außen. K für innen. 50 für innen.

Umfangsgeschw.: 20 m/sec. für außen. 17 m/sec. für innen.

Bemerkungen: Leistung: 15 Stück pro Stunde.

Mechan. Längsvorschub 7 mm/Umdr.

Werkstück: Zylinder für einen Verbundkompressor.

Material: Feinkörniger Hartguß.

Umfangsgeschw.: 31 m/min. beim Schruppen. 23 m/min. beim Schlichten.

Materialzugabe: 0,15—0,2 mm für Schruppen. 0,25 mm für Schlichten.

Schleifscheibe: Norton Krystolon, im Hochfeuer gebrannt.

Grad: I. Korn: 46.

Umfangsgeschw.: 21 m/sec.

Bemerkungen: Leistung: 6—8 Stück pro Stunde.

Mechan. Längsvorschub 1 mm/Umdr. beim Schruppen. 0,45 mm/Umdr. beim Schlichten.

Das Werkstück muß sehr sorgfältig aufgespannt werden, damit die beiden Bohrungen in dem richtigen Abstand zueinander stehen. Die Vorrichtung (Fig. 135) besteht aus einer in der Mitte ausgeschnittenen Planscheibe A, auf der der Schlitten B mit dem durch Klemmbacken gehaltenen Werkstück verschiebbar ist. Um die Zylinder C und E zu schleifen, wird ein Paßstift nacheinander in die Löcher D bzw. F gesteckt, wodurch der Schlitten in der richtigen Lage zur Schleifspindel auf der Planscheibe befestigt wird. Die Werkstatt, der dieses Beispiel entnommen ist, verlangte besonders hohe Genauigkeit, weshalb die angegebene Leistung (siehe Unterschrift) nur etwa halb so groß ist, wie sonst bei Werkstücken dieser Art.

Die vorstehenden Beispiele mit ihren oft sehr stark voneinander abweichenden Angaben über Geschwindigkeiten usw. lassen deutlich erkennen, daß es so gut wie unmöglich ist, für das Innenschleifen feste Regeln aufzustellen. Der Zweck der Beispiele kann daher nur der sein, Anhaltspunkte beim Vorkommen ähnlicher Fälle zu geben.

Fig. 135. Aufspannvorrichtung für den Kompressor-Zylinder Fig. 134.

Zum Schluß bemerken wir, daß die hier angeführten Beispiele amerikanischen Werkstätten entstammen, deshalb sind nur amerikanische Schleifscheiben genannt. Später sollen in einem besonderen Bericht Schleifscheiben deutscher Herkunft behandelt werden.

Formschleifen.

Wie in einem unserer früheren Berichte erörtert, bezieht sich der Ausdruck Formschleifen nicht nur auf die Herstellung von Rotationskörpern mit beliebig geformter Oberfläche, sondern auch auf solche von rein zylindrischer Gestalt. In diesem Falle versteht man unter Schälen oder Formschleifen ein Verfahren, bei dem die Schleifscheibe nur eine Tiefenschaltung, aber keinen Längsvorschub erhält. Die Schleifscheibe muß hierbei natürlich mindestens eben so breit sein, wie das Werkstück lang ist. Daher könnte man diese Arbeitsweise auch als Schleifen mit breiter Scheibe bezeichnen.

Über die Geschichte des hier behandelten Schleifverfahrens weiß man nur bestimmt, daß es zuerst beim Schleifen der mehrfach gekröpften Kurbelwellen für Automobilmotoren angewendet wurde. Die Erklärung hierfür liegt auf der Hand. Für das Schleifen der Kurbelzapfen nach der früher üblichen Methode mit hin- und hergehender schmaler Scheibe war ihr Hub durch den Abstand zwischen den beiden Kurbelwangen außerordentlich knapp bemessen. Dadurch wurde das Schleifen dieser Werkstücke besonders langsam und teuer. Da kam man von selbst auf die Verwendung breiter Scheiben, wozu aber zunächst die Maschinen bedeutend kräftiger gebaut werden mußten. Schließlich ging man so weit, das Schleifen nicht mehr als eine ergänzende Operation nach dem Drehen vorzunehmen, sondern man brachte die rohen Schmiedestücke von der Presse unmittelbar zum Schruppen und Schlichten auf die Schleifmaschine. Die Leistungsfähigkeit wurde in ungeahnter Weise gesteigert; billige Herstellung war die nächste Folge des neuen Verfahrens, das z. B. auf die Automobilindustrie besonders günstig eingewirkt hat.

Vorteile und Anwendungsgrenzen des Formschleifens.

Als Vorteile dieses Verfahrens — wo es überhaupt in Frage kommt — werden geltend gemacht: 1. größere Leistungen; 2. höhere Genauigkeit, besonders bei gehärteten Teilen von unregelmäßiger Gestalt, daher größere Sicherheit bei Herstellung austauschbarer Maschinenteile.

Die größere Leistung ist dadurch gegeben, daß eine breite Scheibe gleichzeitig eine größere Anzahl von schneidenden Körnchen in Tätigkeit setzt als eine schmale und dadurch in der gleichen Zeit mehr Material abnimmt. Die breite Scheibe ersetzt sozusagen mehrere schmale: eine Scheibe von 250 mm Breite wird zehnmal so viel abschleifen als eine solche von nur 25 mm.

Als weiterer Vorteil des Verfahrens wurde oben angeführt: eine hohe Genauigkeit, verbunden mit erhöhter Sicherheit bei der Herstellung austauschbarer Teile. Bei Anwendung einer breiten Scheibe, die beständig durch mehrmaliges Abziehen mit dem Diamanten gut scharf gehalten wird, ist es verhältnismäßig leicht, eine Genauigkeit in den Grenzen von 0,0125 mm zu erreichen. Die Scheibe wird einfach bis zu einem vorher bestimmten Punkte vorgeschaltet und schneidet sich dann frei, bis keine Funken mehr erscheinen.

Die Breiten der Schleifscheiben haben beständig zugenommen; heute findet man solche mit 250 und gar 300 mm Breite, die einwandfrei arbeiten. Bei der Entwicklung dieses Verfahrens waren die größten Schwierigkeiten bei der Herstellung so großer Scheiben und beim Bau von Schleifmaschinen zu überwinden, die den erhöhten Anforderungen entsprachen.

Beim eigentlichen Formschleifen ist darauf zu achten, daß die Unterschiede zwischen dem größten und dem kleinsten Durchmesser der Form nicht zu groß werden, weil sonst die Schnittwirkung der Scheibe infolge der verschiedenen Umfangsgeschwindigkeiten ungünstig beeinflußt wird. Ein Durchmesserunterschied von 50 mm ist immerhin bei den marktgängigen Scheiben möglich.

Die zum Formschleifen bestimmten Scheiben müssen öfter abgezogen werden als bei den gewöhnlichen Schleifverfahren. Das ist aber kein wesentlicher Nachteil. Die Praktiker sind darüber einig, daß zur Erzielung genauer Arbeiten nicht sparsam mit dem Diamanten umgegangen werden darf, weil durch das häufige Abziehen des Steines nicht nur die Leistungen vergrößert, sondern auch eine höhere Genauigkeit erreicht wird. Das Aussehen des fertigen Werkstücks ist ein anderes, je nachdem, ob die Scheibe scharf oder stumpf ist. Bei richtiger Einteilung der Arbeit kann man sogar dieselbe Scheibe sowohl für das Schruppen als auch für das Schlichten verwenden.

Wenn die zum Formschleifen bestimmte Scheibe befriedigend arbeiten soll, muß man scharfe Ecken möglichst vermeiden. Ferner ist es unmöglich, Formen mit Unterschnitten zu erzeugen.

Große Aufmerksamkeit ist der richtigen Ausbildung der Schleifmaschine selbst zu schenken. Diese muß starr und äußerst genau gebaut sein und darf unter keinen Umständen unter dem starken Schleifdruck nachgeben. Die Erschütterungen der Maschine sind auf das kleinstmögliche Maß herabzudrücken. Für die Spindel muß man das allerbeste Material und sehr sorgfältige, reichlich bemessene Lagerung wählen.

Geschwindigkeiten für das Formschleifen.

Für weichen Stahl mit 0,15 bis 0,25 vH Kohlenstoff beträgt die zweckmäßige Arbeitsgeschwindigkeit zwischen 9 und 17 m/min und hängt von der Beschaffenheit der Scheibe ab, und in gewissem Grade vom gewünschten Aussehen des fertigen Arbeitsstückes. Als Regel kann man sagen, daß die Geschwindigkeit um so größer sein soll, je härter die Bindung der Scheibe ist und umgekehrt. Wenn die Arbeitsstücke aus Stahl nachträglich gehärtet worden sind, kann man dieselben Arbeitsgeschwindigkeiten nehmen; nur müssen die Scheiben härtere Bindung und feineres Korn erhalten. Weitere Angaben über die Geschwindigkeiten wird man aus den späteren Beispielen entnehmen können.

Für legierte Stähle (Chromnickel-, Chromvanadiumstähle), die einer Warmbehandlung unterzogen worden sind, soll die Geschwindigkeit nicht über 17 m/min gewählt werden. Je härter die Bindung der Scheibe, um so höher ist die Geschwindigkeit zu wählen. Für das Formschleifen empfiehlt es sich jedoch, nicht zu harte Scheiben zu nehmen, weil diese sich zu schnell erwärmen und dann schmieren.

Die Tiefenschaltung.

Bei den bisher üblichen Schleifverfahren wurde die Zustellung der Scheibe nach jedem einfachen oder doppelten Hub des Werkstückes oder der Scheibe vorgenommen. Da im vorliegenden Falle der Längsvorschub wegfällt, muß die Tiefenschaltung einer anderen Bewegung — am zweckmäßigsten der Umdrehung des Werkstückes — zugeordnet werden. Das bedeutet einen wesentlichen Unterschied gegenüber den üblichen Arbeitsverfahren und erfordert besondere Vorrichtungen zur selbsttätigen Zustellung, wie weiter unten erklärt wird.

Fig. 136. Apparat zum selbsttätigen Tiefenvorschub beim Formschleifen.

Die Größe der Tiefenschaltung beträgt zwischen 0,01 und 0,08 mm für jede Umdrehung des Werkstückes, und zwar richtet sie sich hauptsächlich nach der Starrheit des Arbeitsstückes und der Maschine und nach der Art der Unterstützung des Werkstückes. Für gewöhnlich wird von Hand zugestellt; aber es sind verschiedene Konstruktionen zur selbsttätigen Schaltung bekannt. Der Handvorschub gestattet eine gute Anpassung an jeden einzelnen Fall, aber er hat den Nachteil, daß ein geschickter Arbeiter unbedingt notwendig wird.

Ein Apparat zur selbsttätigen Tiefenschaltung ist aus der Fig. 136 und den Strichzeichnungen Fig. 137 u. 138 zu ersehen. Da der Apparat nachträglich in vorhandene Maschinen eingebaut werden soll, ist auf die bestehenden Einrichtungen für die Zustellung Rücksicht genommen. Dazu dient bei normalen Maschinen ein Sperrad mit feinen Zähnen und zugehöriger Klinke. Auf diese muß die Bewegung von der Hauptspindel aus übertragen werden.

Die Wirkungsweise der Schalteinrichtung ist folgende: Ein Exzenter A (Fig. 137 u. 138), der auf der Arbeitsspindel sitzt, läßt eine Welle D mit Hilfe der Hebel B und C schwin-

gen. Die Welle D trägt einen verstellbaren zweiten Hebel E, der die Stange F betätigt. Diese wird durch die im Parallelogramm angeordneten Hebel G gerade geführt und trägt am unteren Ende einen Sperrhebel H mit Sperrklinke J, die das feingezahnte Sperrad I vorschaltet. Das Sperrad wirkt auf dieselbe Welle, die sonst vom Arbeiter von Hand zugestellt wird.

Wenn das Werkstück eine Umdrehung macht, bewegt die Klinke J das Sperrad I jedesmal um zwei Zähne weiter, so daß die Tiefenschaltung der Schleifscheibe im vorliegenden Falle z. B. 0,05 mm für jede Umdrehung des Werkstückes beträgt. Das geht solange, bis die selbsttätige Auslösung in Wirksamkeit tritt, in der Weise, daß eine kleine Blechplatte K sich zwischen Klinke und Sperrad setzt und die Zähne außer Eingriff hält. Wenn man bis zu diesem Punkt gelangt ist, läßt man die Schleifscheibe schneiden, ohne weiter zu schalten, bis keine Funken mehr erscheinen. Die hierbei erzielte Genauigkeit ist sehr groß.

Die selbsttätige Tiefenschaltung hat den Vorzug, daß sie sich zwangläufig nach den Umdrehungen des Werkstückes richtet, was bei der Handschaltung nicht immer möglich sein wird. Wenn der Riemen z. B. rutscht, würde das Arbeitsstück ruckweise stehen bleiben. Der Handvorschub nimmt darauf keine Rücksicht und schaltet weiter, so daß unter Umständen Einschnitte entstehen, was beim selbsttätigen Vorschub unmöglich ist.

Zur näheren Erläuterung dieses Schleifverfahrens bringen wir im Folgenden eine Reihe von praktischen Anwendungsbeispielen.

Fig. 139. Schleifen der Triebwelle nach Fig. 141 mit breiter Scheibe.

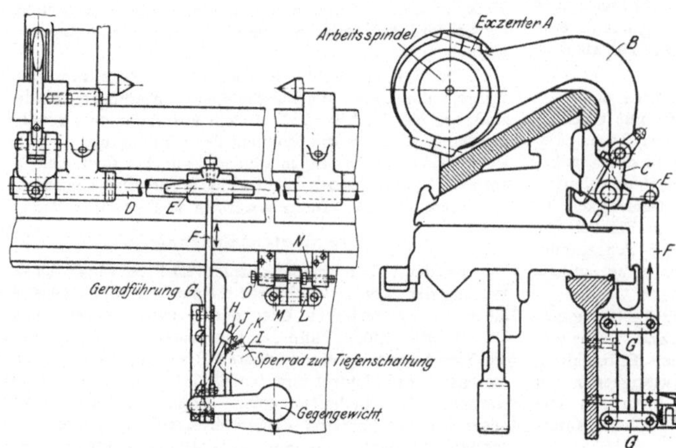

Fig. 137 u. 138. Einzelheiten des Apparates nach Fig. 136.

Formschleifen von Automobilteilen.

Sehr vorteilhaft ist die Anwendung breiter Scheiben beim Schleifen von Cardanwellen für Automobile. Fig. 139 stellt eine diesem Zwecke dienende Sonderschleifmaschine dar, wie sie in einer großen Automobilfabrik benutzt wird. Die Wellen werden nach dem Vorschruppen auf der Drehbank auf dieser Maschine vollständig fertig bearbeitet.

In Fig. 140 u. 141 werden zwei Beispiele dieser Art vorgeführt. Das Werkstück (Fig. 140) ist eine Triebwelle aus gehärtetem Stahl, welcher eine konische Lauffläche von 33 mm Länge angeschliffen wird. Dazu ist der Tisch genau auf den geforderten Konus eingestellt, und man arbeitet nur mit Tiefenschaltung, nicht mit Längsvorschub*).

Im Falle Fig. 141 handelt es sich ebenfalls um eine Automobilwelle. Die zu bearbeitende Gesamtlänge ist im Falle Fig. 140 etwa doppelt so groß wie in Fig. 141; die Scheibengeschwindigkeit beträgt wiederum 30 m/sec, die des Werkstückes dagegen nur 12 m/min, ist also viel kleiner als in Fig. 140. Trotzdem erzielt man bei Fig. 141 eine bedeutend höhere Leistung, nämlich 550 Stück in 8 Stunden. Die Ursache ist darin zu suchen, daß bei Werkstück Fig. 140 die Scheibe ungleichmäßig abgenutzt wird und daher öfter abgezogen werden muß.

Die in Fig. 142 u. 143 dargestellten Werkstücke bieten ebenfalls gute Beispiele für die vorteilhafte Anwendung des Schleifverfahrens mit breiter Scheibe und Tiefenschaltung. Fig. 142 zeigt einen ähnlichen Fall wie Fig. 141, eine zylindrische Triebwelle, die von einer 132 mm breiten Scheibe bearbeitet wird; die übrigen Abmessungen und die Zusammensetzung der Scheibe sind dieselben wie in Fig. 140 u. 141.

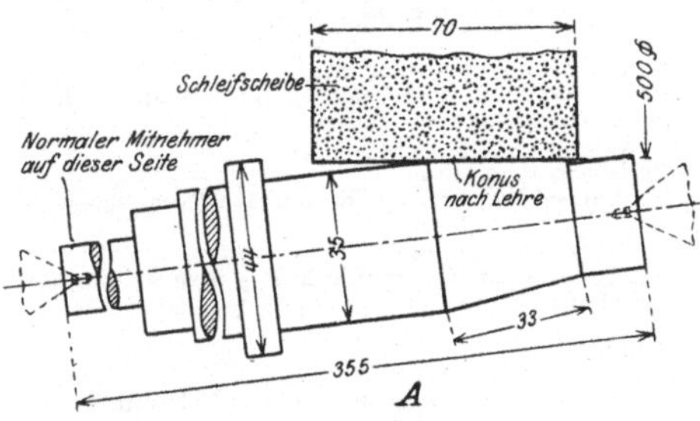

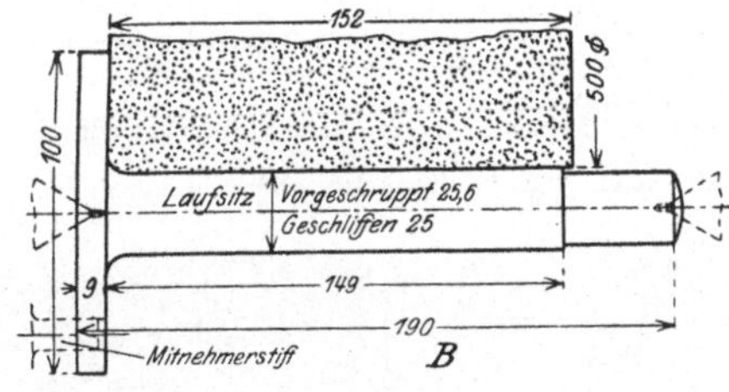

Fig. 140 u. 141.

Fig. 140 (A).
Werkstück: Triebwelle.
   Material: Gehärteter Stahl, 0,2 vH Kohlenstoff.
   Umfangsgeschw.: 21 m/min. im Mittel.
   Materialzugabe: 0,4—0,6 mm.
Schleifscheibe: Norton Alundum, im Hochfeuer gebrannt.
   Grad: L. Korn: 38—24.
   Umfangsgeschw.: 30 m/sec.
Bemerkungen: Leistung: 325 Stück in 9 Stunden, nur Tiefenschaltung.

Fig. 141 (B).
Werkstück: Automobilwelle.
   Material: Stahllegierung mit 0,2—0,25 vH Kohlenstoff und 0,18 vH Vanadium; im Gesenk geschmiedet und warm behandelt.
   Umfangsgeschw.: 12 m/min.
   Materialzugabe: 0,6 mm.
Schleifscheibe: Norton Alundum, im Hochfeuer gebrannt.
   Grad: L. Korn: 38—24.
   Umfangsgeschw.: 30 m/sec.
Bemerkungen: Leistung: 550 Stück in 8 Stunden, nur Tiefenschaltung.
   Scheibe nach je 65 Arbeitsstücken abdrehen.

---

*) Alle weiteren Angaben über Material, Geschwindigkeiten, Abmessungen usw. sind für dieses und die folgenden Beispiele aus den Unterschriften der Abbildungen zu entnehmen. Die Angaben sind aus der amerikanischen Werkstatt entnommen. Die angegebenen Bezeichnungen beziehen sich auf die normale Nortonscheibe. Die deutschen Fabrikanten können daher leicht durch Vergleich die heimischen Fabrikate feststellen. Außerdem werden wir später in einem besonderen Aufsatz sowohl die deutschen als auch die amerikanischen Schleifscheiben ausführlich behandeln.

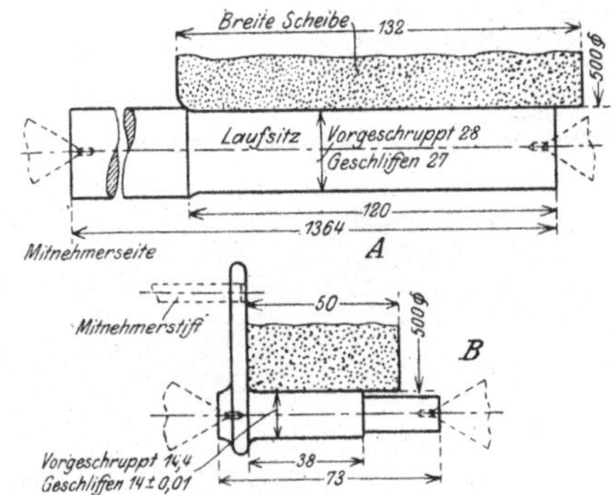

Fig. 142 u. 143.

Fig. 142 (A).
Werkstück: Automobilwelle.
   Material: Chromnickel-Vanadiumstahl mit 0,2 vH Kohlenstoff, warm behandelt.
   Umfangsgeschw.: 17 m/min.
   Materialzugabe: 0,8—1,0 mm.
Schleifscheibe: Norton Alundum, im Hochfeuer gebrannt.
   Grad: L. Korn: 38—24.
   Umfangsgeschw.: 30 m/sec.
Bemerkungen: Leistung: 375 Stück in 8 Stunden, nur Tiefenvorschub.
   Scheibe nach je 60 Arbeitsstücken abdrehen.

Fig. 143 (B).
Werkstück: Automobil-Federlasche.
   Material: Stahl mit 0,2 vH Kohlenstoff und 0,18 vH Vanadium; im Gesenk geschmiedet, warm behandelt.
   Umfangsgeschw.: 21 m/min.
   Materialzugabe: 0,3—0,4 mm.
Schleifscheibe: Norton Alundum, im Hochfeuer gebrannt.
   Grad: O. Korn: 46.
   Umfangsgeschw.: 30 m/sec.
Bemerkungen: Leistung: 1400 Stück in 8 Stunden; nur Tiefenvorschub.
   Scheibe nach je 22 Arbeitsstücken abdrehen.

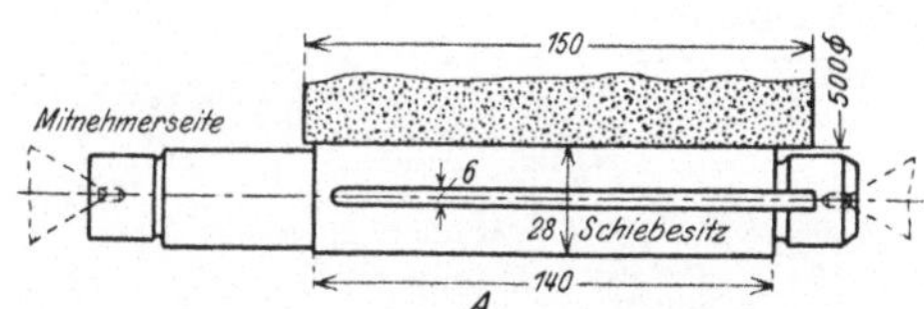

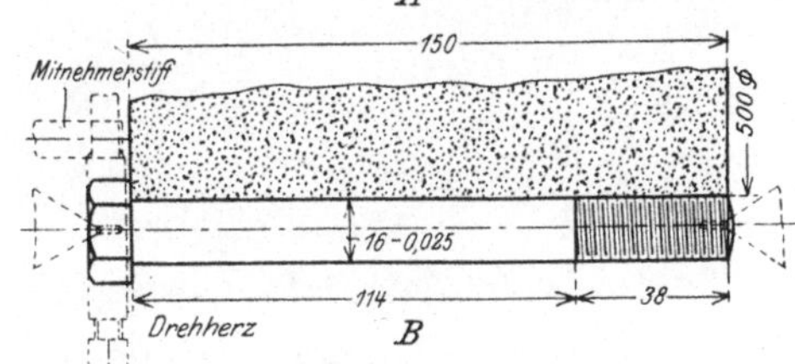

Fig. 144 u. 145.

Fig. 144 (A).
Werkstück: Welle für Wechselgetriebe, genutet.
   Material: Gehärteter Stahl mit 0,2 vH Kohlenstoff.
   Umfangsgeschw.: 9 m/min.
   Materialzugabe: 0,4—0,6 mm.
Schleifscheibe: Norton Alundum, im Hochfeuer gebrannt.
   Grad: L. Korn: 38—24.
   Umfangsgeschw.: 33 m/sec.
Bemerkungen: Leistung: 330 Stück in 9 Stunden; nur Tiefenvorschub.
   Scheibe nach je 50 Arbeitsstücken abdrehen.

Fig. 145 (B).
Werkstück: Schraubenbolzen für Vorderradachse.
   Material: Gehärteter Stahl mit 0,2 vH Kohlenstoff.
   Umfangsgeschw.: 10 m/min.
   Materialzugabe: 0,4—0,6 mm.

Schleifscheibe: Norton Alundum, im Hochfeuer gebrannt.
Grad: L. Korn: 38—24.
Umfangsgeschw.: 33 m/sec.
Bemerkungen: Leistung: 480 Stück in 9 Stunden; nur Tiefenvorschub.
Scheibe nach je 50 Arbeitsstücken abdrehen.

Fig. 146. Schleifen des Teiles nach Fig. 144 auf einer Maschine mit breiter Scheibe.

Fig. 143 bringt die Bearbeitung einer Federlasche für Kraftwagen; zu beachten ist gegenüber Fig. 142 das feinere Korn und die festere Bindung der Schleifscheibe.

Fig. 144—147 zeigen die Vorteile des Formschleifens an zwei weiteren Automobilteilen, nämlich an einer genuteten Welle für das Wechselgetriebe (Fig. 144) und an einem Schraubenbolzen für die Vorderradachse (Fig. 145). Die Werkstattsbilder Fig. 146 bzw. Fig. 147 lassen das Schleifen deutlich erkennen.

Fig. 147. Formschleifen des Teiles nach Fig. 145.

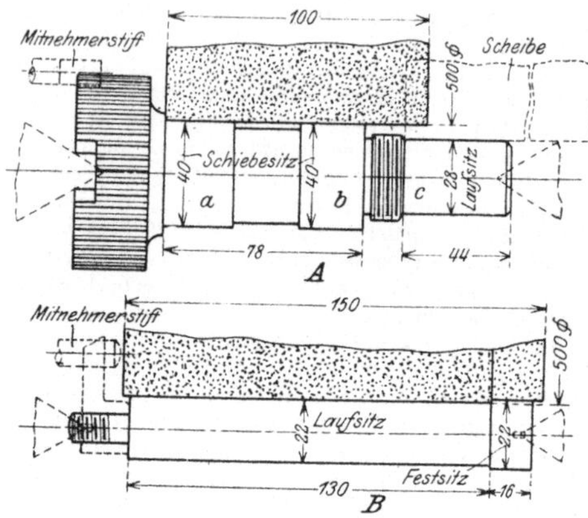

Fig. 148 u. 149.

Fig. 148 (A).

Werkstück: Hauptantriebszahnrad.
Material: Gehärtete Stahllegierung mit 0,2 vH Kohlenstoff, warm behandelt.
Umfangsgeschw.: 12 m/min.
Materialzugabe: 0,3 mm.
Schleifscheibe: Norton Alundum, im Hochfeuer gebrannt.
Grad: L. Korn: 38—24.
Umfangsgeschw.: 33 m/sec.
Bemerkungen: Leistung: 265 Stück in 9 Stunden; nur Tiefenvorschub.

Fig. 149 (B).

Werkstück: Zwischenradwelle.
Material: Gehärteter Stahl mit 0,2 vH Kohlenstoff.
Umfangsgeschw.: 7 m/min.
Materialzugabe: 0,4—0,6 mm.
Schleifscheibe: Norton Alundum, im Hochfeuer gebrannt.
Grad: L. Korn: 38—24.
Umfangsgeschw.: 33 m/sec.
Bemerkungen: Leistung: 375 Stück in 9 Stunden; nur Tiefenvorschub.
Scheibe nach je 50 Arbeitsstücken abdrehen.

Fig. 150. Schleifen des Teiles nach Fig. 148 mit breiter Scheibe.

Zwei weitere lehrreiche Beispiele für das Formschleifen sind aus den Abbildungen Fig. 148—151 zu ersehen. Fig. 148 zeigt eine Hauptantriebswelle mit Zahnrad. Das Schleifen geschieht durch ausschließliche Verwendung der Tiefenschaltung, und zwar werden die Durchmesser a und b gleichzeitig geschliffen und der Durchmesser c danach durch seitliches Einrücken des Werkstückes. Aus der zugehörigen photographischen Abbildung Fig. 150 ist die Art der Einspannung ersichtlich; als Mitnehmer dient ein Stift, der zwischen zwei Zähne des Zahnrades greift.

Etwas schwieriger gestaltet sich die Bearbeitung der Zwischenradwelle in Fig. 149—151. Es sind daran gleichzeitig mit derselben Scheibe zwei Durchmesser zu schleifen, die sich nur um 0,0625 mm unterscheiden, entsprechend zwei

verschiedenen Passungen von gleichem Nenndurchmesser. Das erfordert jedesmal ein äußerst sorgfältiges Abziehen der Scheibe und ein genaues Einspannen der Werkstücke. Zu diesem Zwecke ist auf dem Tisch ein Anschlag vorgesehen, um die Abziehvorrichtung in die richtige Lage zur Scheibe zu bringen, und ferner sind die Zentrierlöcher stets gleichmäßig tief gebohrt, damit die Werkstücke immer dieselbe Lage zur Scheibe erhalten.

Die in Fig. 152—155 abgebildete Hinterrad-Antriebswelle wird gleichfalls unter Anwendung des Formschleifverfahrens fertiggestellt. Die Bearbeitung erfolgt in drei Sitzungen (Fig. 153—155) auf drei verschiedenen Maschinen. Man läßt die Scheibe sich ausschneiden, bis keine Funken mehr auftreten. Fig. 152 zeigt die Welle während der Bear-

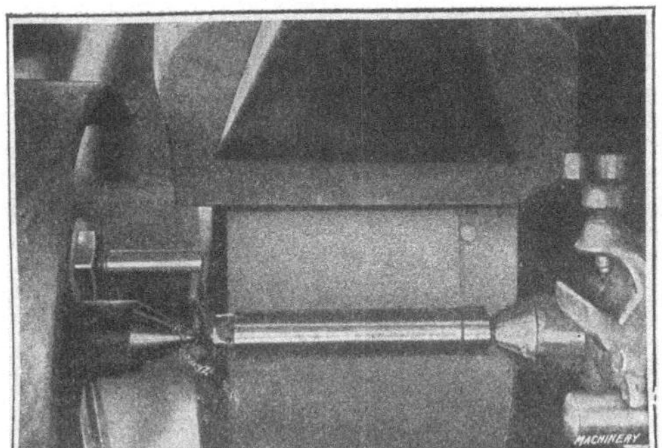

Fig. 151. Formschleifen der Zwischenradwelle nach Fig. 14.

beitung in Sitzung Fig. 154. Zur Unterstützung ist eine starre Brille aus gehärtetem Stahl angebracht, deren Halter durch den Handgriff A gegen das Werkstück vorgedrückt

Fig. 152. Schleifen der auf Fig. 18—20 dargestellten Hinterrad-Antriebswelle.

werden kann, um einen genauen Enddurchmesser zu erzielen. Zu beachten ist noch die besonders ausgeführte Wasserzuführung B mit fächerförmiger Mündung.

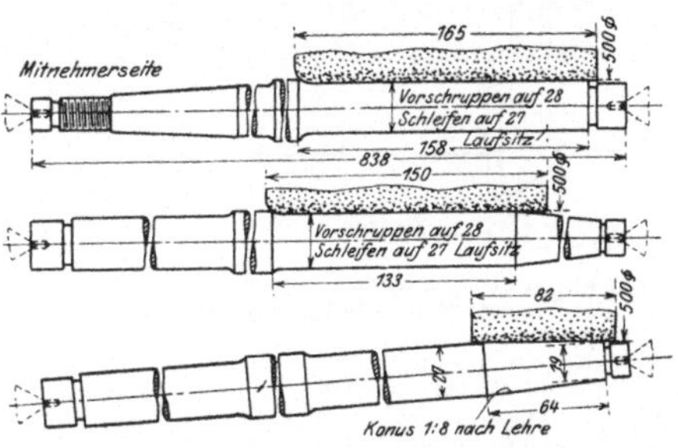

Fig. 153—155.
Werkstück: Hinterrad-Antriebswelle.
 Material: Stahllegierung mit 0,2 vH Kohlenstoff u. 0,18 vH Vanadium, heiß gewalzt, warm behandelt.
 Umfangsgeschw.: 17 m/min. für Fig. 153 u. 154; 15 m/min. für Fig. 20.
 Materialzugabe: 0,8—1,0 m.
 Schleifscheibe: Norton Alundum, im Hochfeuer gebrannt.
  Grad: L. Korn: 38—24.
  Umfangsgeschw.: 30 m/sec.
 Bemerkungen: Leistung: Fig. 153 u. 154: 350 Stück in 8 Stunden, Fig. 20: 450 Stück in 8 Stunden; nur Tiefenvorschub.
  Scheibe nach je 60 Arbeitsstücken abdrehen.
  Schleifgenauigkeit: 0,025 mm.

Schleifen von Ankerwellen.

Beim Formschleifen der in Fig. 156—159 dargestellten Ankerwelle aus Maschinenstahl wird eine verhältnismäßig schmale Alundumscheibe (Grad N, Korn 24) von 56 mm

Fig. 156. Schleifen der Ankerwellen nach Fig. 22—24.

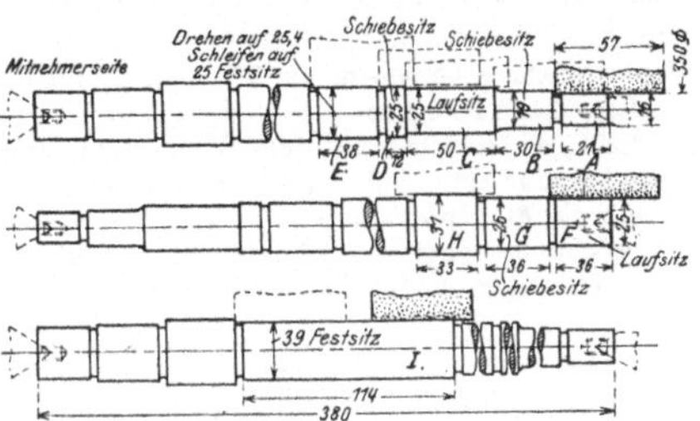

Fig. 157—159.
Werkstück: Ankerwelle.
 Material: Maschinenstahl mit 0,15—0,25 vH Kohlenstoff.
 Materialzugabe: 0,4 mm für Absatz A—H,
  0,8 „ „ „ I
 Umfangsgeschw.: 18—27 m/min für Absatz A—E
  27—35 „ „ „ F—H
  31 „ „ „ I.
 Schleifscheibe: Norton Alundum, im Hochfeuer gebrannt.
  Grad: N. Korn: 24.
  Umfangsgeschw.: 28 m/sec.
 Bemerkungen: Leistung: 105 fertige Wellen in 10 Stunden.
  Tiefenvorschub 0,05 mm/Umdr. für Absatz A—H.
  Längsvorschub für Absatz I.
  Scheibe nach je 75 Arbeitsstücken abdrehen.

Breite und 350 mm Durchmesser benutzt. Doch ist diese Breite für alle Absätze der Welle ausreichend bis auf den 114 mm breiten Absatz I. Die Herstellung der ersten acht Abschnitte erfolgt ausschließlich mit Tiefenschaltung, die des letzteren mit Längsvorschub; und zwar beträgt der Tiefenvorschub pro Umdrehung 0,05 mm. Das Schleifen findet nach dem Vorschruppen auf der Drehbank, aber vor dem Härten statt. Der Arbeiter nimmt sich eine Anzahl von etwa 100 Wellen vor (Fig. 156), schleift bei allen erst Absatz A, dann alle Absätze B usw., so daß die Maschine nur neunmal eingestellt zu werden braucht. Um den Konus F zu schleifen, muß die Scheibe beim Abziehen eine entsprechend konische Form erhalten. Die Leistung der Maschine beträgt 105 Stück in 10 Stunden.

Schleifen von Wellen für Anwurfsmotoren.

Das folgende Beispiel Fig. 160—164 zeigt ebenfalls die Vorteile des Formschleifverfahrens bei vielfach abgesetzten Wellen. Es handelt sich um eine Welle aus kaltgewalztem, ungehärtetem Stahl für einen Automobil-Anwurfsmotor. Die fünf zu schleifenden Durchmesser (Fig. 161—164) werden auf vier Maschinen bearbeitet, indem die letzte Scheibe

(Fig. 164) zwei verschiedene Durchmesser von einer der Länge der Wellenabschnitte entsprechenden Breite erhält. Die Schleifgenauigkeit beträgt 0,005 mm. Die vierte Maschine (Fig. 164) ist mit einem in Fig. 137 u. 138 gezeichneten

Fig. 160. Schleifen der Motorwelle nach Fig. 26—29.

besonderen Anschlag versehen, um Werkstück und Scheibe in die richtige Lage zu einander zu bringen. Er besteht aus einem Arm L, der drehbar auf dem Block M am Bett der Maschine befestigt ist, und der heruntergeklappt werden kann, wenn die Abziehvorrichtung in Tätigkeit treten soll. Diese Vorrichtung trägt zwei Diamanten, welche durch Mikrometerschrauben einzeln feststellbar sind.

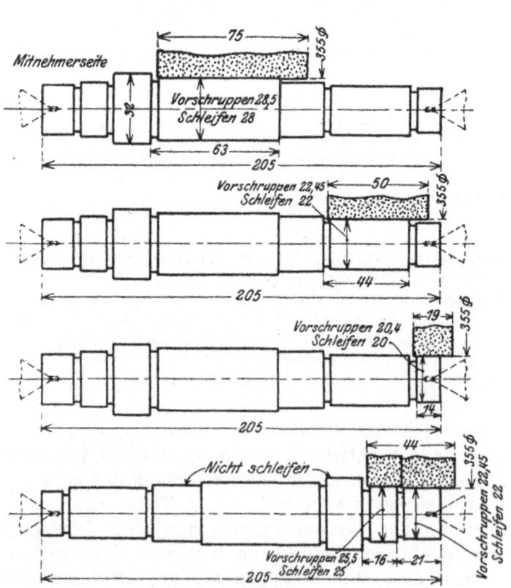

Fig. 161—164.

Werkstück: Welle für Anwurfsmotor.
   Material: Kaltgewalzter Stahl, vor dem Härten zu schleifen.
   Materialzugabe: 0,5 mm.
   Umfangsgeschw.: für Fig. 161: 16 m/min.
       ,, ,, 162: 13 ,,
       ,, ,, 163: 12 ,,
       ,, ,, 164: 13 ,,
Schleifscheibe: Norton Alundum, im Hochfeuer gebrannt.
   Grad: L für Fig. 161—163. Korn: 38—36 für Fig. 161—163.
     K ,, ,, 164   38—46 ,, ,, 164.
   Umfangsgeschw.: 27 m/sec.
Bemerkungen: Leistung: 100 Stück in 1 Stunde von jeder Maschine; nur Tiefenvorschub, 0,05 mm/Umdr.
   Scheibe ausschneiden lassen.
   Scheibe nach je 80 Arbeitsstücken abdrehen.
   Schleifgenauigkeit: 0,005 mm.

Weitere Anwendungen des Formschleifverfahrens.

Im Folgenden sollen noch einige Beispiele dartun, wie groß der Zeitgewinn bei Anwendung des Formschleifens mit Tiefenvorschub gegenüber dem Schleifen mit Längsvorschub werden kann. Die zweite Methode erforderte bei dem Rohling für ein Pumpenzahnrad (Fig. 165—168) für 100 Stück 7½ Stunden Arbeitszeit, bei Anwendung der Tiefenschaltung dagegen nur 2 Stunden 18 Minuten!

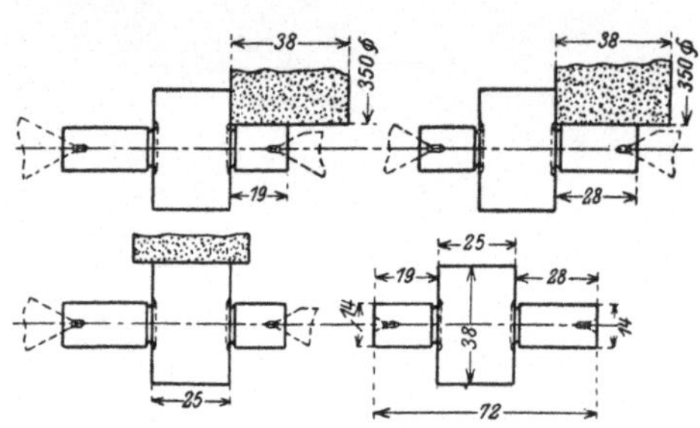

Fig. 165—168.

Werkstück: Rohling für ein Pumpenzahnrad.
   Material: ungehärteter Stahl 0,3 vH Kohlenstoff.
   Umfangsgeschw.: 20 m/min.
   Materialzugabe: 0,4 mm.
Schleifscheibe: Amerikan. Korundum, im Hochfeuer gebrannt.
   Grad: L. Korn: 58—46.
   Umfangsgeschw.: 33 m/sec.
Bemerkungen: Leistung: 100 Stück in 2,3 Stunden; nur Tiefenvorschub, 0,013 mm/Umdr.
   Scheibe nach je 100 Arbeitsstücken abdrehen.

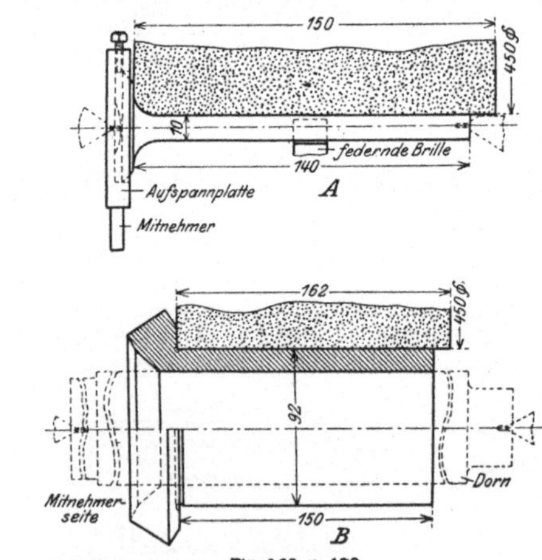

Fig. 169 u. 170.

Fig. 169 (A).
Werkstück: Ventilstange einer Gasmaschine.
   Material: Ungehärteter Stahl mit 0,3 vH Kohlenstoff.
   Umfangsgeschw.: 8 m/min.
   Materialzugabe: 0,2—0,3 mm.
Schleifscheibe: Norton Alundum.
   Grad: J. Korn: 38—46.
   Umfangsgeschw.: 33 m/sec.
Bemerkungen: Leistung: 40 Stück in 21 min. 12 sck., nur Tiefenvorschub 0,013 mm/Umdr.
   Scheibe nach je 50 Arbeitsstücken abdrehen.
Fig. 170 (B).
Werkstück: Kegelrad.
   Material: Gußeisen.
   Umfangsgeschw.: 23 m/min.
   Materialzugabe: 0,4 mm.
Schleifscheibe: Norton Krystolon, im Hochfeuer gebrannt.
   Grad: L. Korn: 50.
   Umfangsgeschw.: 33 m/sec.
Bemerkungen: Leistung: 100 Stück in 4½ Stunden, nur Tiefenvorschub, 0,013 mm/Umdr.
   Scheibe nach je 10 Arbeitsstücken abdrehen.

Ähnliche Zahlen ergab die Bearbeitung des in Fig. 170 dargestellten gußeisernen Kegelrades. Während mit dem Formschleifverfahren zur Herstellung von 100 Stück nur 4½ Stunden gebraucht wurden, dauerte die Fertigstellung derselben Anzahl mit Längsvorschub 7 Stunden 48 Minuten.

Bedeutend weniger günstig liegt der Fall (Fig. 169), wo eine 9,4 mm dicke Ventilstange einer Gasmaschine aus ungehärtetem Stahl auf beiderlei Art geschliffen wurde. Der Zeitgewinn bei Anwendung des Formschleifverfahrens betrug hier nur etwa 5 Minuten bei 40 Arbeitsstücken, weil der geringe Durchmesser des Werkstückes keine große Tiefenschaltung gestattet und eine sehr vorsichtige Behandlung erfordert.

Fig. 172 bringt einen anderen Gesichtspunkt für die Wirtschaftlichkeit des Verfahrens. Die dargestellte Magnetwelle aus ungehärtetem Stahl bedarf einer besonderen Mitnehmervorrichtung, die mit Hilfe von Stellschrauben betätigt wird. Das Einspannen erfordert infolgedessen mehr Zeit als gewöhnlich. Um ein Höchstmaß an Leistung zu erzielen, hat man zweierlei versucht: 1. man ließ das Einspannen des Arbeitsstückes und die Bedienung der Maschine von einem Mann machen; er brauchte zur Fertigstellung von 100 Stück 53 Minuten; 2. man ließ beide Teilarbeiten getrennt von zwei Leuten, einem Maschinenschleifer und einem Helfer ausführen und erreichte die gleiche Leistung in 43 Minuten. Bemerkt sei noch, daß die Abziehvorrichtung drei Diamanthalter besitzt, so daß die erforderlichen drei Durchmesser der Scheibe gleichzeitig geschliffen werden können.

Der in Fig. 171 gezeigte Behälter für eine Schleudermaschine aus gepreßtem, geglühten und gebeizten, aber nicht gehärteten Stahlblech ist ein besonders geeignetes Werkstück zur Anwendung der Formschleifscheibe. Es ist eine konische (B) und eine zylindrische Fläche (A) zu schleifen. Man beginnt damit, Fläche A bis auf 0,08 mm des fertigen Durchmessers vorzuschruppen, nimmt dann die Scheibe zurück, läßt sie den Konus B schleifen und führt sie zum Schluß mit leichtem Schnitt noch einmal über beide Flächen. Auf diese Weise erzielte man eine Leistung von 192 Stück in 9 Stunden.

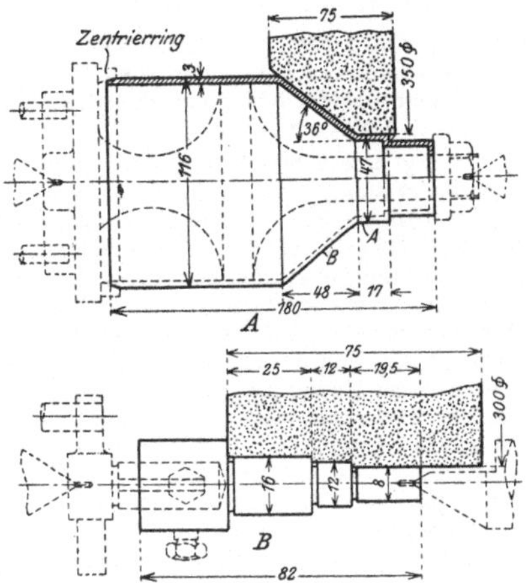

Fig. 171 u. 172.

Fig. 171 (A).
Werkstück: Behälter für eine Milch-Schleudermaschine.
  Material: Ungehärtetes Stahlblech mit 0,18—0,25 vH Kohlenstoff; heiß gewalzt, geglüht und gebeizt.
  Umfangsgeschw.: 15 m/min. im Mittel.
  Materialzugabe: 0,3—0,4 mm.
Schleifscheibe: Norton Alundum, im Hochfeuer gebrannt.
  Grad: M. Korn: 24.
  Umfangsgeschw.: 25 m/sec.
Bemerkungen: Leistung: 192 Stück in 9 Stunden; nur Tiefenvorschub.
  Abdrehen der Scheibe nach durchschnittlich 50 Arbeitsstücken.

Fig. 172 (B).
Werkstück: Magnetwelle.
  Material: Ungehärteter Stahl mit 0,2 vH Kohlenstoff.
  Umfangsgeschw.: 12 m/min. im Mittel.
  Materialzugabe: 0,3 mm.
Schleifscheibe: Norton Alundum.
  Grad: K. Korn: 38—46.
  Umfangsgeschw.: 33 m/sec.
Bemerkungen: Leistung: 100 Stück in 43 min. (2 Arbeiter); nur Tiefenvorschub.

Fig. 173. Ausrüstung zum Schleifen von Gewehrläufen nach Fig. 39.

Schleifen von Gewehrläufen.

Handelt es sich darum, Gewehrläufe als Massenartikel zu schleifen, so werden besonders ausgebildete Vorrichtungen notwendig. Hierbei findet häufig das Schleifverfahren mit breiten Scheiben Verwendung.

Fig. 173 zeigt eine Schleifmaschine, die zum Schleifen von Gewehrläufen dient, wie ein solcher in der Strichzeichnung (Fig. 174) dargestellt ist. Er ist 660 mm lang und wird über die ganze Länge geschliffen. Die Form ist von der Mündung bis fast zum Verschlußstück schwach konisch und endigt mit einer Abrundung von 250 mm Radius. Die zur Anwendung kommende Schleifscheibe hat einen Durchmesser von 500 mm, und die 125 mm breite Stirnfläche ist zur Hälfte in einem Radius von 250 mm abgebogen, entsprechend der Abrundung des Gewehrlaufes; die andere Hälfte ist gerade abgeschliffen. Der Tisch der Maschine ist auf den geforderten Konus eingestellt.

Dieser Gewehrlauf ist aus ungeglühtem Stahl hergestellt. Er wird in der Regel nach dem Fertigreiben der Bohrung geschliffen, wobei die Zentrierspitzen meist auf besonderen Zentrierzapfen ruhen, die in die Bohrung eingelassen sind. Beim Schleifen des äußeren Durchmessers wird teils mechanischer, teils Handvorschub angewendet. Der konische Teil wird geschliffen, indem man durch mechanischen Längsvorschub das Arbeitsstück an der Scheibe vorbeiführt, während zur Fertigstellung der Abrundung das Werkstück von Hand an den gekrümmten Teil der Scheibe gebracht wird.

Durchschnittlich können nach jedem Abziehen der Scheibe 35 bis 40 Läufe geschliffen werden; doch braucht der kreisförmige Teil der Stirnfläche nur halb so oft abgezogen zu werden, wie der gerade Teil. Das Abziehen geschieht, indem man mit dem Diamanten einen ganz leichten Schnitt führt, ohne den Scheibendurchmesser merklich zu ändern.

Die Größe des Längsvorschubes des Werkstückes ist sehr verschieden. Gewöhnlich nimmt man leichte Schnitte bei großem Längsvorschub, derart, daß bei jeder Umdrehung des Arbeitsstückes die volle Scheibenbreite zum Schneiden ausgenutzt wird.

Zur Unterstützung dienen drei Brillen, die in Abständen von 200 bis 250 mm angeordnet sind; ihr wesentlicher Teil sind Halter aus gehärtetem und geschliffenem Stahl, die dem Gewehrlauf entsprechende konische Backen besitzen.

Eine zweite Art, um Gewehrläufe zu schleifen, wird in Fig. 175—179 erläutert. Hier wird die Scheibe nicht gleichmäßig über die ganze Länge des Werkstückes geführt, sondern an bestimmten Punkten des Laufes angesetzt, da der Konus nicht durchgehend ist, vielmehr in fünf Strecken von verschiedener Konizität zerfällt. Zur Fertigstellung eines solchen Gewehrlaufes sind infolgedessen fünf Teilarbeiten auf fünf besonders dazu eingerichteten Maschinen nötig.

Diesen fünf Maschinen gemeinsam ist eine Einstellvorrichtung für den Spindelkopf, die bezweckt, daß dieser nach jedem Abschleifen der abgenutzten Zentrierspitze wieder an genau dieselbe Stelle kommt, damit der Abstand zwischen Spitze und Schleifscheibe stets unverändert bleibt.

Wie aus Fig. 175 ersichtlich ist, besteht die Vorrichtung aus einem Anschlag, der an dem am linken Tischende angebrachten Halter F befestigt ist. Zur genauen Einstellung wird der Spindelkopf diesem feststehenden Anschlag genähert, bis die Spitze in das Zentrierloch des Anschlages stößt. Dann wird dieser entfernt, und das Werkstück kann eingespannt werden.

Zur Feststellung des Tisches während des Schleifens dient eine an der Grundfläche befestigte geschlitzte Platte G, in die von unten her ein Anschlagstift I greift. Eine zweite, ebenso ausgeführte Platte H (rechts von der ersten) wird benutzt, um die zum Abziehen der Schleifscheibe vorgesehene Vorrichtung K in die richtige Lage zu bringen.

Die erste Teilarbeit (Fig. 175), die mit dem Werkstück

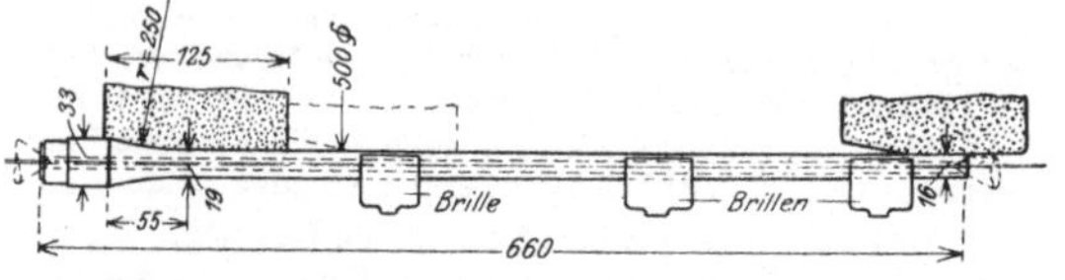

Fig. 174.

Werkstück: Gewehrlauf.
    Material: Schmiedestahl, ungeglüht, mit 0,45—0,5 vH Kohlenstoff.
    Umfangsgeschw.: 11 m/min. im Mittel.
    Materialzugabe: 0,4—0,5 mm.
    Schleifscheibe: Norton, im Hochfeuer gebrannt.
    Grad: K. Korn: 38—36.
    Umfangsgeschw.: 31 m/sec.
    Bemerkungen: Leistung: 20 Stück/Stunde.
    Scheibe nach je 35—40 Arbeitsstücken abdrehen.

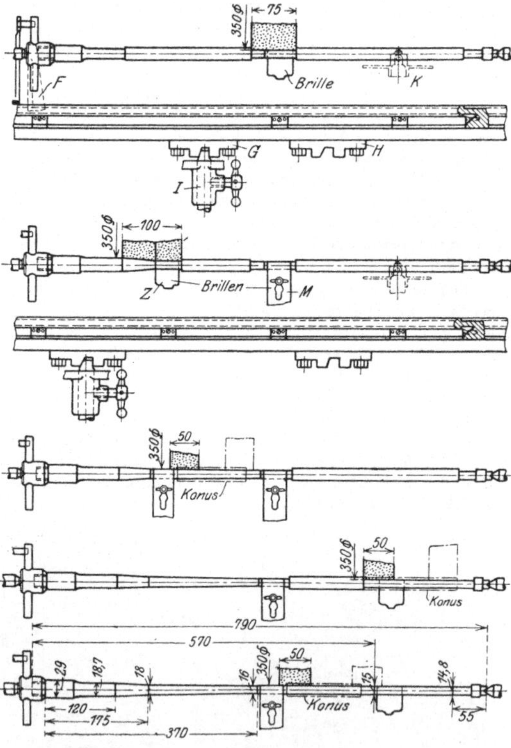

Fig. 175—179.

Werkstück: Gewehrlauf.
    Material: Schmiedestahl, ungeglüht, mit 0,45—0,5 vH Kohlenstoff.
    Umfangsgeschw.: 8 m/min. im Mittel.
    Materialzugabe: 0,3—0,4 mm.
    Schleifscheibe: Norton, Alundum, im Hochfeuer gebrannt,
    Grad: J oder K. Korn: 38—36 für Fig. 175 u. 176;
                        24 „ „ 178 u. 179.
    Umfangsgeschw.: 30 m/sec.
    Bemerkungen: Leistung: 35 Stück/Stunde von jeder Maschine (je 1 Arbeiter).

vorgenommen wird, besteht darin, die Mitte des Gewehrlaufes zu schleifen. Zu diesem Zweck wird das Stück durch eine Brille genau unterhalb der Schleifstelle unterstützt. Der Tisch wird dabei so eingestellt, als sollte eine Zylinderfläche geschliffen werden, wogegen die 75 mm breite Scheibe vorher durch die Abziehvorrichtung die nötige schwach doppelt-konische Form erhalten hat. Ist der erste Lauf geschliffen, so werden die Mikrometerschrauben für die Brillen und die Anschläge für die Tiefenschaltung genau eingestellt, um den Durchmesser des Laufes auf richtiges Maß zu bringen. Die Anschläge bleiben in dieser Lage, bis die allmähliche Abnutzung der Scheibe ein Nachstellen nötig macht. Die Brillenhalter bestehen aus gehärtetem Stahl und ihre Backen sind in einer dem Gewehrlauf entsprechenden konischen Form geschliffen.

Bei der zweiten Teilarbeit (Fig. 176) wird mit einer 100 mm breiten Scheibe ein nach dem Verschlußstück zu liegender Teil des Gewehrlaufes geschliffen. Das Werkstück wird dabei an zwei Punkten unterstützt: durch eine gewöhnliche Brille L direkt unterhalb der Schleifstelle, und an dem schon fertigen Mittelteil durch eine den Lauf vollständig umschließende Brille M. Die Festlegung des Tisches erfolgt wie in Fig. 175 durch die geschlitzte Grundplatte mit Einstellstift. Auch die Abziehvorrichtung für die Scheibe ist wie im ersten Fall mit Doppelkonus versehen, während der Tisch wieder auf Geradeschleifen eingestellt wird.

Zu der dritten Teilarbeit (Fig. 177) wird eine 50 mm breite Scheibe mit gerader Stirnfläche verwendet, während der Tisch auf den verlangten Konus eingestellt ist. Die beiden zuerst geschliffenen, getrennten konischen Flächen werden jetzt in eine einzige zusammenhängende übergeführt. Zwei Brillen unterstützen dabei das Werkstück an den bereits fertigen Stellen. Beim Abziehen der Scheibe wird der Längsvorschub des Tisches benutzt, und der Diamanthalter ist am Bett der Maschine befestigt.

Die vierte Teilarbeit (Fig. 178) verwendet dieselbe Art der Spindelkopfeinstellung wie die erste, und das Mittelstück des Laufes ist wie in den vorhergehenden Fällen unterstützt. Rechts davon wird das Werkstück von einer zweiten gewöhnlichen Brille gehalten, und beide Brillen sind durch Anschläge auf dem Tisch in die richtige Lage zur Schleifscheibe gebracht. Der Tisch ist auf Konischschleifen eingestellt, während die 50 mm breite Scheibe gerade ist. Man arbeitet mit dem mechanischen Längsvorschub der Maschine.

Durch die fünfte und letzte Teilarbeit (Fig. 179) wird, ähnlich wie bei C, der allmähliche Übergang zwischen den beiden an erster und vierter Stelle geschliffenen konischen Strecken erzielt. Das Nähere ergibt die Zeichnung.

Man hat bei dieser Methode besonderen Wert darauf gelegt, das eigentliche Schleifverfahren größtmöglichst zu vervollkommnen, so daß der Arbeiter sein Hauptaugenmerk auf Vergrößerung der Stückleistung richten kann. Es werden auf diese Weise von einem Arbeiter in 10 Stunden 350 Gewehrläufe auf fünf Maschinen vollständig geschliffen. Diese hohe Leistung ist im wesentlichen der Anwendung des Formschleifverfahrens mit breiten, konisch geschliffenen Scheiben zu verdanken unter gleichzeitiger Benutzung des Längsvorschubes für das Werkstück.

Formschleifen von Profilwellen.

Die Anwendung des Formschleifens ist sehr vorteilhaft bei der Herstellung von Kreuzprofilwellen für das Wechselgetriebe von Automobilen (Fig. 180). Wie die Abbildungen Fig. 181 u. 182 zeigen, bearbeitet die Schleifscheibe gleichzeitig beide Seitenflächen der Nut und das dazwischen liegende Stück der Peripherie. Eine besondere Abziehvorrichtung sorgt für eine stets genaue Form der Scheibe. Das Werkstück wird zwischen die Zentrierspitzen gespannt und in der üblichen Weise angetrieben. Der Spindelkopf erhält eine Teilvorrichtung, die der Zahl und Lage der Nuten entspricht.

In den Abbildungen Fig. 181 u. 182 sind zwei Beispiele angegeben. Man schruppt die Welle ringsherum auf Fertigmaß mit einer Zugabe von 0,5 mm vor, dann wird die Scheibe nochmals abgezogen und schließlich das Werkstück auf genaues Maß nachgeschliffen; zu der ersten Schleifoperation sind vier bis fünf, zur letzten zwei Hinundhergänge nötig.

Der Unterschied zwischen den in Fig. 181 u. 182 gezeigten

Fig. 180. Schleifen der Kreuzprofilwellen für das Wechselgetriebe von Automobilen (Fig. 181 u. 182).

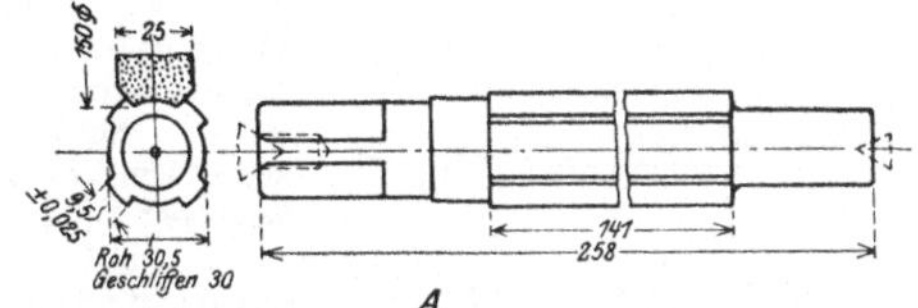

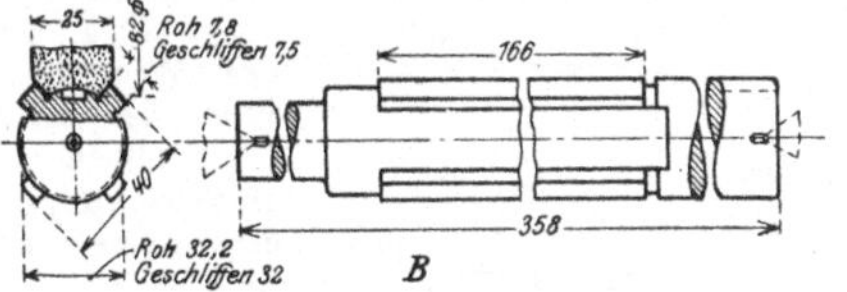

Fig. 181 u. 182.

Fig. 181 (A).
Werkstück: Kreuzprofilwelle für Automobil-Wechselgetriebe.
    Material: Gehärteter Stahl mit 0,2 vH Kohlenstoff.
    Längsvorschub: 1300 mm/min.
    Materialzugabe: 0,5 mm am runden Teil der Nut; 0,03 mm an jeder Seite.
Schleifscheibe: Detroit, im Hochfeuer gebrannt.
    Grad: F. Korn: 10—14.
    Umfangsgeschw.: 25 m/sec.
Bemerkungen: Leistung: 60 Stück in 10 Stunden.

Fig. 182 (B).
Werkstück: Kreuzprofilwelle.
    Material: Gehärteter Schmiedestahl mit 0,5 vH Kohlenstoff.
    Längsvorschub: 2600 mm/min.
    Materialzugabe: 0,4—0,5 mm am runden Teil der Nut; 0,2 bis 0,25 mm an jeder Seite.
Schleifscheibe: Norton Alundum, im Hochfeuer gebrannt.
    Grad: M. Korn: 46.
    Umfangsgeschw.: 11 m/sec.
Bemerkungen: Leistung: 100 Stück in 9 Stunden.
    Scheibe nach je 12—15 Arbeitsstücken abdrehen.
    Eine Scheibe reicht für 300 Arbeitsstücke.

Verfahren beruht nur auf der Verwendung verschiedener Schleifscheiben. Scheibe Fig. 181 ist kombiniert, und zwar sind die Seiten, welche die Nutenflächen bearbeiten, von feinem Korn und harter Bindung, während das kreisförmige Stück aus grobem Korn bei weicher Bindung besteht. Scheibe Fig. 182 dagegen ist durchweg von gleichartiger Zusammensetzung. Bei Fig. 182 ist ein Abziehen erst nach jedem zwölften bis fünfzehnten Arbeitsstück nötig, die Leistung beträgt in 9 Stunden 100 Stück. Damit scheint das Verfahren dem ersten überlegen zu sein, da man mit der Scheibe in Fig. 181 nur eine Leistung von 60 Stück in 10 Stunden erzielen konnte.

Flächenschleifen.

Arbeitsweise der Flächenschleifmaschinen.

Für das Flächenschleifen kommen in der Hauptsache zwei Arten von Maschinen in Betracht, nämlich solche

a) nach der Bauart der Hobelmaschinen;
b) nach der Bauart der Karuselldrehbänke.

An Hand der Fig. 183—192, 1—10, seien zunächst die verschiedenen Arbeitsweisen der Flächenschleifmaschinen beprochen.

Das am meisten angewendete Verfahren ist in Fig. 183 u. 184 dargestellt. Das Werkstück a macht eine hin- und hergehende Bewegung unterhalb der sich drehenden Schleifscheibe b. Entweder das Werkstück oder die Schleifscheibe erhalten einen seitlichen Vorschub nach jedem Hub (vgl. die Seitenansicht), so daß die Scheibe allmählich die ganze Fläche des Werkstückes bestreicht. Bei diesem Verfahren macht besonders bei dünnen Werkstücken ihre örtliche Erwärmung einige Schwierigkeiten. Um die Fehler möglichst klein zu halten, empfiehlt es sich, leichte Schnitte mit großem Seitenvorschub anzuwenden. Wenn möglich, kann der seitliche Vorschub für jeden Hub gleich der Breite der Scheibe gemacht werden.

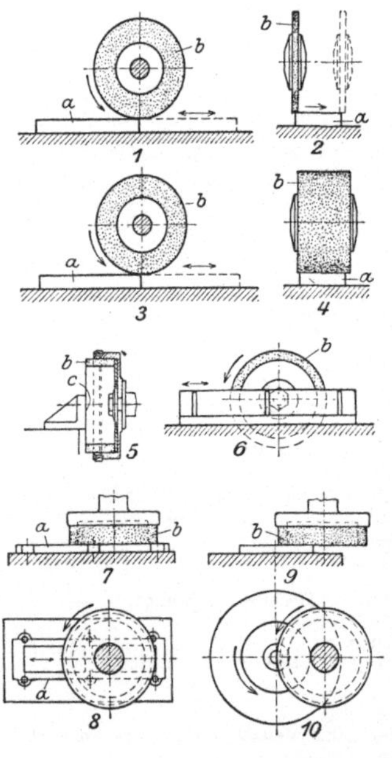

Fig. 183—192. Verschiedene Anordnungen der Schleifscheibe beim Flächenschleifen.

Ein zweites Verfahren zur Herstellung ebener Flächen auf der Schleifmaschine ist in Fig. 3 u. 4 gezeigt. Die Schleifscheibe ist etwas breiter als das Werkstück und bestreicht somit die Oberfläche des Werkstückes in einer Ausdehnung ganz. Bei diesem Verfahren muß unbedingt naß geschliffen werden, da infolge der größeren Berührungsfläche natürlich auch eine größere Wärmemenge erzeugt wird. Mit dem Naßschleifen läßt sich allerdings eine sehr gute Genauigkeit erzielen.

In Fig. 5 u. 6 ist ein weiteres Arbeitsverfahren dargestellt. Die Scheibe b hat Tassenform, und die zu schleifende Fläche c wird von deren Rand gefaßt. Angewendet wird es hauptsächlich bei dem Schleifen von Paßflächen an größeren Gußstücken, wie Motorgehäusen, Räderkästen u. dergl.

In Fig. 7 u. 8 ist ein weiteres Verfahren zur Darstellung gebracht, das als Senkrechtschleifen bezeichnet wird. Es können hierbei sowohl ein Planschleifring als auch eine Planschleifscheibe verwendet werden. Die Schleifscheibe b dreht sich um eine senkrechte Achse, während das Werkstück a auf einem hin und hergehenden Tisch mit Hilfe eines magnetischen oder mechanischen Futters aufgespannt wird, wobei der Tisch außerdem noch die seitliche Schaltbewegung übernimmt. Die Drehachse der Schleifscheibe erhält somit keine seitliche Bewegung, die Scheibe selbst wird nur in Richtung der Drehachse vorgeschaltet, um die Schnittiefe zu vergrößern. Diese Tiefenschaltung wird am Ende eines jeden Hubes vorgenommen. Bei diesem Verfahren wird meist trocken geschliffen.

Während die eben beschriebenen Verfahren sich an die Arbeitsweise der Hobelmaschinen mit hin- und hergehendem Tisch anlehnen, entspricht das letzte, in Fig. 9 u. 10 dargestellte Verfahren dem Vorbilde der Senkrechtfräsmaschine. Der Aufspanntisch wird hierbei mit dem Werkstück gedreht, während die Schleifspindel mitsamt der Schleifscheibe b nach jeder Umdrehung des Werkstückes etwas tiefer geschaltet wird. Dieses Verfahren eignet sich besonders für solche Arbeiten wie Kolbenringe, Laufflächen von Kugellagern und andere meist ringförmige Werkstücke. Es wird auch angewendet zum Schleifen der seitlichen Flächen von Kreissägen.

Kühlmittel zum Flächenschleifen.

Beim Flächenschleifen hat man eine größere Berührung zwischen Werkstück und Schleifscheibe, besonders wenn Planscheiben verwendet werden; infolgedessen spielen die Erwärmung und das Verziehen des Arbeitsstückes hierbei eine größere Rolle als beim gewöhnlichen Rundschleifen. Dazu kommt noch, daß es mit Rücksicht auf die Form des Werkstückes sowie auf die magnetischen Spannfutter nicht immer möglich ist, Wasser oder andere Kühlmittel anzuwenden, so daß man vielfach geradezu gezwungen ist, trocken zu schleifen.

Wenn es jedoch irgendwie möglich ist, naß zu schleifen, werden sämtliche Schwierigkeiten leicht zu überwinden sein. Zum Schleifen von Gußeisen und gehärtetem Stahl empfiehlt es sich, dem Kühlwasser etwas Soda zuzugeben, um das Rosten zu vermeiden. Für weiche Stahlsorten kann man dem Sodawasser noch etwas Öl zufügen, um das Aussehen des Werkstückes zu verbessern. Die Mischung zwischen Öl und Wasser kann im Verhältnis von 1 : 35 sein. Beim Arbeitsverfahren nach Fig. 7—10 ist möglichst viel Kühlflüssigkeit oberhalb des Kranzes der Schleifscheibe zu verwenden, da eine zu große Erwärmung der Planseite der Scheibe leicht ihr Platzen verursacht.

Trockenschleifen dünner Werkstücke.

Die Hauptsache beim Trockenschleifen von dünnen Werkstücken ist, das Verziehen unter allen Umständen zu vermeiden. Wie man dabei vorgehen kann, zeigt Fig. 193. Das Werkstück ist 3 mm stark, 20 mm breit und 150 mm lang und besteht aus gehärtetem Stahl. Wenn man ein solches Werkstück unmittelbar auf die Spannplatte des magnetischen Futters legt, ist es praktisch unmöglich, eine gleichmäßige Stärke zu bekommen. Die dargestellte Arbeitsweise hat sich dagegen in der Praxis gut bewährt. Zunächst wurde das Stück durch unmittelbares Auflegen auf die Spannplatte bis auf eine Zugabe von 0,05 mm vorgeschruppt.

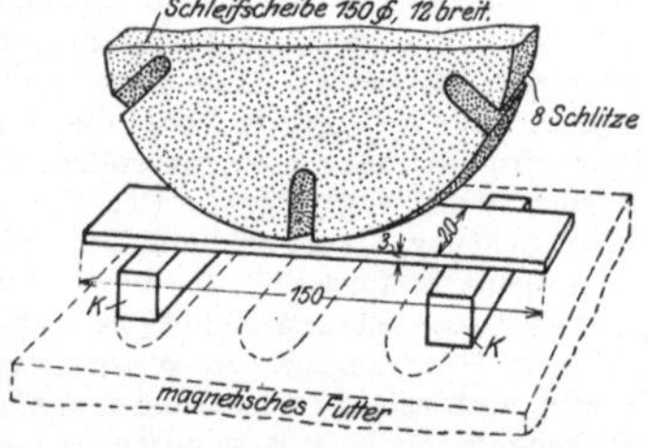

Fig. 193. Festhalten dünner Arbeitsstücke beim Trockenschleifen.

Alsdann legte man es auf zwei genau planparallel geschliffene Klötze K, wie in der Abbildung gezeichnet. Die Kraftlinien des magnetischen Futters gingen durch diese Klötze und hielten das Werkstück gut fest. Nach genauem Abziehen der mit acht Schlitzen versehenen Schleifscheibe wurde das dünnwandige Werkstück mit leichten Schnitten, großen Seitenschaltungen und großen Werkstücksgeschwin-

Fig. 194. Schleifen dünner Stahlplatten auf magnetischem Spannfutter.

digkeiten auf genaues Maß fertig geschliffen. Hierbei nahm man abwechselnd einen Schnitt auf jeder der beiden Flächen. Bei dieser Aufspannung verzieht sich das Werkstück deswegen nicht, weil ein übermäßiges Erhitzen nicht so leicht eintreten kann, da die Luft von allen Seiten zur Kühlung herangezogen wird. Die am Umfang der Scheibe angebrachten Schlitze wirken als ein Ventilator und tragen ebenfalls zur Kühlung bei. Aber selbst mit allen diesen Vorsichtsmaßregeln wird nur dann eine vollkommen ebene Fläche geschliffen, wenn das Werkstück nach jedem Schnitt umgedreht wird. Für die Massenfabrikation ist dieses Verfahren jedoch sehr teuer. Hier soll nur gezeigt werden, wie man vorzugehen hätte, um ein derartig dünnes Werkstück ohne Wasser genau zu schleifen.

In Fig. 194—196 ist ein anderes Verfahren zum Schleifen von dünnen Werkstücken gezeigt. Es handelt sich um Stahlplatten von 1,5 mm Stärke, 10 mm Breite und 26 mm Länge, die auf 0,01 mm Genauigkeit planparallel zu schleifen sind. Zu diesem Zwecke nimmt man nun z. B. 48 Werkstücke auf eine Schleifmaschine mit rechteckigem Tisch (150 . 200 Tischgröße) und hält sie, wie in Fig. 195 dargestellt. Die einzelnen Teile wurden derart untergebracht, daß je zwei Reihen auf

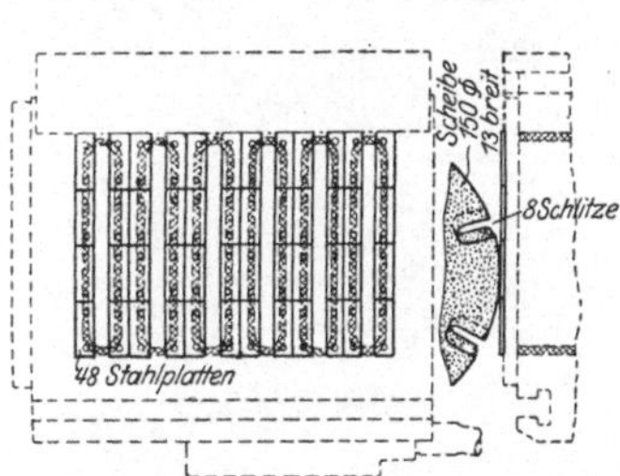

Fig. 195 u. 196. Einzelheiten zur Arbeit nach Fig. 194.

die magnetisch wirksamen Streifen des Tisches verteilt wurden. Während einerseits durch diese Verteilung die Wirkung der magnetischen Kraftlinien infolge des fehlenden Eisenweges ungünsüg wurde, erreichte man anderseits, daß die einzelnen Platten auf ihrer ganzen Länge mit gleicher Pressung angezogen wurden. Zur besseren Kühlung erhielt auch hierbei die Schleifscheibe Schlitze auf ihrem Umfang. Die Leistungsfähigkeit dieses Verfahrens ergibt sich aus der Tatsache, daß 1320 Werkstücke innerhalb von 30,6 Stunden auf die verlangte Genauigkeit gebracht wurden.

Einspannen verzogener Werkstücke.

Bei Werkstücken, die durch die Vorbehandlung irgendwie gelitten haben, muß man besondere Sorgfalt beim Einspannen verwenden. Der Zug des magnetischen Futters kann manchmal schon schaden. Ein gutes Hilfsmittel ist, die Lage eines solchen Stückes auf dem Spannfutter mehrmals zu ändern, wodurch die Ungenauigkeiten zum Teil ausgeglichen werden. Beim Schleifen von größeren dünnen Werkstücken auf Maschinen mit senkrechter Spindel kann man auch manchmal das Werkstück durch geeignete Stifte oder dergl. in der Mitte des Tisches ohne Magnetstrom festhalten. Das braucht nur solange gemacht zu werden, bis eine saubere Oberfläche erzielt ist, die sich dann zum magnetischen Einspannen eignet. Bei Kreissägen kommt man sogar sehr gut ohne Magnet aus, d. h. durch einfaches Auflegen des Sägeblattes auf den Tisch.

Einspannen unmagnetischer Teile.

Bei Messing, Aluminium und anderen unmagnetischen Materialien muß man andere Vorrichtungen wie Schraubstöcke, Klemmschrauben oder dergl. verwenden. Bei schweren Werkstücken kann man unter Umständen mit einem einfachen Anschlag auskommen, gegen den sich das Werkstück anlehnt. Bei runden Teilen, die auf Maschinen mit senkrechter Spindel bearbeitet werden, legt man die Teile einfach auf die Mitte des Tisches und hält sie durch einen Zentrierzapfen fest.

Das magnetische Futter läßt sich allerdings auch für unmagnetisches Material durch Zwischenlegen von eisernen Klötzen verwenden (Fig. 197). Bei A sind es vier kleine Stahlklötze a, die in der dargestellten Weise vom magnetischen Futter angezogen werden und ein Verschieben des unmagnetischen Teiles b auf dem Tisch vollkommen ver-

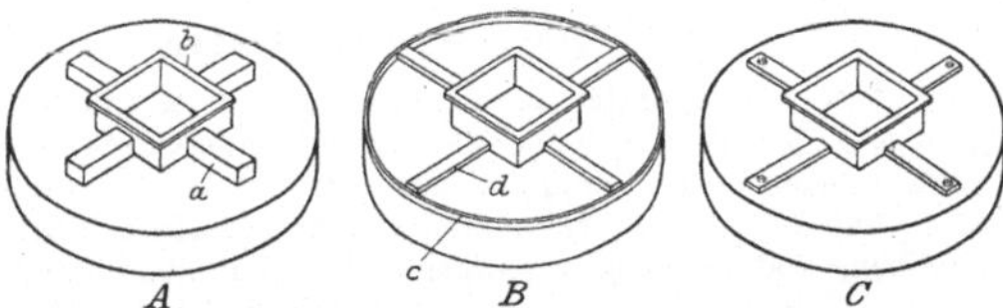

Fig. 197. Einspannung unmagnetischer Teile auf der Magnetscheibe.

hindern. Etwas anders ist die Einrichtung bei B, wo ein Ring c zur Anwendung kommt, der wiederum vier kleine Klötze d in radialer Richtung festhält. Bei C schließlich sind die eisernen Klötze nicht mehr durch das magnetische Futter, sondern durch Schrauben festgehalten, eine Einrichtung, die beim Fehlen eines magnetischen Futters anzuwenden ist.

Für größere kastenförmige Gußstücke aus nicht magnetischem Material kann man entsprechende eiserne Unterlagen benutzen, die der Form der Gußstücke angepaßt sein müssen und diese meist von innen fassen. Auf diese Weise kann man auch besonders hohe Werkstücke aus magnetischem Material unterstützen, deren Grundfläche so klein ist, daß sie von selbst auf dem magnetischen Futter keinen genügenden Halt finden.

Schleifen größerer Gußstücke.

Für größere Gußstücke eignen sich am besten Maschinen nach der Hobelmaschinenbauart, wie in Fig. 198 dargestellt. Hierbei kommt eine Stirnscheibe A zur Anwendung, die ihren Antrieb durch Riemenübertragung von der Trommel C auf Scheibe B erhält. Der Schlitten kann auf einem Querbalken D mechanisch oder von Hand seitlich verschoben werden, und der ganze Tisch führt eine hin- und hergehende Bewegung nach Art einer Hobelmaschine aus. Die Führung des Querbalkens D auf dem Gestell der Maschine ist kreisförmig ausgebildet, damit stets der gleiche Abstand zwischen der feststehenden Riementrommel C und der beweglichen Riemenscheibe B besteht. Zur Befestigung des Gußstückes auf dem Tisch der Maschine verwendet man die üblichen Spanneinrichtungen.

Fig. 198. Flächenschleifmaschine mit wagerechter Schleifspindel und hin- und hergehendem Tisch.

Schleifscheibengeschwindigkeiten.

Beim Flächenschleifen nimmt man im allgemeinen geringere Geschwindigkeiten als für die anderen Schleifverfahren, und zwar kommt man hier mit 18 bis 26 m/sek aus. Die höchsten Werte gelten für die einfachen Stirnscheiben, während die niedrigeren für besonders breite Scheiben oder für solche mit ungünstiger Form (Planschleifscheiben, Planschleifringe) zur Anwendung kommen.

Werkstückgeschwindigkeiten.

Die Werkstückgeschwindigkeiten richten sich nach dem gewählten Schleifverfahren (Fig. 183—192, 1—10).

Beim Verfahren nach Fig. 1 u. 2 beträgt der Längsvorschub des Tisches zwischen 8 und 16 m/min, je nach dem Material, der Breite der Scheibe und der Schnittiefe; der Seitenvorschub in jeder Umdrehung ist gleich ½ bis ¾ der Breite der Scheibe; die Schnittiefe schwankt zwischen 0,01 und 0,08 mm.

Bei Maschinen, die nach Fig. 3 u. 4 arbeiten, bleibt die Schleifscheibe fest, während das Werkstück hin- und hergeführt wird, und zwar wird die ganze Oberfläche auf einmal geschliffen, ohne daß eine seitliche Schaltung angewendet wird. Die Geschwindigkeit des Spanntisches schwankt zwischen 8 und 16 m/min und die Schnittiefe zwischen 0,01 und 0,07 mm für 1 Hub. Gewöhnlich bearbeitet man nach diesem Verfahren Werkstücke unter 250 mm Länge.

Beim Verfahren nach Fig. 5 u. 6 erhält der Tisch eine hin- und hergehende Bewegung mit 8—16 m/min und die Schnittiefe schwankt zwischen 0,02 und 0,1 mm für 1 Hub. Natürlich nimmt man bei schweren Gußstücken tiefere Schnitte als bei leichten Teilen oder solchen, die eine größere Genauigkeit erfordern.

In Fig. 7 u. 8 führt der Tisch ebenfalls eine hin- und hergehende Bewegung aus mit einer Geschwindigkeit zwischen 5 und 16 m/min. Die Tiefenschaltung beträgt zwischen 0,01 und 0,05 mm für 1 Hub.

Bei der Arbeitsweise nach Fig. 9 u. 10 schließlich haben sowohl das Werkstück als auch die Schleifscheibe ausschließlich drehende Bewegungen. Die Tiefenschaltung der Schleifspindel beträgt zwischen 0,02 und 0,05 mm für 1 Umdrehung des Werkstückes, während für die Umfangsgeschwindigkeit des Werkstückes keine allgemeinen Regeln gegeben werden können; diese richtet sich vielmehr von Fall zu Fall nach der Gestalt des Werkstückes. Schon die äußere Form der Schleifscheibe läßt bei dieser Arbeitsweise keine zu tiefen Schnitte zu, und die Erfahrung hat gelehrt, daß man viel weiter kommt, wenn man kleine Schnitte mit verhältnismäßig größeren Geschwindigkeiten nimmt als umgekehrt. Natürlich muß man so viel schalten, daß die Scheibe noch schneidet, und man sollte nie unter 0,01 mm herunter gehen.

Beschreibung und Arbeitsweise einer schweren Flächenschleifmaschine mit senkrechter Schleifspindel.

Eine Ausführung für eine Maschine, die nach dem Verfahren der Fig. 9 u. 10 arbeitet, ist in Fig. 199 wiedergegeben.

Das Gestell der Maschine besteht aus einem Gußstück in Kastenform mit ausreichender Rippenversteifung im Innern. Der Schlitten für die Schleifspindel wird von drei genau passenden nachstellbaren Führungen von 900 mm Länge gehalten. Der Schlitten selbst hat 750 mm Länge und trägt die Lager für die Spindel. Die Spindel besteht aus einem Schmiedestück aus Stahl mit 0,4—0,5 vH Kohlenstoff und ist allseitig geschliffen. Kugeldrucklager nehmen den senkrechten Schub auf, während die seitlichen Kräfte von einer Bronzebuchse am unteren Lager

Fig. 199. Flächenschleifmaschine mit senkrechter Schleifspindel und rundem Tisch.

und von einem Kugelhalslager am oberen Ende aufgenommen werden.

Der Motor zum Antrieb der Schleifscheibe leistet 20 PS und ist unmittelbar gekuppelt mit der Schleifspindel. Sein Gehäuse bildet ein Stück mit dem übrigen Gestell. Der Räderkasten A (Fig. 199) dient zur Übertragung der Drehbewegung nach dem Tisch B, und zwar sind acht

VERSCHIEDENE_HEADER

verschiedene Drehzahlen möglich, von 5 bis 44 Umdr./min in geometrischer Reihe abgestuft.

Das magnetische Spannfutter wird mit einem besonderen Hebel neben dem Räderkasten ein- und ausgeschaltet. Der Tritthebel C dient zum langsamen Drehen des Tisches um Bruchteile einer Umdrehung beim Einspannen des Werkstückes. Zum Verschieben des ganzen Stückes dient der Kreuzgriff D. Die richtige Lage der Maschine während des Arbeitens ist in Fig. 200 bei B zu sehen.

Die Tiefenschaltung der Schleifspindel kann entweder von Hand oder mechanisch angetrieben werden. In diesem letzten Falle läßt sich die Größe des Tiefenvorschubes im Räderkasten E (Fig. 199) einstellen, wobei Werte zwischen 0,005 und 0,125 mm für 1 Umdrehung des Werkstückes erreicht werden können. Ferner ist ein Endanschlag vorhanden, mit welchem der Tiefenvorschub der Schleifspindel ausgeschaltet werden kann. Das Handrad F dient zur Betätigung des Handvorschubes und ist so eingerichtet, daß eine Verschiebung von rd. 5 mm an der Skala am Umfang des Rades eine Tiefenschaltung von 0,01 mm hervorruft. Zur Kühlung des Werkstückes ist ein Wasserbehälter von rd. 250 l vorhanden, aus dem durch eine Zentrifugalpumpe das Wasser umgewälzt wird.

Die Schleifscheibe für die eben beschriebene große Maschine hat rd. 450 mm $\varnothing$ und 125 mm Breite. Die Stärke des äußeren Ringes schwankt zwischen 25 und 36 mm, je nach dem zu schleifenden Werkstück. Von der ganzen Breite von 125 mm lassen sich rd. 100 mm restlos aufbrauchen.

Aus Fig. 201 sieht man, daß die Schleifscheibe A in einen gußeisernen Ring B einzementiert ist. Dieser Ring ist wiederum an einem Flansch C befestigt, der von der Schleifspindel mitgenommen wird.

Es gibt mehrere Verfahren zur Befestigung der Schleifscheibe auf dem Ring B. Das eine besteht darin, daß man gleiche Teile Portlandzement und Wasser zusammen mischt, so daß ein dünnflüssiger Brei entsteht. Alsdann wird die Scheibe naß gemacht und mit einer dünnen Lage dieses Breies bestrichen. Nach sorgfältiger Reinigung des gußeisernen Ringes B kann man die Scheibe auf diesem befestigen, wozu nur noch der Zwischenraum zwischen Scheibe und Haltering mittels eines Blechstreifens mit

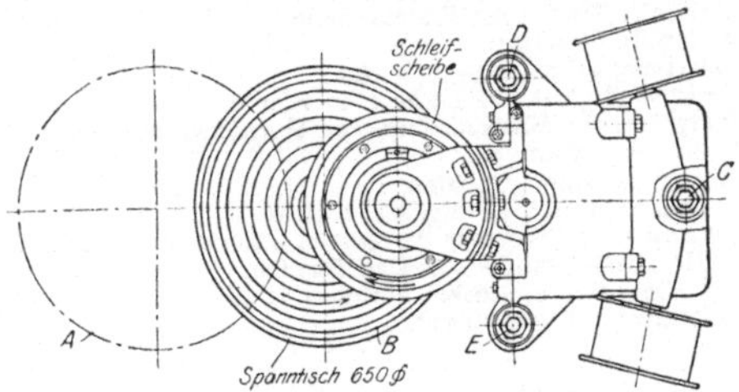

Fig. 200. Grundriß der Flächenschleifmaschine mit senkrechter Schleifspindel.

Zement ausgefüllt wird. Nach Entfernung der überflüssigen Zementspuren bedeckt man die Scheibe gut mit Tüchern und läßt sie einige Zeit in einer zugedeckten Kiste liegen. Die Befeuchtung der Scheibe vor der Befestigung, sowie das Naßhalten während der Erhärtung des Zements sind sehr wichtig. Zum Erhärten braucht der Zement mindestens zwei Tage. Will man besonders sorgfältig vorgehen, so bestreicht man die innere Oberfläche des Halteringes vorher mit Paraffinwachs, um Rostbildung zu vermeiden.

Ein zweites Verfahren benutzt geschmolzenen Schwefel. Die Scheibe und der Haltering werden wie vorhin gereinigt, worauf der Schwefel in geschmolzenem Zustande in den Zwischenraum eingegossen wird. Da dieser sehr schnell erhärtet, läßt sich die Scheibe nach kurzer Zeit benutzen.

Zum Abziehen der Scheibe benutzt man ein Stück Karborundum, das auf einem gußeisernen Halter befestigt wird. Dieser Halter wird vom mechanischen Futter gehalten und vor der Schleifscheibe hin- und hergeführt, so daß ihre untere Seite genau eben abgezogen wird. Das Abziehen braucht übrigens auf diesen Maschinen nicht so oft vorgenommen zu werden, sondern erst dann, wenn eine Scheibe anfängt zu schmieren. Man darf nicht vergessen, daß es bei der Arbeitsweise der Maschine nicht schadet, wenn die flache Seite der Scheibe nicht vollkommen eben ist; denn unter allen Umständen entsteht eine ebene Fläche.

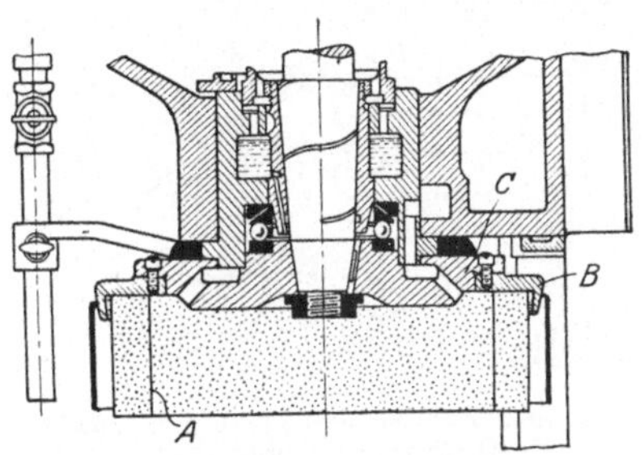

Fig. 201. Befestigung der Schleifscheibe.

Zum Auf- und Umspannen des magnetischen Futters muß man den Tisch der Maschine so weit herausziehen, wie die gestrichelte Linie A in Fig. 200 andeutet. Die Arbeitsstellung des Tisches ist dagegen bei B dargestellt.

Die Reinigung des magnetischen Futters auf einem drehbaren wagerechten Tisch ist äußerst einfach. Man kann ganze Gruppen von Werkstücken mit einem Ring aus Stahlblech von außen umspannen, wie die weiteren Abbildungen (insbesondere die Fig. 222 u. 224) zeigen werden. Nachdem die eine Seite der Werkstücke geschliffen worden ist, zieht man den Tisch der Maschine aus der Arbeitsstellung zurück und nimmt die durch den Ring zusammengehaltenen Werkstücke heraus, so daß nur die Späne und Wassertropfen auf dem Tisch liegen bleiben. Auf diese Weise ist eine gründliche Reinigung mit Bürste oder Lederlappen möglich. Der Tisch kann zur Reinigung durch Niederdrücken des Fußhebels C (Fig. 199) in Drehung versetzt werden.

Einstellung des Spindelkopfes.

Für Maschinen mit wagerechter Schleifspindel nach der Hobelmaschinenbauart muß natürlich die Spindel genau im rechten Winkel zur Drehachse des Tisches stehen, und zwar so, daß die Scheibe auf ihrer ganzen Breite das Werkstück berührt. Bei richtiger Einstellung kann man eine Genauigkeit von 0,0075 mm mit Leichtigkeit erreichen.

Für bestimmte Arbeiten jedoch muß man außerdem die Schleifscheibe in einen beliebigen anderen Winkel zum Spanntisch einstellen, wie z. B. zum Schleifen der Seitenflächen von Kreissägen u. dergl. Für diese Einstellung hat der Ständer der Maschine drei Stellschrauben C, D und E (Fig. 200), mit denen jede gewünschte Neigung zu erreichen ist.

Nachmessen auf Flächenschleifmaschinen.

Die Vorgänge beim Nachmessen der Werkstücke richten sich natürlich ganz nach der Arbeitsweise der gewählten Maschine. Bei Maschinen, deren Schleifschlitten mittels einer feinen Schraube allmählich heruntergelassen wird, hat man an dieser Schraube fast immer eine genaue Skala, so daß man von vornherein ungefähr weiß, wie tief man geschnitten hat. Von Zeit zu Zeit braucht man nur das Werkstück vom Futter abzunehmen, um mit den üblichen Lehren den Fortschritt der Bearbeitung nachzumessen. Wenn man auf diese Weise mehrere Werkstücke hintereinander geschliffen hat, kann man nach Gefühl und mit Berücksichtigung der Abnutzung der Scheibe ungefähr an der Tiefeneinstellung der Skala beurteilen, wann man tief genug geschnitten hat.

Fig. 202. Meßvorrichtung für die Flächenschleifmaschine mit senkrechter Schleifspindel.

Auf der Maschine in Fig. 199 sieht man außerdem noch eine andere Meßvorrichtung, die ein fortlaufendes Nachmessen gestattet. Diese Einrichtung besteht aus einem Arm A (Fig. 202), der auf einer senkrechten Säule befestigt ist und auf dem einen Ende eine Meßvorrichtung trägt, die in der Hauptsache aus einem Fühlstift C und einem Zifferblattzeiger B besteht, und mit einer Genauigkeit von 0,025 mm den Fortschritt der Bearbeitung anzeigt. Die Einstellung der Meßvorrichtung geschieht durch Unterlegen von Meßklötzen unterhalb des Stiftes C.

Anwendungsbeispiele.

Die folgenden Abbildungen bringen eine Menge Beispiele über verschiedene an Flächenschleifmaschinen vorkommende Arbeiten. Die hauptsächlichsten Angaben über Werkstück, Schleifscheibe und Leistungen sind am besten den Unterschriften der Zeichnungen zu entnehmen, während im folgenden Text nur kurze Erläuterungen des Arbeitsganges gegeben werden.

Beispiele für die Arbeitsweise einer Maschine nach Hobelmaschinenbauart.

Das erste Beispiel (Fig. 203) behandelt das Schleifen von dünnen Werkstücken nach dem eingangs erwähnten Verfahren.

In Fig. 204 u. 205 ist ein Anwendungsbeispiel für die Maschine nach Fig. 198 dargestellt. Zu bearbeiten ist ein größeres Gußstück. Die erforderlichen Angaben sind aus der Unterschrift der Zeichnung herauszulesen.

Ein weiteres Beispiel ist in Fig. 206 u. 207 dargestellt. Es handelt sich um den Tisch einer Fräsmaschine, der an beiden Seitenkanten geschliffen werden soll. Die obere

Fig. 203.
Werkstück: Dünne Platte mit Bohrungen.
Material: Kalt gewalztes Stahlband, 0,2 vH Kohlenstoff; im Einsatz gehärtet; Härteschicht 0,3 mm.
Materialzugabe: 0,04—0,05 mm auf jeder Seite.
Schleifscheibe: Norton Alundum, im Hochfeuer gebrannt.
Grad: G. Korn: 38—46. Umfangsgeschw.: 25 m/sek.
Bemerkungen: Der Tisch wird von Hand geschaltet und hin- und hergeführt. 48 Stücke werden gleichzeitig auf ein magnetisches Futter aufgespannt. 4 Hübe für jede Seite. Scheibe nach 250 Stücken abziehen.
Leistung: 1300 Stück in 30 Stunden.

Fig. 203.

Fläche des Tisches ist vorher genau geschliffen worden, so daß sie bei dieser Arbeit zur Aufspannung herangezogen werden kann, und zwar kommen hierbei zwei Winkelplatten A zur Anwendung. Die Befestigung erfolgt durch Schrauben an den Nuten des Tisches. Noch besser wäre es, an den Ausgangsflächen die Winkelführungen zu benutzen, wobei mehrere gehärtete Rollen angewendet werden können.

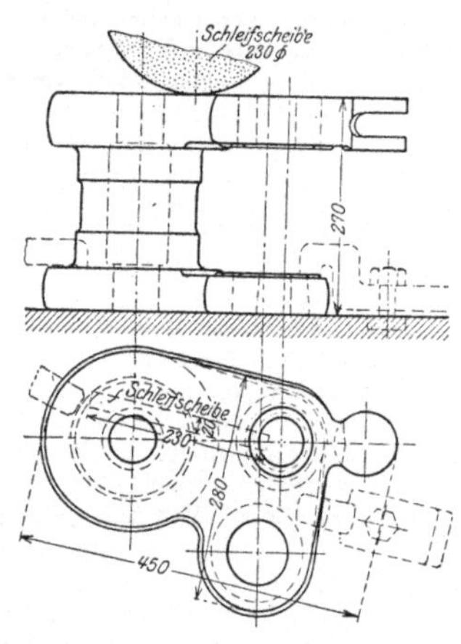

Fig. 204. u. 205.

Fig. 204 u. 205.
Werkstück: Lagergestell (Werkzeugmaschine).
Material: Gußeisen.
Materialzugabe: 0,13—0,18 mm.
Tischgeschw.: 10 m/min.
Schleifscheibe: Karborundum, im Hochfeuer gebrannt.
Grad: P oder M.
Korn: 36.
Umfangsgeschw.: 25 m/sek.
Seitenschaltung: 1,6 mm für 1 Hub.
Bemerkungen: Das Werkstück wird durch Klemmbacken gehalten; die schmale Scheibe wird einmal über die Oberfläche geführt.
Scheibe nach 8 Stücken abziehen.
Leistung: 9—10 Stück stündlich.

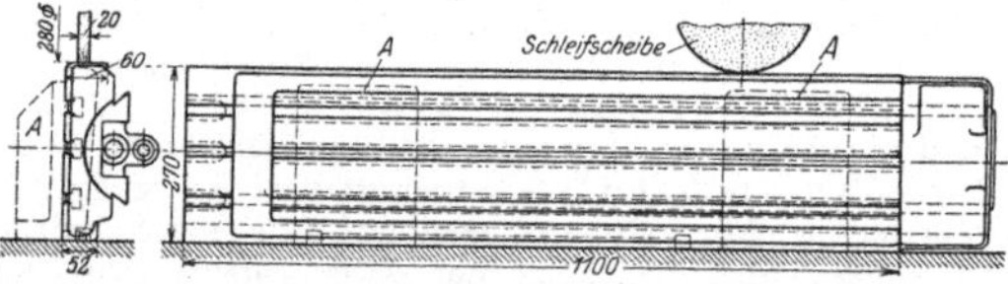

Fig. 206 u. 207.
Werkstück: Tisch einer Fräsmaschine.
Material: Gußeisen.
Materialzugabe: 0,13—0,18 mm.
Geschwindigkeit des Tisches: 10 m/min.
Schleifscheibe: Karborundum, im Hochfeuer gebrannt.
Grad: P. Korn: 36.
Umfangsgeschw.: 25 m/sek.
Seitenschaltung: 1,6 mm für 1 Hub.
Bemerkungen: Schlichten der beiden Ränder durch einmaliges Herüberführen der schmalen Scheibe.
Scheibe nach 2 Stücken abziehen.
Leistung: 5 Stück stündlich.

Fig. 208. Massenschliff gehärteter Buchsen.

Beispiele für Arbeiten auf Maschinen nach Bauart mit senkrechter Arbeitsspindel.

In Fig. 208 sieht man, wie die Stirnflächen von gehärteten Buchsen aufgespannt und geschliffen werden können. Hierbei kommt eine besondere Aufspannvorrichtung zur Anwendung, die gleichzeitig 28 Werkstücke faßt. Die Vorrichtung wird mitsamt den Werkstücken ihrerseits vom mechanischen Futter festgehalten. Die Abmessungen und sonstigen Angaben sind in Fig. 209 enthalten.

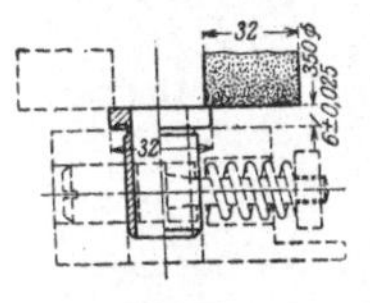

Fig. 209.

Fig. 209.
Werkstück: Buchse für Steuerstange (Automobil).
Material: gehärteter Stahl, 0,15 vH Kohlenstoff.
Materialzugabe: 0,18—0,25 mm.
Drehzahl des Tisches: 100 in der Min.
Schleifscheibe: Norton Alundum, im Hochfeuer gebrannt.
Grad: L. Korn: 24.
Umfangsgeschw.: 25 m/sek.
Bemerkungen: Die Scheibe wird über die Werkstücke geführt. 28 Stücke werden gleichzeitig in einem Aufspannring gehalten.
Leistung: 4000 Stück in 9 Stunden.

Fig. 210—212 zeigen die Bearbeitung eines gußeisernen Gehäuses für einen Räderkasten. Diese werden in Gruppen von je 10 Stück auf dem magnetischen Futter aufgespannt, wodurch in der Stunde 60 Stück fertiggestellt werden

In Fig. 213—219 ist eine Spannvorrichtung zum Schleifen von Ventilhebeln für Automobilmotoren dargestellt. Diese Werkstücke können auch mit Vorteil auf einer Maschine mit senkrechter Schleifspindel bearbeitet werden. Es sind hierbei zwei Arbeitsgänge nötig: der erste ist in Fig. 218 zu sehen. Es handelt sich darum, das obere, größere Ende zu schleifen, wobei rd. 0,25 mm abgeschliffen werden. Zu diesem Zweck benutzt man einen Ring R mit T-förmigem Querschnitt, der die übrigen Teile trägt und vom magnetischen Futter festgehalten wird. Zum Schleifen der kleineren Enden dagegen dreht man die Vorrichtung um, unter Fortlassung des T-förmigen Ringes, so daß die einzelnen Werkstücke sich unmittelbar auf die zuerst geschliffenen ebenen Flächen stützen, wie in Fig. 219 zur Darstellung gebracht ist. In diesem letzten Falle werden die Werkstücke unmittelbar vom magnetischen Futter gehalten.

Die Spannvorrichtung ist äußerst einfach, aber wirksam. Sie besteht in der Hauptsache aus zwei V-förmigen Klemmbacken a, die durch einen Bolzen b so angezogen werden können, daß die einzelnen Werkstücke dazwischen fest angeklemmt werden. Beim Anziehen dieser Bolzen ist ihre Verdrehung durch Schraube c und Nut verhindert.

Fig. 211 u 212.
Werkstück: Gehäuse für Räderkasten.
Material: Gußeisen.
Materialzugabe: 0,8 mm auf jeder Seite.
Drehzahl des Tisches: 13 Umdr.-min für Schruppen u. Schlichten.
Schleifscheibe: Karbolit.
Grad: H. Korn: 20.
Umfangsgeschw.: 21 m/sek.
Tiefenschaltung: 0,03 mm für 1 Umdreh. des Tisches.
Bemerkungen: 10 Stücke werden gleichzeitig auf magnetisches Futter gespannt. Schleifzeit 7 Min., Nebenzeiten 3 Min
Leistung: 60 Stück in 1 Stunde.
Zulässige Abweichung: ± 0,025 mm.

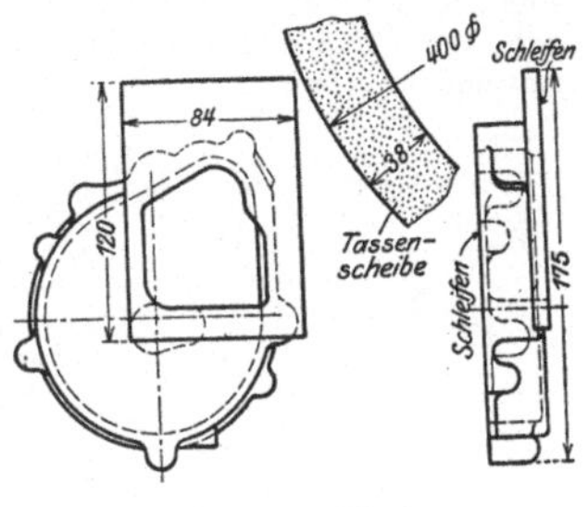

Fig. 211 u. 212.

Fig. 213—215.

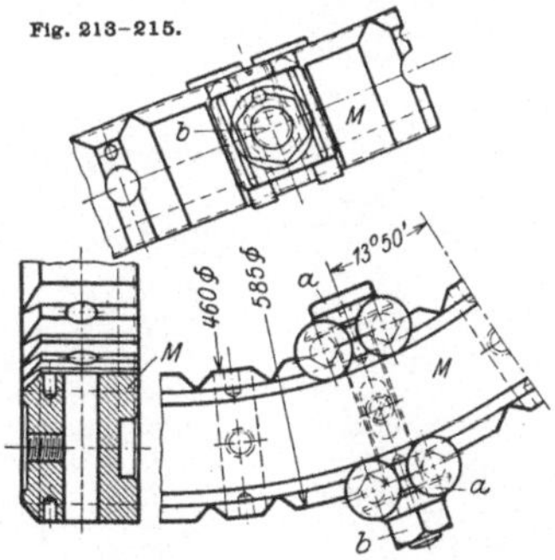

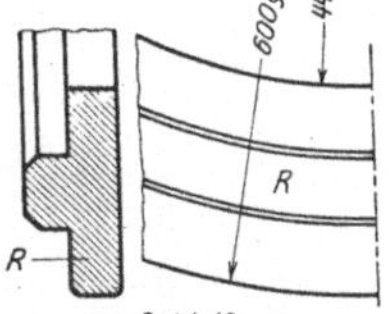

Fig. 216 u. 217.

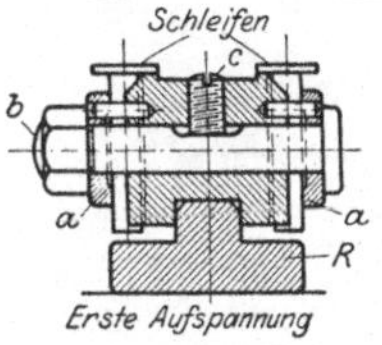

Fig 218.

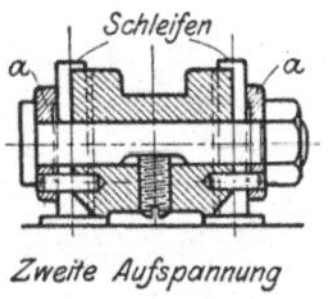

Fig. 219.

Fig. 213—219. Spannvorrichtung zum Massenschliff von Ventilstoßstangen.

Fig. 210. Zu schleifende gußeiserne Gehäuse.

Sämtliche Klemmbacken sitzen an einem großen Ringe im Kreise angeordnet. Auf diese Weise werden 104 Teile auf einmal geschliffen. Die übrigen Angaben sind aus Fig. 220 zu entnehmen.

Zum Schleifen von Gewehrteilen eignet sich auch sehr gut die Schleifmaschine mit senkrechter Spindel, weil hier ebenfalls eine große Anzahl von Werkstücken gleichzeitig zur Bearbeitung gelangen kann, und weil die Aufspannung der Werkstücke keine besondere Vorrichtung erfordert. Das sieht man am besten aus der Fig. 222, wo 103 Gewehrabzüge auf einmal auf dem magnetischen Futter aufgespannt sind. Aus Fig. 221 sind die Abmessungen der betreffenden Werkstücke zu ersehen. Die Geschwindigkeit des Tisches wird zweimal gewechselt, das eine Mal für das Schruppen, das zweite Mal für das Schlichten. Auf

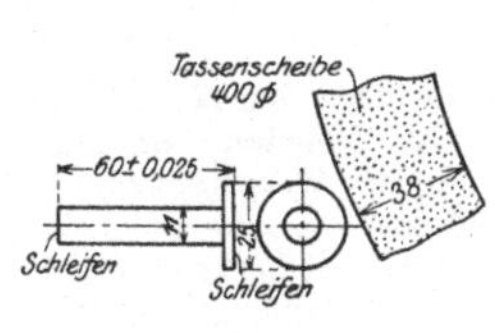

Fig. 220.

Fig. 220.
Werkstück: Ventilstoßstange für Automobilmotoren.
Material: warmbehandelter Vanadiumstahl.
Materialzugabe: 0,3 mm an jeder Fläche.
Drehzahl des Tisches: 17 Umdr./min.
Schleifscheibe: Korundum.
Grad: 1—W. Korn: 30.
Umfangsgeschw.: 21 m/sek.
Tiefenschaltung: 0,04 mm für 1 Umdr. des Tisches.
Bemerkungen: Leistung: 720 Stück in 1 Stunde.

diese Weise kommt man mit ein und derselben Scheibe für beide Arbeitsgänge aus.

Der Repetierhahn (Fig. 223) kann genau in derselben Weise behandelt werden. Ein Werkstattbild davon zeigt Fig. 224, wobei 34 solcher Teile auf einmal geschliffen werden, ohne daß irgend welche Sondervorrichtungen zur Anwendung kommen.

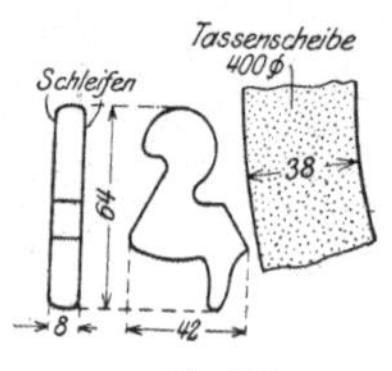

Fig. 221.
Werkstück: Gewehrabzug.
  Material: weicher Schmiedestahl.
  Materialzugabe: 0,6 mm auf jeder Seite.
  Drehzahl des Tisches: beim Schruppen 17 Umdr./min, beim Schlichten 5 Umdr. min.
Schleifscheibe: Korundum.
  Grad: $^3/_4$. Korn: 58—24.
  Umfangsgeschw.: 21 m/sek.
  Tiefenschaltung: 0,03 mm/Umdr. des Tisches.
Bemerkungen: Schleifzeit 8 Min.; Nebenzeiten 12 Min.
  Leistung: 300 Stück in 1 Stunde.
  Zulässige Abweichung: ± 0,013 mm.

Fig. 222. Massenschliff von Gewehrabzügen.

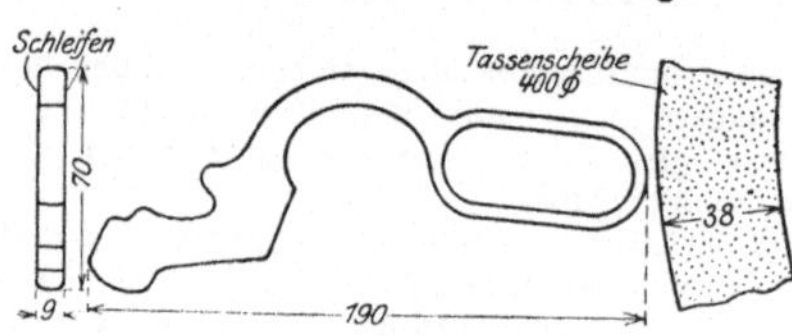

Werkstück: Ladehebel (Repetiergewehr).
  Material: weicher Schmiedestahl.
  Materialzugabe: 0,8 mm auf jeder Seite.
  Drehzahl des Tisches: beim Schruppen 17, beim Schlichten 5 Umdr./min.
Schleifscheibe: Korundum.
  Grad: 1. Korn: 58—24.
  Umfangsgeschw.: 21 m/sek.
  Tiefenschaltung: 0,03 mm für 1 Umdr. des Tisches.
Bemerkungen: Schleifzeit 6 Min.; Nebenzeiten 4 Min.
  Leistung: 204 Stück in 1 Stunde.
  Zulässige Abweichung: ± 0,025 mm.

Eine weitere lehrreiche Anwendung der Maschine mit senkrechter Schleifspindel ist das Schleifen von Kegelrädern (Fig. 225). Die Abmessung des Werkstückes, sowie alle notwendigen Angaben sind aus Fig. 226 zu ersehen. Die Spannvorrichtung ist besonders bemerkenswert: sie besteht aus einem Ring A, in dem 44 Stifte B eingelassen sind. Die oberen Enden dieser Stifte sind genau zu den Bohrungen der zu schleifenden Kegelräder passend gedreht. Die magnetische Kraft zieht die einzelnen Kegel-

räder nach unten gegen die obere Fläche des Ringes A, und zu gleicher Zeit wird durch diese Zugkraft verhindert, daß sie sich um die Stifte B drehen. Auf diese Weise werden die Werkstücke sehr wirksam festgehalten, so daß das Schleifen außerordentlich schnell vor sich gehen kann, weil das Ein- und Ausspannen so einfach ist. In der Stunde werden 200 Stück fertig bearbeitet.

Fig. 224. Massenschliff von Repetierhebeln.

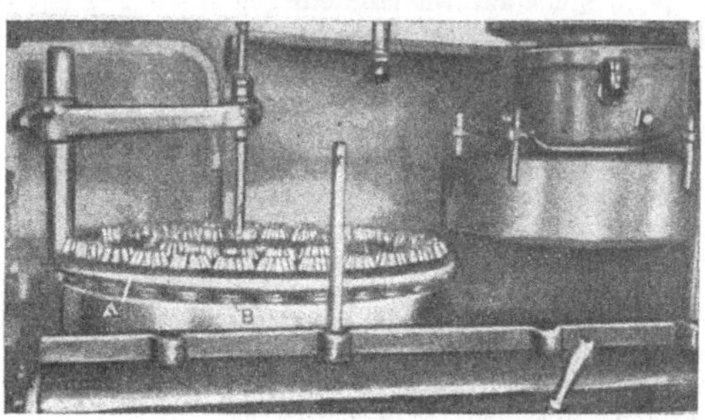
Fig. 225. Massenschliff von Kegelrädern.

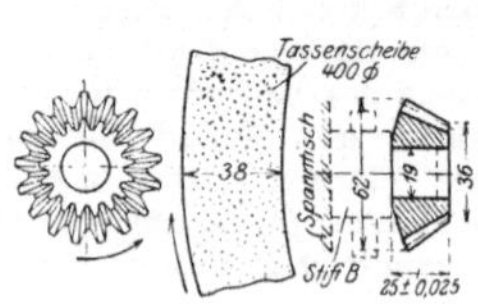

Fig. 226.
Werkstück: Kegelrad.
  Material: gehärteter Stahl; 0,02—0,03 vH Kohlenstoff.
  Materialzugabe: 0,25 mm.
  Drehzahl des Tisches: 6 Umdr./min.
Schleifscheibe: Korundum.
  Grad: 1$^3/_4$—W. Korn: 30.
  Umfangsgeschw.: 20 m/sek.
  Tiefenschaltung: 0,013 mm für 1 Umdr. des Tisches.
Bemerkungen: Nebenzeiten 6 Min.
  Leistung: 200 Stück in 1 Stunde.

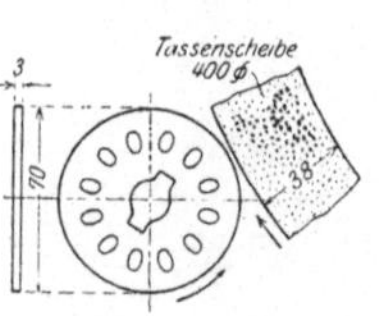

Fig. 227.
Werkstück: Messerscheibe für eine Fleischmaschine.
  Material: weiches Stahlblech.
  Materialzugabe: 0,2 mm auf jeder Seite.
  Drehzahl des Tisches: beim Schruppen 13, beim Schlichten 5 Umdr./min.
Schleifscheibe: Korundum.
  Grad: $^3/_4$. Korn: 24.
  Umfangsgeshw.: 21 m/sek.
  Tiefenschaltung: 0,035 mm für 1 Umdr. des Tisches.
Bemerkungen: Schleifzeit 4 Min.; Nebenzeiten 4 Min.
  Leistung: 345 Stück in 1 Stunde.
  Es wird nur die schwarze Kruste abgeschliffen.

Die in Fig. 227 dargestellte Messerscheibe für eine Fleischmaschine wird aus Stahlblech von rd. 3 mm Stärke ausgestanzt und nicht gehärtet. 46 Scheiben werden gleichzeitig auf einer Maschine mit senkrechter Spindel geschliffen, wobei, wie schon vorhin beschrieben, zwei Ringe alle Werkstücke seitlich umfassen.

Die in Fig. 228 gezeichneten Laufringe für Walzenlager

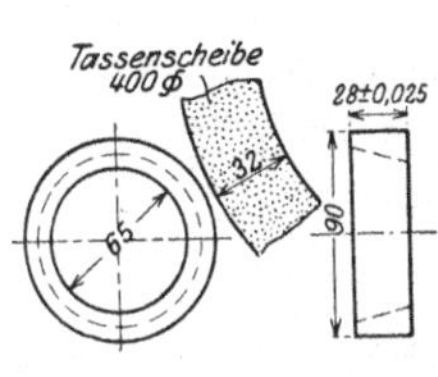

Fig. 228.

Werkstück: Laufring für Walzenlager.
 Material: gehärteter Stahl mit hohem Kohlenstoffgehalt.
 Materialzugabe: 0,25—0,4 mm auf jeder Seite.
 Drehzahl des Tisches: 17 Umdr./Min.
Schleifscheibe: Korundum.
 Grad: ³/₄. Korn: 30.
 Umfangsgeschw.: 21 m/sek.
 Tiefenschaltung: 0,03 mm für 1 Umdr. des Tisches.

Fig. 228.

Bemerkungen: Leistung: 1500 Stück in 1 Tag.
 Zulässige Abweichung: ± 0,025 mm.

Fig. 229. Massenschliff von Laufringen.

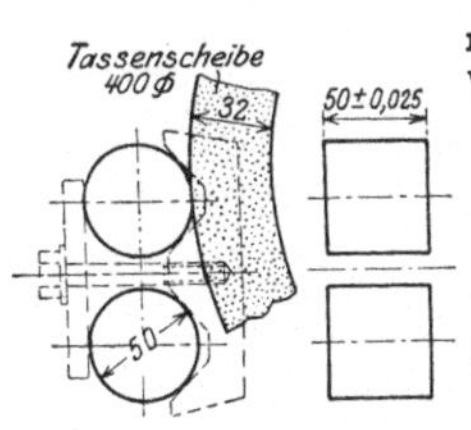

Fig. 230.

Werkstück: Walze für Walzenlager.
 Material: gehärteter Stahl mit hohem Kohlenstoffgehalt.
 Materialzugabe: 0,13 mm auf jeder Seite.
 Drehzahl des Tisches: 17 Umdr./Min.
Schleifscheibe: Norton Alundum.
 Grad: H. Korn: 38—24.
 Umfangsgeschw.: 21 m/sek.
Bemerkungen:
 Leistung: 800 Stück in 1 Tag.
 Zulässige Abweichung: ± 0,025 mm.

Fig. 230.

Fig. 231. Massenschliff von Bügeln für Mikrometerschrauben.

werden ebenfalls auf einer Maschine mit senkrechter Spindel geschliffen, und zwar ohne besondere Spannvorrichtung. Die Werkstücke werden einfach auf das magnetische Spannfutter ohne weitere Einrichtungen gebracht. Fig. 229 zeigt die Bearbeitung.

Die in Fig. 230 dargestellte Walze für ein Walzenlager wird in Gruppen von 40 Teilen auf einmal mittels einer besonderen Spannvorrichtung mit V-förmigen Klemmbacken ähnlich der in Fig. 213—219 geschliffen. Die Spannvorrichtung selbst wird vom magnetischen Futter gehalten.

Die Bügel für Mikrometerschrauben (Fig. 231) werden aus weichem Stahl gepreßt. Aus der Abbildung ersieht man, wie sie auf dem magnetischen Futter gehalten werden. Man sieht, daß sie innerhalb eines ziemlich breiten Ringes in größerer Anzahl allein durch die magnetische Kraft des Futters festgehalten werden.

Das Schmiedegesenk (Fig 232) wurde vor Einführung der Maschine mit senkrechter Schleifspindel nur unter

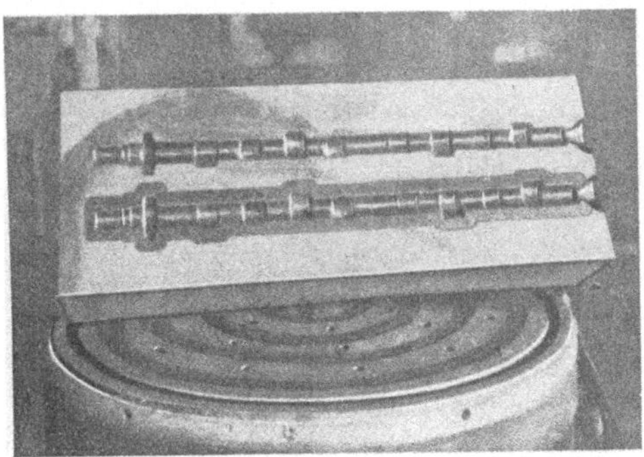

Fig. 232. Schleifen der Paßflächen von Schmiedegesenk.

großen Schwierigkeiten geschliffen. Man konnte nicht so leicht eine vollkommen ebene Fläche herausbekommen, weil sich diese beim Härten verzog. Das Arbeitsstück hat eine Länge von 700 mm, eine Breite von 230 mm und eine Höhe von ebenfalls 230 mm. Früher brauchte man zum Schleifen dieser Teile drei Stunden, während jetzt auf der Maschine nach der Bauart mit senkrechter Arbeitsspindel nur 5 Minuten gebraucht werden. Abgeschliffen wird eine Schicht von 0,3 mm.

In Fig. 233 sieht man mehrere Kreissägeblätter, die ebenfalls auf einer Maschine mit senkrechter Spindel mit Vorteil geschliffen werden können. Wie Fig. 234 zeigt,

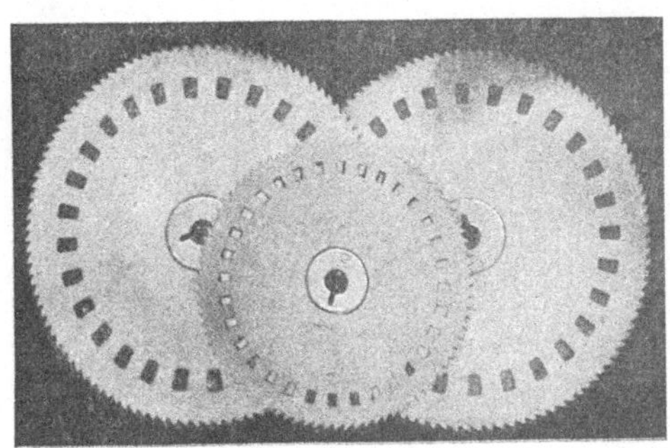

Fig. 233. Kreissägeblätter.

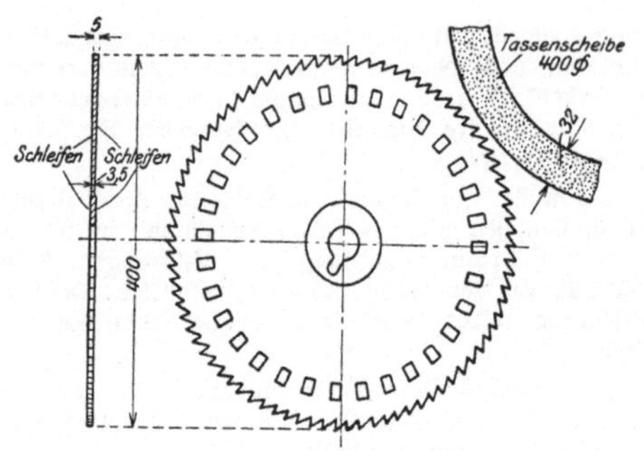

Fig. 234.

Fig. 234.

Werkstück: Kreissägeblatt.

Material: gehärteter Schnellstahl.

Materialzugabe: 0,3 mm auf jeder Seite.

Drehzahl des Tisches: beim Schruppen 8,5, beim Schlichten 5,5 Umdr./min.

Schleifscheibe: Norton Alundum.

Grad: H. Korn: 38—24.

Umfangsgeschw.: 21 m/sek.

Tiefenschaltung: 0,035 mm für 1 Umdr. des Tisches.

Bemerkungen: Schleifzeit 8 Min; Nebenzeiten 3 Min.

Leistung: 6 Stück in 1 Stunde.

Zulässige Abweichung: ± 0,05 mm.

werden beide Seitenflächen des Sägeblattes bearbeitet, und zwar werden sie bis dicht an die mittlere Bohrung hohl geschliffen. Die beiden Flächen des Sägeblattes werden zuerst auf beiden Seiten eben geschliffen. Dann stellt man die Dreipunktstützung des Maschinengestelles so ein, daß die Schleifspindel den gewünschten Winkel zum Tisch bildet. Zum Festhalten genügt das magnetische Spannfutter.

Die Flächenschleifmaschine und ihre Anwendung.

I. Beschreibung der Maschine.

In der Werkzeugmacherei findet man für die Bearbeitung oder Herstellung von ebenen oder nach einem Radius gerundeten Flächen an Werkzeugen, Lehren und Vorrichtungen noch häufig Fräs- und ähnliche Maschinen mit Stahlwerkzeugen, trotzdem es erwiesen ist, daß die Flächenschleifmaschine diese Arbeiten bei weitem schneller, billiger und genauer leistet und zudem eine Nachbearbeitung (Schabearbeit) zum größten Teil überflüssig macht. Die Diskus-Flächenschleifmaschine ist als Ausrüstungsmaschine für die Zwecke der Werkzeugmacherei besonders geeignet.

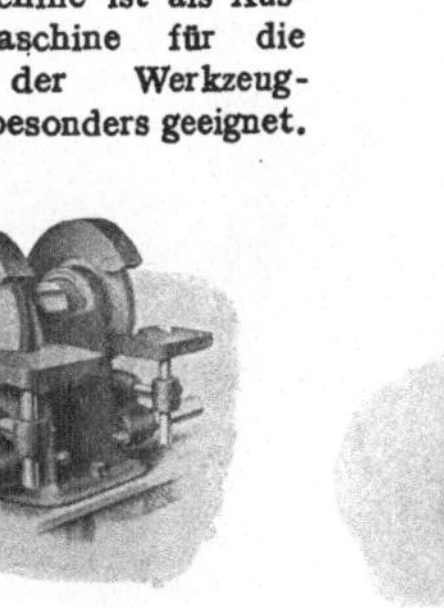

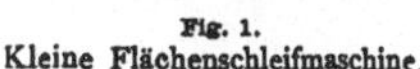
Fig. 1.
Kleine Flächenschleifmaschine.

Fig. 2. Kleine Flächenschleifmaschine
auf Ständer.

Die Kleinmaschine (Fig. 1 u. 2) mit ihren vier verschiedenen gegeneinander austauschbaren Tischen (Handauflage, Schwingtisch, Kipptisch und Gleittisch, Fig. 3—6) und ihrer handlichen Form, die eine Aufstellung entweder auf der Werkbank oder auf einem Ständer ermöglicht, wird in der Hauptsache für das Schleifen und Polieren ebener, gegebenenfalls winklig zueinander liegender Flächen, zum Brechen oder Abrunden scharfer Kanten und zur Erzeugung von Rundungen benutzt.

Eine erhöhte Verwendungsfähigkeit ergibt sich, wenn die eine oder beide Diskus-Schleifscheiben, deren Eigenart darin besteht, daß die wirksame auf eine Stahlscheibe aufgebrachte Oberfläche durch querlaufende Kanäle in Wellen- oder Zickzackform vielfach unterteilt ist, durch gewöhnliche Schleifscheiben z. B. Korundscheiben in Teller-, Topf- und sonstigen Sonderformen ersetzt sind. Die Maschine eignet sich in solchen Fällen zum Schleifen oder Schärfen von

Meisseln, Bohrern, Stählen und dergl., zum Ausschleifen der Kurvenscheiben von Automaten usw. Anstelle von Scheiben können auch Klemmfutter auf die Schleifwelle aufgesetzt werden, die zur Aufnahme von Sonderschleifsteinen, Rundfeilen und anderen Werkzeuge zum Schleifen, Feilen oder Polieren von Rundungen, Bohrungen u. dergl. dienen.

Größere Stücke im Werkzeug-, Vorrichtungs- und Lehrenbau werden auf den Diskus - Flächenschleifmaschinen auf Arbeitstischen geschliffen, abgerichtet oder poliert. Die für diese Maschinen vorgesehenen Präzisionsarbeitstische auf besonderem, vom übrigen Maschinengestell unabhängigen Ständer .(Fig. 7) haben den Vorteil, daß die Erschütterungen des Maschinengestells den Tischen und damit den Werkstücken ferngehalten werden, was der Genauigkeit des Schliffes zugute kommt, und daß man bei der Erzeugung von winklig zueinander liegenden Flächen die Tische bequem auf genaue Rechtwinkellage zwischen Scheibe und Tischoberfläche einstellen kann. Eine weitere Förderung des Gebrauchszweckes wird erzielt, wenn man zur Herstellung von

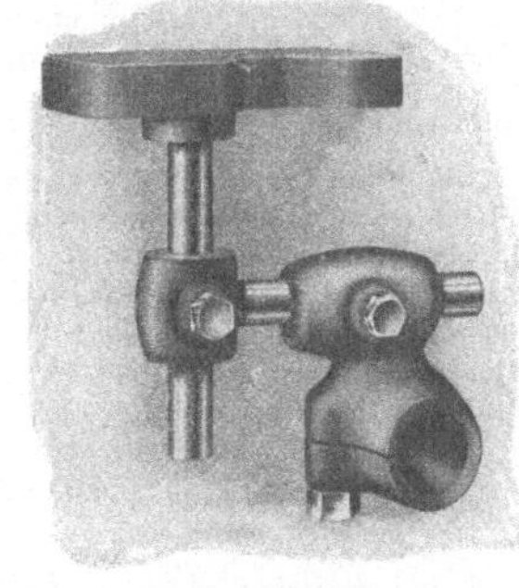
Fig. 3. Handauflage.

Rundungen durch Schleifen einen schwingbaren Anschlag mit Gradeinteilung oder sonst eine Vorrichtung auf den Tisch aufsetzt, die ermöglicht, das Werkstück um einen Drehpunkt an der Schleifscheibe hin und her zu schwingen (Fig. 8).

II. Übermaß und Gestaltung der Arbeitsflächen für den Flächenschliff.

Die Bearbeitungszugaben, die man heute noch fast allgemein antrifft. sind für die Bearbeitung durch ein Stahlwe kzeug bemessen und zumeist weit größer, als es die Rücksicht auf ein Verk ümmen oder Verziehen beim Gießen, Schmieden, Pressen oder dergl. erfordert.

Hinsichtlich der Schnitthaltigkeit des Stahles sind bei den We kzeugen der Fräs- und Hobelmaschinen erhebliche Schnittiefen und damit starke Übermaße am Werkstück und fortlaufende, d. h. nicht unterbrochene Bearbeitungsflächen erwünscht. Wesentlich anders liegen die Verhältnisse, wenn es sich darum handelt, eine Fläche durch Schleifen mittels der Flächenschleifmaschine herzustellen bzw. zu bearbeiten.

Die Schnittiefe einer Flächenschleifmaschine kann der Natur der Schleifkörner entsprechend mit Rücksicht auf den Scheibenverschleiß nur gering sein.

Bei wertvollen Werkstoffen wie Messing, Bronze, Aluminium u. dergl. spart man auf diese Weise erheblich und erhöht die Wirtschaftlichkeit des Flächenschliffes. Gerade in der Gießereitechnik ist danach zu streben, so eben und im Winkel wie möglich und mit so geringem Übermaß zu gießen,

Fig. 4. Schwingtisch.

Fig. 5. Kipptisch.

den Scheibenverschleiß nur gering sein. Es findet also jede Bearbeitung durch Schleifen ihre Grenze im Schleifmittelverbrauch, und es besteht ein bestimmtes Verhältnis zwischen dem Schleifmittelverbrauch und der abgehobenen Spanmenge. Die Folge ist, daß die Flächenschleifmaschine umso leistungsfähiger und wirtschaftlicher arbeiten wird, je geringer die Bearbeitungszugabe am Werkstück und je kleiner die zu schleifende Fläche, d. h. je weitgebender sie durch Aussparungen unterbrochen ist. Als Regel hat zu gelten, daß die Bearbeitungsfläche so klein gehalten werden soll, wie mit Rücksicht auf die unbedingt erforderlichen Paß- oder Tragflächen eben möglich. Jede Schleifkornspitze dringt bei der gegenseitigen Bewegung zwischen Werkstück und Werkzeug bei richtigem Anpreß- oder Beistelldruck ritzend in das Werkstück ein, wobei der verdrängte Werkstoff in Gestalt mehr oder weniger regelrechter Späne abgehoben wird. Mit der Größe oder Ausdehnung der Fläche wächst naturgemäß die Länge des Weges, den die Kornspitze im Werkstück zurücklegen muß. Die Folge ist eine erhöhte Schleifwärme mit allen ihren Nachteilen und Behinderung der freien Spanbildung. Man wird daher das Hauptaugenmerk auf möglichste Unterteilung und Verringerung der abzuschleifenden Fläche zu richten haben.

daß die Paßflächen auf der Flächenschleifmaschine ohne weiteres abgerichtet bzw. auf Maß geschliffen werden können.

Wie der Konstrukteur beim Entwurf vorzugehen hat, zeigen die nachstehenden Beispiele (Fig. 9—15):

1. Auflösung der geschlossenen Arbeitsfläche in mehrere Leisten (Beisp. 1),
2. Aussparungen in den Einzelarbeitsflächen (Beisp. 2, 3),
3. Entfernung der für die Passung unnötigen Flächen aus der Schleifebene (Beisp. 4),

Fig. 7. Flächenschleifmaschine mit Schwingtisch und Präzisionsarbeitstisch.

Fig. 6. Gleittisch.

Für gewöhnlich wird man mit wenigen Millimetern oder gar nur Bruchteilen von Millimetern Zugabe am Werkstück auskommen. Oftmals wird schon das Losklopfen des Modells im Sande genügend Übermaß ergeben und in diesem Falle eine Zugabe am Modell überhaupt unnötig machen.

4. Weglassen vorspringender Teile (Beisp. 5),
5. Verlegen der Einzelarbeitsflächen in eine gemeinsame Schleifebene (Beisp. 6, 7).

Eine deutliche Vorstellung, wie zweckmäßig, ja notwendig die Auflösung größerer Flächen in mehrere Leisten beim Flächenschliff ist, gibt Beisp. 8 (Fig. 16 u. 17). Das kleinere Werkstück mit voller Fläche von 15 625 qmm wird nicht schneller oder leichter geschliffen als das größere

oder dünnwandigen Werkstücken bemerkbar, die auf der Fräsmaschine nur vorsichtig und langsam bearbeitet werden können, und bei leistenförmigen Paßflächen, die sich der

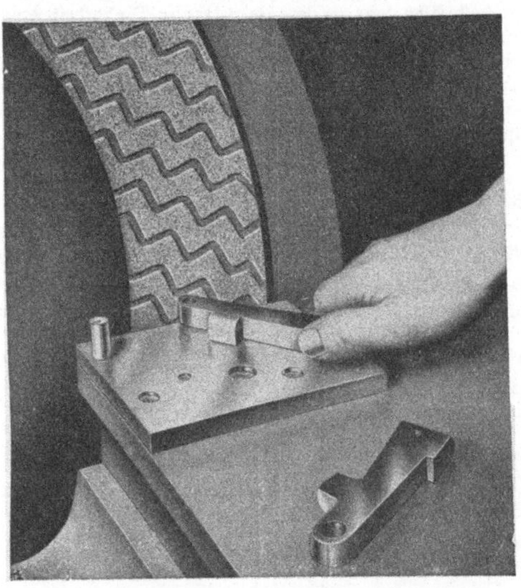

Fig. 8. Vorrichtung zum Schleifen von Rundungen.

Stück mit unterteilter Fläche von 32 800 qmm, weil der Weg der einzelnen Schneidkornspitzen im Werkstoff bei dem kleineren Stück länger ist als beim anderen.

Deshalb prüfe und ändere man die Modelle mit Rücksicht auf die Erfordernisse des Flächenschliffs, die Kosten für die Änderung werden sich schon bei der ersten Massenfertigung bezahlt machen. Die Bearbeitungskosten beim Flächenschliff sinken gegenüber Fräs- oder Hobelarbeit ganz erheblich und betragen manchmal noch nicht ihren zehnten Teil. Besonders macht sich dieser Vorteil bei schwachen

Fig. 16.

Fig. 17.

Beispiel 8: Volle und unterteilte Schleiffläche.

Fig. 9—15. Beispiele 1—7 für unzweckmäßige und richtige Gestaltung von Schleifflächen.

kleinen Berührungsflächen und geringeren Erwärmung wegen sehr rasch schleifen lassen.

Diese Flächenschleifmaschinen werden durch die Diskus Werke Frankfurt am Main gebaut.

Emil Zopf.

Frauenarbeit an der Flächenschleifmaschine.

Um den Ersatz gelernter durch angelernte Arbeitskräfte ohne Störung des Betriebes zu ermöglichen, haben die Diskus Werke Frankfurt am Main zur Heranbildung und Verwendung insbesondere weiblicher Kräfte folgende besondere Einrichtungen getroffen:

1. **Anpassung der Bearbeitungsaufgaben an die Sonderart der Frau,** z. B. durch sorgfältige Durcharbeitung und vielfache Unterteilung des Bearbeitungsganges.

flüssig macht oder sie doch im höchsten Maße erleichtert. Damit wurde gegenüber dem schon längst bekannten Rundschleifen, das in der Hauptsache Dreharbeit ersetzt, etwas Neues geschaffen und die genaue und lehrenhaltige Herstellung von sonst durch gelernte Schlosser bearbeiteten Massenteilen, die die Kriegsindustrie, insbesondere beim Bau von Geschützverschlüssen liefern mußte, durch Frauen ermöglicht.

Fig. 1—6 zeigen zwei für die Frauenarbeit durch-

5733a. Schloßplatte l. F. H. 16.

Stufe	Bearbeitung	Werkzeugmasch.	Vorrichtung	Z. Nr.	Werkzeug	Z. Nr.	Lehre	Z. Nr.
1	A schleifen	Diskus D 700	Diskus-Magnet	2624				
2	B "	"	"	"			Rachenlehre 24,7 24,8	5101
3	F "	"	Schleifvorrichtg.	5126				
4	G hobeln	Shapingmasch.	Hobelvorrichtg.	5501	Hobelstahl			
5	K "	"	Schraubstock		"			
6	K$_1$ schleifen	Diskus D 700	Schleifvorrichtg.					
7	G$_1$ "	"	Spanneisen				Rachenlehre 73,5 73,8	
	L "	"	Schleifvorrichtg.	5515			Rachenlehre 112 112,3	
9	entgraten							
10	CDE bohren, CD versk.	Bohrmaschine	Bohrvorrichtung	5504	{ Bohrer, Reibahle Senker	5119 5518	Tiefenl. 7—7,2 Kal. 7 Kal. 17,95-18 Rach. L.1	5101/15 5116/31
11	M$_1$ drehen	Drehbank	Drehvorrichtung	5137	Drehstahl		Rachenl., Eckenl.	5101
12	M$_2$ "	"	"	5635	"		" "	"
13	M, N vordrehen	"	"		"		Rachenl. 11,85—11,9	
14	richten							
15	M$_3$ fertigdrehen	Drehbank	Drehvorrichtung		Drehstahl		Rachenl. 11,85—11,9	5101
16	N$_1$ "	"	"		"		" 5,8—6,2	
17	S fräsen	Wagerechtfräsmaschine	Fräsvorrichtung	5102	Formfräser	5103	{ Forml. Rachenl. 42,5—42,7	5113
18	R "	"	"		Walzenfräser	5119/4	Formlehre	5101/8
19	P "	"	"		"	"	"	"
20	M$_6$ schleifen	Spez. Kopierschleifmaschine	Diskus-Magnet		Topfschleifscheibe		Mikrometer	
21	N$_2$ schlichten	Bohrmaschine	Spannvorrichtg.		Scheibenfräser			
22	M$_4$M$_5$ "	"	"		"			
23	fertigstellen							
24	Niet abschleifen	Diskus D 300	freihändig		Korundscheibe			
25	A$_1$B$_1$ a. Maß schleif.	" D 500	Diskus-Magnet				Rachenlehre	
26	P$_1$ schleifen	" D 300	freihändig		Korundscheibe			
27	F$_1$R$_1$G$_2$ Rundung schleifen	" D 500	"				" Radiuslehre R = 5,5	5101
28	Kanten brechen	" "	"					
29	Flächen polieren	Bandschleifmaschine	"		Strichband			

Fig. 1. Bearbeitungsplan der Schloßplatte (Fig. 2 u. 3).

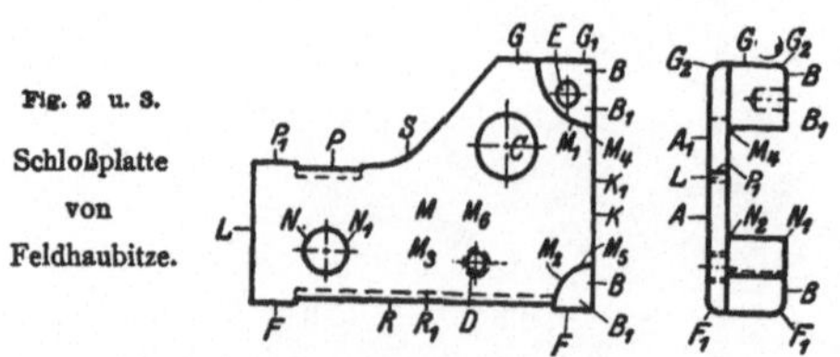

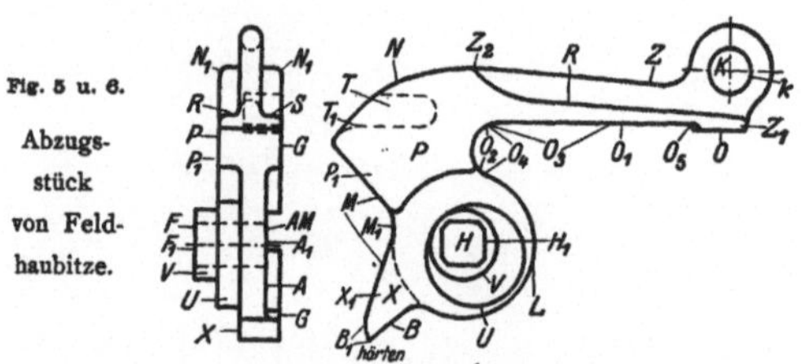

2. **Anwendung neuer, den Verhältnissen der Frau angepaßter Arbeitsverfahren,** insbesondere unter Anwendung der Flächenschleiftechnik, die in den meisten Fällen jede Schlosserarbeit überhaupt über-

geführte Musterbearbeitungspläne der Schloßplatte und des Abzugsstücks der leichten Feldhaubitze 16. Durch die vielfache Unterteilung des Bearbeitungsganges, wie sie sich aus den beiden Musterplänen ergibt, wurde erreicht, daß diese genauen und schwierigen Arbeitsstücke ausschließlich von Frauen gefertigt werden.

Der Flächenschleifmaschine liegt die Aufgabe zugrunde, ungelernte, also hauptsächlich weibliche Arbeitskräfte der Technik nutzbar zu machen. Fig. 7 zeigt die fast ausschließliche Verwendung von Frauen in den eigenen Schleifereibetrieben der Diskus Werke.

Zwei besonders eigenartige Sonderschleifmaschinen veranschaulichen Fig. 8 u. 9.

Das Wesen der einen Maschine (Fig. 8) zur Herstellung breiter Flächen, z. B. an der Schloßplatte für den Verschlußkeil der leichten Feldhaubitze, beruht hauptsächlich auf der Verwendung eines umlaufenden Schleifriemens.

Die andere Sonderschleifmaschine (Fig. 9) bearbeitet ebene Flächen, z. B. an der vorgenannten Schloßplatte, nach dem Kopierverfahren mittels einer Topfschleifscheibe. Die Einzelheiten des Werkzeuges, der Werkstückaufspannung und der Kopiervorrichtung erkennt man aus Fig. 10.

3. Erleichterung der Werkstückbewegung. Die Verwendung von neuzeitlichen und besonders entworfenen Hebe- und Transportvorrichtungen entspringt ebenfalls der Rücksichtnahme auf die Frauenarbeit.

Hier sind außer den bekannten neueren Transportkarren und sonstigen ähnlichen Vorrichtungen besonders hervorzuheben:

a) mechanische Hebezeuge (Fig. 11),

b) elektromagnetische Hebezeuge (Fig. 12). Diese Sonderhebezeuge sind den Arbeitsverhältnissen der Frau besonders dadurch angepaßt, daß sie ein leichtes und bequemes Hereinbringen, namentlich schwererer Werkstücke in die

5735a. Abzugstück I. F. H. 16.

Stufe	Bearbeitung	Werkzeugmasch.	Vorrichtung	Z. Nr.	Werkzeug	Z. Nr.	Lehre	Z. Nr.
1	G schleifen	Diskus D 700	Diskus-Magnet	2624				
2	H und K bohren	Bohrmaschine	Bohrvorrichtung	5505	Bohrer 11,5 Reibahle 12,0		Kaliber Zapfen 11,95—12	
3	F schleifen	Diskus D 700	Diskus-Magnet	2624				
4	N „	„	Schleifvorrichtg.				Zapfenlehre 45,9—46	
5	M vorfräsen	Wagerechtfräsmaschine	Fräsvorrichtung	5107	Formfräser	5519	Formlehre	5087/1
6	M fertigfräsen	„	„	„	„	„	„	„
7	P fräsen	„	„	5136	Walzenfräser		Rachenl. 18,5—18,7	5088
8	B vorfräsen	„	„		Formfräser	5120	Formlehre	
9	B fertigfräsen	„	„					
10	O fräsen	„	„		Stirnfräser		Lehre	90 a/1
11	O_1 „	„	„	5528	„			
12	O_2 „	„	„	5129	Formfräser	5130		
13	O_3 fertigfräsen	„	„		Schaftfräser		Formlehre	5086
14	R und S fräsen	„	„		Formfräser	5065	„	
15	A vordrehen	Drehbank	Drehvorrichtung	5143	Drehstahl		Lehrdorn 38/5,2	
16	A fertigdrehen	„	„	„	„		„	
17	H_1 stoßen	Stanze	Matrize	5133	1 Satz ⌀ Dorne	5520	⌀ Lehrdorn 11,95—12	
18	L fräsen	Rundfräsmasch.	Fräsvorrichtung		Schaftfräser		Zapfenlehre 19	
19	V drehen	Drehbank	Drehvorrichtung		Drehstahl		Rachenl. 17,85—17,9 Höhenl.	5088
20	U vordrehen	„	„		„			
21	U fertigdrehen	„	„		„		Rachenl. 25,85—25,9 Höhenl.	5089
22	T fräsen	Nutenfräsmasch.	Fräsvorrichtung		Schaftfräser		Lehre	5087
23	Z fräsen u. kopieren	Kopiermaschine	Kopiervorricht.	5128	Formfräser 15 A	5521	Formlehre	
24	X fräsen	Wagerechtfräsmaschine	Fräsvorrichtung		Stirnfräser		Rachenlehre 12,4	
25	k versenken	Bohrmaschine	Spannvorrichtg.		Zapfensenker			
26	B_1 fertigfräsen	Wagerechtfräsmaschine	Fräsvorrichtung		2 Scheibenfräser		Formlehre	
27	AM durchfräsen	„	„		Scheibenfräser			
28	P_1 schleifen	Titania Schleifm.	Schleifvorrichtg.				Rachenlehre	
29	X_1 „	Diskus D 300	„				„	
30	F_1 „	„ D 500	Diskus-Magnet				„	
31	Z_1 „	„ D 300	freihändig					
32	Z_2 „	„ „	„					
33	T_1 „	„ DG 300	Schleifvorrichtg.					
34	O_4 „	„ D 300	freihändig		Rundfeile			
35	O_5 „	„ „	„		„			
36	Ecken schleifen	„ „	„		„			
37	M_1 schleifen	„ „	„		„			
38	N_1 Kanten brechen	„ „	Schleifvorrichtg.					
39	A_1 entgraten	Bohrmaschine	Spannvorrichtg.		Fräser			
40	fertigstellen		freihändig		Feile			
41	härten							
42	sauber machen							
43	polieren	Poliermaschine	freihändig					

Fig. 4. Bearbeitungsplan des Abzugsstückes (Fig. 5 u. 6).

zumeist schlecht zugänglichen Arbeitsvorrichtungen ermöglichen;

c) beide Arten von Sonderhebezeugen hängen an
kleinen, auf Kugellagern laufenden Laufkatzen, die an
wegen ihres leichten Laufes bekannten Hängebahnen aus
Stahlblech verfahrbar sind, wie aus Fig. 12 ersichtlich.

4. Hebung
der physischen
Arbeitskraft.
In der Erkennt-
nis, daß nur ein
gesunder Körper
dauernd arbeits-
fähig bleiben
kann, hat die
Werkleitung der
Fabrikpflege
erhöhte Aufmerk-
samkeit zu wid-
men gehabt. Die
Fabrikpflegerin
hat vor allem die
Aufgabe, für das
leibliche Wohl
insbesondere des
weiblichen Teiles
der Belegschaft
mit Rat und Tat
zu sorgen und
auf Grund ihrer
Beobachtungen
verbesserte Ar-
beitsbedingungen
anzuregen. Eine
Ergänzung der
Fabrikpflegerin
ist der Fabrikarzt,
der in solchen
Fällen, in denen die Hilfe der Fabrikpflegerin nicht ausreicht, in Tätigkeit zu treten hat.

5. Heranbildung psychischer Berufseigen-
schaften der Frau. Hand in Hand mit den Bestrebungen, den physischen Zustand der Arbeiterin zu
fördern, ging bei diesen Werken die Zusammenfassung
der psychischen Eigenschaften zur Belebung der Arbeits-
freudigkeit und zur Hebung des werktätigen Gefühls.
Da der bisher nichtwerktätigen Frau der Fabrikbetrieb in

den meisten Fällen fremd und neuartig in seiner Disziplin
war, mußte sie erst an eine straffe Fabrikordnung und an
die sachgemäße Behandlung der ihr anvertrauten Werkzeuge gewöhnt werden. Um dies zu erreichen, haben die
Diskus Werke Merkblätter und vielartige Betriebsvorschriften herausgegeben. Diese Merkblätter geben als

Fig. 7. Bedienung großer Schleifmaschinen durch Frauen.

Anhang der Arbeitsordnung Anleitung für das allgemeine Be-
nehmen, während die allgemeinen Betriebsvorschriften, die in
allen Abteilungen an Maschinen und Werkbänken auf Tafeln
gut sichtbar angebracht sind, die Anweisung für den Betrieb
der Maschinen und die Behandlung der Werkzeuge enthalten.

Außerdem ist eine Lehrwerkstätte im Betrieb, in der die
persönliche Vorbereitung der einzelnen Arbeiterinnen (und
Lehrlinge) durch besonders geeignete und ausgewählte
Betriebsbeamte erfolgt.

Fig. 8. Schleifen der Schloßplatte auf Sonderschleifmaschine
mit umlaufendem Schleifriemen.

Fig. 9. Schleifen der Schloßplatte mittels Topfscheibe auf Sonderschleifmaschine nach Kopierverfahren.

セ

Nachdem man in neuerer Zeit begonnen hatte, psychologische Verfahren und Ergebnisse für Fragen des wirtschaftlichen Lebens zu verwerten, war auch hier die Werkleitung dabei, eine psychologische Charakteristik und gleichmäßige Verhältnis der kriegsverwendungsfähigen Leute. Im Hinblick auf das starke Anwachsen der Gesamtbelegschaft als Begleiterscheinung der erhöhten Produktion muß die verhältnismäßig geringe Zahl männlicher, d. h.

Fig. 10. Werkzeug, Werkstückaufspannung und Kopiervorrichtung der Topfscheibenschleifmaschine.

Fig. 11. Mechanisches Hebezeug zur Erleichterung der Frauenarbeit an der Schleifmaschine.

Fig. 12. Elektromagnetisches Hebezeug zur Erleichterung der Frauenarbeit an der Schleifmaschine.

Systematik der verschiedenen Sonderberufe in ihren Fabrikbetrieben aufzustellen. Es betraf dies sowohl die Arbeiterinnen der verschiedenen Abteilungen als auch die kaufmännischen und technischen Angestellten.

Ergebnis.

Das Ergebnis der vorgenannten Bestrebungen der Diskus Werke tritt eindringlich in der die Zeit von Febr. 1917 bis Aug. 1918 umfassenden Belegschaftscharakteristik in die Erscheinung (Fig. 13). Unverkennbar ist das andauernde starke Steigen der Gesamtbelegschaft, der schwache Kurvenanstieg der Wehrpflichtigen, der plötzliche schnelle Anstieg der weiblichen Belegschaft und das annähernd

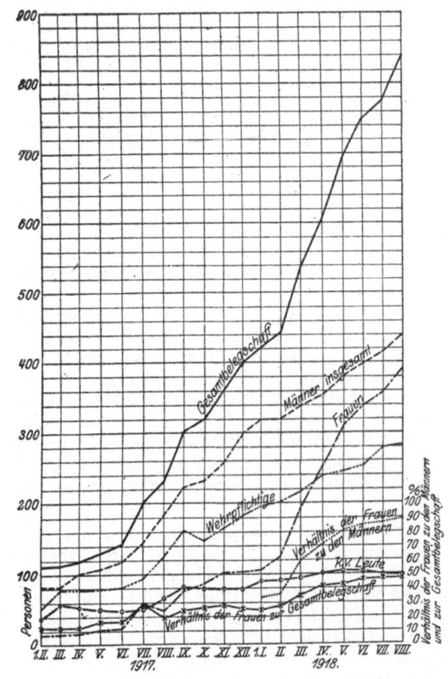

Fig. 13. Wechsel der Werkbelegschaft von Febr. 1917 bis Aug. 1918 und Anteil der Frauen.

Facharbeiter, ins Auge fallen. Wenn man bedenkt, daß es sich hier um die Herstellung von Präzisionsarbeiten im Gegensatz zu solchen Arbeiten handelt, die sich lediglich mit dem Zusammensetzen von Teilen befassen, wird der starken Beschäftigung von Frauen als Ergebnis der vorstehend geschilderten Bestrebungen besondere Bedeutung beigemessen werden müssen. Emil Zopf.

Abziehvorrichtungen für Schleifscheiben.

Wie alle Schneidwerkzeuge muß auch die Schleifscheibe — die ja nichts anderes als ein Fräser mit sehr vielen Zähnen ist, — um genau und wirtschaftlich zu arbeiten, stets scharf gehalten werden. Während man beim Fräser die stumpfen Zähne einzeln nachschleift, muß man bei der Schleifscheibe das stumpfgewordene Korn durch ein neues ersetzen. Dazu läßt sich nur der Diamant verwenden, weil kein anderes Material die Härte des Schleifkornes übertrifft. Mit den hierfür erforderlichen Einrichtungen beschäftigt sich der nachfolgende Bericht.

Man unterscheidet zwei verschiedene Zustände der unscharfen Schleifscheibe, und zwar:

1. Die verschmierte Scheibe. Man versteht darunter eine Scheibe, bei der durch das Schleifen einzelne Metallteilchen sich zwischen die Körner setzen, wodurch sie die Schneidflächen verstopfen. Eine ähnliche Erscheinung beobachtet man beim Arbeiten mit der Schlichtfeile; man behilft sich hierbei bekanntlich durch Überstreichen der Feile mit Kreide. Es genügen schon wenige Eindringlinge, um die Schneidfähigkeit der Schleifscheibe bedeutend herabzusetzen. Die erste fühlbare Folge davon ist eine vergrößerte Erwärmung der Scheibe beim Schneiden.

2. Die stumpfe Scheibe. Bei dieser sind die einzelnen Schmirgelkörnchen beim Schleifen vollständig abgenutzt worden, so daß sie nicht mehr über das Bindemittel herausragen, wodurch eine vollkommen glatte, unscharfe Oberfläche entsteht. Die Bindung hält dabei die Körner so fest, daß sie nicht etwa von selbst abfallen; sie müssen vielmehr gewaltsam durch den Diamanten herausgetrieben werden. Je länger man mit einer derartigen Scheibe arbeitet, um so glatter wird die Oberfläche, um so schlechter schneidet sie.

Zu 1. Beim gewöhnlichen Rundschleifen verschmiert sich eine Scheibe, wenn sie eine zu harte Bindung hat und für das betreffende Material zu langsam arbeitet; ebenfalls wenn eine harte Scheibe zu tiefe Schnitte nimmt, insbesondere wenn die Schnittiefe größer als das Korn ist. Wenn nämlich eine harte Scheibe zu langsam und mit allzu großer Tiefenschaltung arbeitet, so brechen die Körner nicht, sondern die herausgetriebenen Metallspäne setzen sich am Korn fest. Das beste Mittel dagegen ist, die Umfangsgeschwindigkeit der Scheibe zu erhöhen.

Zu 2. Die Scheibe wird frühzeitig stumpf, d. h. ihre Körner nutzen sich zu schnell ab, wenn sie zu hart ist und zu schnell arbeitet. Daraus folgt die Bedeutung der richtigen Wahl der Schnittgeschwindigkeit, auf die in allen früheren Berichten über Schleifarbeiten hingewiesen wurde. Wenn die Geschwindigkeit richtig ist, und die Scheibe noch immer zu schnell stumpf wird, wähle man eine weichere Scheibe.

Zum Abziehen einer harten Scheibe benutzt man schärfere Diamanten als für weiche. Ein scharfer Diamant hinterläßt nämlich mehr freie Zwischenräume auf der Oberfläche der harten Scheibe, so daß diese längere Zeit scharf bleibt.

In Fig. 1—3 sind drei verschiedene Ansichten einer geschliffenen Oberfläche bei Verwendung von scharfen und unscharfen Scheiben in 8 facher Vergrößerung wiedergegeben. Fig. 1 zeigt die von einer nicht abgezogenen Scheibe erzeugte Oberfläche; bei Fig. 2 ist die Scheibe im guten Schneidzustande kurz nach dem Abziehen; bei Fig. 3 endlich ist die Wirkung einer infolge des Schleifens stumpfgewordenen Scheibe zu sehen.

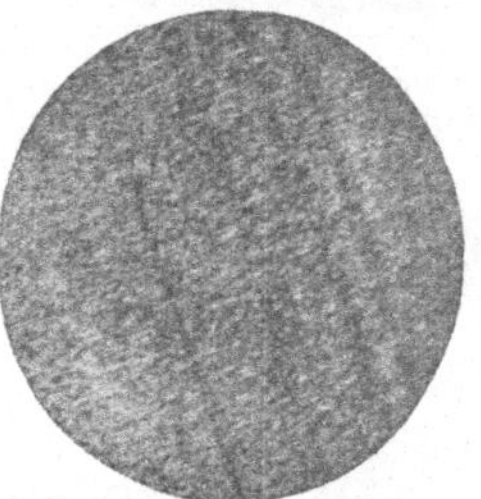

Fig. 1—3. Geschliffene Flächen: mit unabgezogener Scheibe (Fig. 1), mit frisch abgezogener Scheibe (Fig. 2), mit stumpfer Scheibe (Fig. 3) hergestellt.

Auswahl der Diamanten.

Das beste Werkzeug zum Abziehen und Schärfen der Schleifscheiben ist der Diamant. Karborundum- und Alundumstäbe werden wohl zur Säuberung einer verschmierten Scheibe benutzt; zum genauen Abziehen eignet sich allein der Diamant.

Bezüglich der besten Diamanten sind die Meinungen sehr geteilt. Am meisten verwendet man den Karbon oder schwarzen Diamanten und den Diamantbort. Der schwarze Diamant ist nicht kristallinisch, seine Farbe liegt zwischen dunkelbraun und schwarz.

Der Bort ist halbdurchsichtig, trübe, ein unvollkommener Brillant. Er ist nicht so hart wie der schwarze Diamant, dafür aber auch bedeutend billiger und eignet sich am besten für weiche Scheiben, wenn auch der schwarze Diamant auf die Dauer doch am vorteilhaftesten ist. Der Bort ist an den kristallinischen Gebilden seiner Oberfläche erkennbar, die in Fig. 4 in 25 facher Vergrößerung nach einer mikroskopischen Aufnahme wiedergegeben sind.

Beim Aussuchen der Diamanten ist darauf zu achten, daß die Oberfläche keine Risse zeigt, da diese zum Abbröckeln des Steines führen können. Anderseits eignen sich natürlich am besten die Steine mit mehreren Spitzen.

Einfassen der Diamanten.

Um den Diamanten als Abziehwerkzeug zu benutzen, muß man ihn in einen Halter einfassen. Zu diesem Zwecke sind verschiedene Verfahren bekannt. Die Halter werden meist aus Kupfer, Messing oder weichem Stahl hergestellt, und die Steine werden entweder durch Vernieten oder durch Einlöten am Halter befestigt.

Zum Einlöten des Diamanten muß man im Halter ein Loch bohren, das ein wenig tiefer als die größte Länge des Steines sein muß. Dieses Loch wird mit Zinklot vollständig ausgefüllt, der Diamant wird alsdann mit Hilfe einer Zange

Fig. 4. Kristallinische Bildungen auf der Oberfläche von Diamantbort.

in das flüssige Lot eingetaucht, bis er den Boden des Loches berührt. Das überflüssige Lötmaterial wird dabei herausgetrieben. Falsch wäre es, zuerst den Diamanten einzusetzen und erst dann das Lot einzugießen, weil das flüssige Metall nicht so leicht in die Stellen unterhalb des Diamanten eindringen könnte. Nach der Abkühlung feilt man das obere Ende des Halters nach Wunsch, bis die Diamantspitze vollkommen frei bleibt.

Man kann auch so vorgehen, daß man in einem Halter aus weichem Stahl ein Loch ausbohrt, so groß, daß es den Stein vollkommen aufnehmen kann. Nach Einsetzen des Diamanten nietet man den Rand der Bohrung mit einem kleinen Flachmeißel um, wobei recht sorgfältig zu verfahren ist, um den Stein nicht zu zerschlagen. Der Diamant wird vom Metall vollkommen abgedeckt; um die Spitze frei zu bekommen, muß man das Ende des Halters durch Feilen oder Schleifen weiter bearbeiten. Auf diese Weise werden auch die Diamanthalter aus Kupfer behandelt.

Bei einem dritten Verfahren schließlich wird das Material warm umgenietet. Der Halter wird mit dem eingesetzten Diamanten zu Weißglut erhitzt, worauf durch leichte Hammerschläge das Metall vollkommen um den Stein umgelegt wird. Die hohe Temperatur und die Schläge scheinen dem Diamanten nichts zu schaden. Diese Befestigung ist sehr sicher und dauerhaft.

Verschiedene Abziehverfahren.

Bei neuzeitlichen Schleifmaschinen wird oft mit einer Scheibe von grobem Korn und weicher Bindung das meiste Material weggeschruppt. Um dieselbe Scheibe zum Schlichten zu benutzen, muß man sie nach dem Schruppen mit einem Diamanten mit abgerundeter Spitze durch mehrmaliges Hin- und Herführen des Diamanten an der Stirnseite der Scheibe glatt abziehen. Mit dieser glatten Schneidfläche, die nur eine kurze Zeit erhalten bleibt, kann man das Werkstück schlichten. Soll dieselbe Scheibe beim nächsten Stück wieder gröbere Schnitte abnehmen, so braucht man sie nur entsprechend kräftig schneiden zu lassen, wobei die glatte Oberfläche von selbst wieder verschwindet.

Um eine Scheibe von feinem Korn und harter Bindung abzuziehen, muß man gerade umgekehrt verfahren, d. h. einen Diamanten mit scharfer Spitze zum Aufrauhen der sonst glatten Schleiffläche anwenden. Der Diamant muß auch sehr schnell und mit geringer Tiefenschaltung und bei reichlicher Wasserkühlung hin- und hergeführt werden.

Lage des Diamanthalters.

Für gewöhnliche Schleifscheiben und besonders für solche mit verhältnismäßig harter Bindung muß der Diamant stets scharfe Kanten aufweisen. Die Achse des Diamanthalters legt man so, daß sie einen bestimmten Winkel mit der Tangente am Umfang der Schleifscheibe bildet. In Fig. 5 ist die richtige Anordnung zur Darstellung ge-

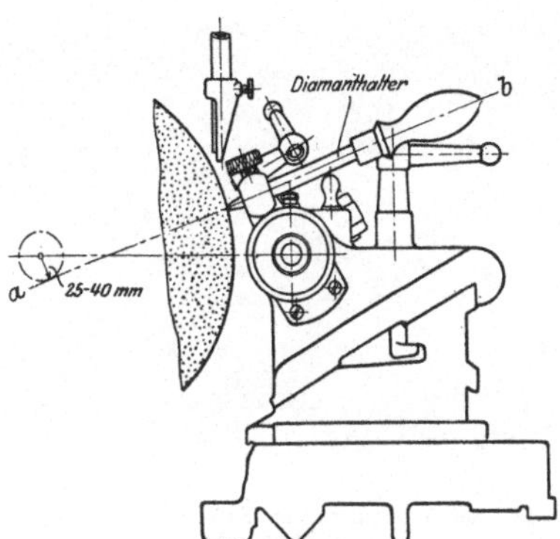

Fig. 5. Zweckmäßige Anordnung des Diamanthalters.

bracht. Wenn die Achse a b des Diamanthalters verlängert wird, so muß sie einen Kreis von 25—40 mm Radius unterhalb des Scheibenmittelpunktes berühren. Wird der Diamant in dieser Weise gehalten, so ist es möglich, recht scharfe Kanten des Diamanten der Schleifscheibe entgegen zu halten, was für die Behandlung von Scheiben mit harter Bindung unerläßlich ist. Für Scheiben mit weicher Bindung dagegen benutzt man am besten einen Diamanten mit abgerundeter Spitze, der auch wagerecht gehalten werden kann.

Vorrichtung zum gleichzeitigen Abziehen der Stirn- und der Seitenflächen von Schleifscheiben.

Fig. 6 u. 7 zeigen eine Vorrichtung, die zum Abziehen der Stirn- und der Seitenflächen einer Rundschleifscheibe dient. Fig. 6 läßt einen Diamanthalter d erkennen, der auf einem Schlitten a gehalten wird und mit einem Bolzen b, der durch den Handhebel c in beliebiger Lage eingestellt werden kann, verbunden ist. Um mit derselben Vorrichtung die flache Seite der Scheibe abziehen zu können, muß man das in Fig. 7 dargestellte Zwischenstück e einschalten. Die Schleifscheiben brauchen nur dann von der Seite abgezogen zu werden, wenn sie einen Bund oder Absatz zu bearbeiten haben.

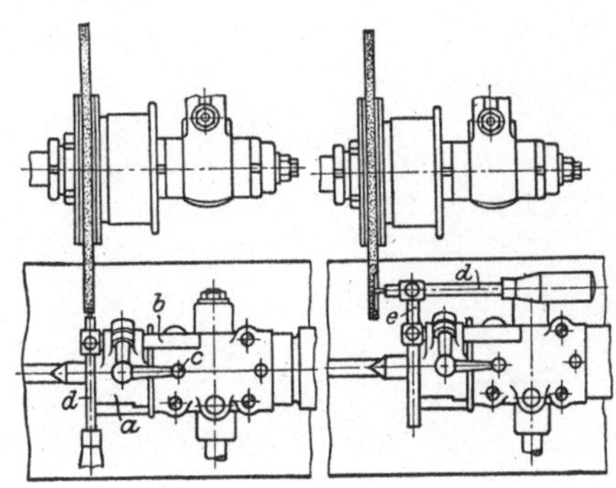

Fig. 6 u. 7. Vorrichtung zum gleichzeitigen Abziehen der Stirn- und Seitenflächen von Schleifscheiben.

Fig. 8 ist ein Werkstattbild der eben beschriebenen Abziehvorrichtung. Man sieht, daß der Diamanthalter sehr kurz eingespannt ist, damit er möglichst starr sitzt und nicht zittert. Zum Hin- und Herführen des Diamanthalters läßt sich sehr gut der Kraftvorschub anwenden. Wasserkühlung ist unbedingt erforderlich.

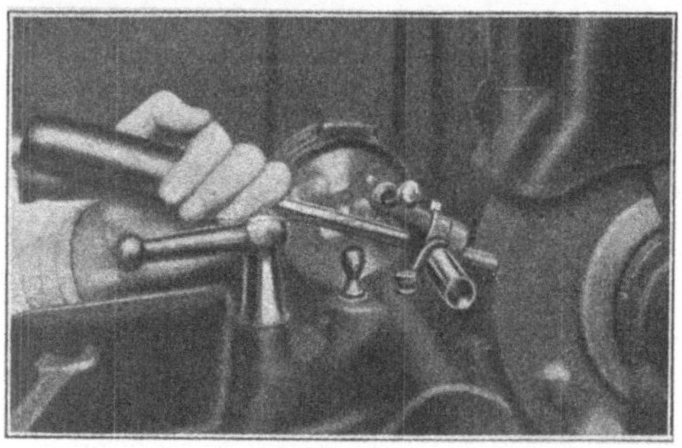

Fig. 8. Abziehvorrichtung für Stirn- und Seitenflächen von Schleifscheiben.

Abziehvorrichtungen für schnelle Bedienung.

Für genaue Schleifarbeiten muß man die Scheibe öfters abziehen. Um dadurch nicht zuviel Zeit zu verlieren, müssen die Abziehvorrichtungen für schnelle Bedienung geeignet sein. Bei den meisten gebräuchlichen Vorrichtungen muß man die Scheibe zum Abziehen in eine ganz andere Lage bringen als beim Schneiden; und zwar sowohl in Richtung des Längsvorschubes als auch der Tiefenschaltung. Besonders die Änderung der Lage in Richtung des Tiefenvorschubes ist lästig, weil der entsprechende Antrieb auf der Schleifmaschine eine sehr feine Zustellung hat. Der Arbeiter muß sich genau merken, wie oft er die Vorschubspindel dreht, muß mit Kreidestrichen die Stellungen des Stellrades bezeichnen u. dergl. m. Eine Vorrichtung, die diesen Fehler vermeidet, zeigt dagegen Fig. 9. Sie besteht aus einem gußeisernen Gehäuse A, das an einer Führungsleiste der Schleifmaschine schnell befestigt werden kann und mit Hilfe eines Klemmschuhes B und einer Schraube C festgeklemmt wird. Der eigentliche Diamanthalter D wird mit einer Stellschraube festgehalten. Will

Fig. 9. Keine Änderung der Schleifscheibeneinstellung erfordernde Abziehvorrichtung.

man die Scheibe abziehen, so nimmt man das Werkstück von den Spitzen der Schleifmaschine herunter, und befestigt die Vorrichtung in der eben beschriebenen Weise. Nach

Fig. 10. Abziehvorrichtung für Kurbelwellenschleifmaschinen.

dem Abziehen kann das Werkstück sofort wieder auf die Maschine gebracht werden. Die Diamantspitze wird vorher so eingestellt, daß die Schleifscheibe genau auf den gewünschten Durchmesser abgezogen wird, ohne die Lage des Schleifschlittens in Richtung des Tiefenvorschubes zu ändern. Da die Lager der Diamantspitze unverändert bleibt, ist die erzielte Genauigkeit sehr groß. Die gußeisernen Böcke A werden in verschiedenen Größen vorrätig gehalten, damit sie sich an die wechselnden Durchmesser der Werkstücke anpassen, ohne den eigentlichen Diamanthalter D zu weit herausragen zu lassen.

Eine andere praktische Vorrichtung, die sich z. B. für Kurbelwellenschleifmaschinen eignet, zeigt Fig. 10. Sie besteht aus einem einfachen Diamanthalter A, der einen Langschlitz aufweist, durch den eine Schraube zur Befestigung an einem Brillenhalter hindurchgesteckt wird. Bei Anwendung dieser Vorrichtung braucht man nicht zum Abziehen der Scheibe das Werkstück von den Spitzen der Maschine abzunehmen. Man hält nur die Kurbelwelle still, steckt den Diamanthalter A durch eine ihrer Kröpfungen hindurch und führt die Scheibe einige Male hin und her, bis sie fertig abgezogen ist. Nach Gebrauch kann man den Diamanthalter A durch Lockern der Befestigungsschraube schnell wieder abnehmen. Diese Vorrichtung hat sich im Betriebe sehr gut bewährt.

Abziehen einer Scheibe mit mehreren Absätzen.

Die weitere Verbreitung, die das früher beschriebene Formschleifverfahren fand, bei dem mit einer einzigen breiten Scheibe mehrere Absätze auf einmal geschliffen wurden, erforderte neue Vorrichtungen zum gleichzeitigen Abziehen der verschiedenen Durchmesser einer und derselben Scheibe, ohne den Stellanschlag zu betätigen.

Eine solche Vorrichtung zeigt Fig. 11. Man sieht dort einen Ring R mit einem Schlitz S am Umfang. Auf diesem Schlitz lassen sich durch Schrauben kleine Anschläge A in beliebiger Lage befestigen. Diese Teile werden an der Kurbel der Tiefen-

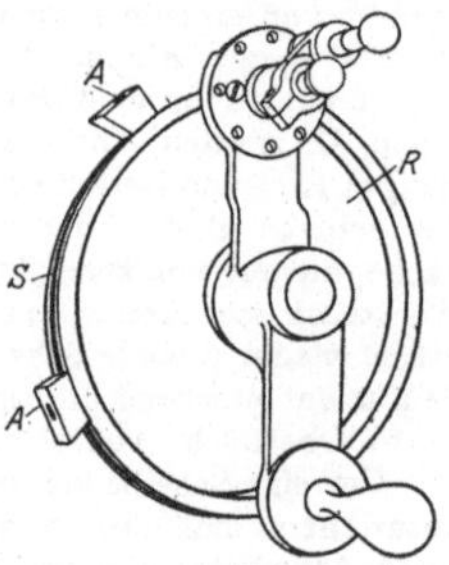

Fig. 11. Abziehvorrichtung für Formschleifscheiben mit mehreren Absätzen.

schaltung der Maschine angebracht. Die Anschläge dienen zur Einstellung einer bestimmten Lage des Schleifschlittens und können natürlich sowohl zum Schleifen des Werkstückes als auch zum Abziehen der

Fig. 12. Vorrichtung zum gleichzeitigen Abziehen von zwei verschiedenen Durchmessern an einer Schleifscheibe.

Scheibe benutzt werden. Soll eine Schleifscheibe mit einem einzigen Diamanthalter mit mehreren Absätzen von verschiedenen Durchmessern versehen werden, so braucht man dazu nur die Scheibe bis zu den durch die Anschläge A gekennzeichneten Stellen vorzuführen; sie kann auf diese Weise immer genau an die richtige Stelle gebracht werden, so daß die gewünschten Abmessungen der verschiedenen Absätze sich ohne weiteres ergeben.

Eine andere Vorrichtung für denselben Zweck ist in Fig. 12 dargestellt. Sie besteht in der Hauptsache aus einem Körper A, der mittels Schrauben am Reitstock der Maschine befestigt werden kann. An der oberen Fläche von A ist eine Führung für den Schlitten B, der zwei Diamanthalter C und D trägt Die Diamanthalter lassen sich mit eingestellten Stellschrauben E und F auf 0,03 mm genau einstellen, und zwar jeder für sich, so daß der eine tiefer liegen kann als der andere, um zwei verschiedene Durchmesser auf der Schleifscheibe zu erzeugen Für den Längsvorschub muß natürlich ein Anschlag vorgesehen werden.

Abrundung von Außenschleifscheiben.

Für manche Zwecke ist es nötig, die Schleifscheibe abzurunden. Fig. 13 zeigt eine einfache Vorrichtung dazu.

Sie besteht aus einem Gußstück A, das an der Reitstockspitze durch eine Schraube B befestigt werden kann und zur weiteren Stützung den Bolzen C aufnimmt. Ferner ist ein gußeiserner Arm D vorgesehen, der um einen Zapfen am unteren Ende von A drehbar ist und an seinem oberen Ende den Diamanthalter E trägt. Der Teil D hat eine aus der Abbildung ersichtliche Nut, in die der Stift F einspringt.

Fig. 14. Abrundungsvorrichtung für Außenschleifscheiben.

Will man diese Vorrichtung zum Abrunden benutzen, so löst man die Schraube G und zieht den Stift F zurück. Dadurch kann sich der Arm D frei bewegen, so daß der Diamanthalter E im Kreise herumgeführt werden kann, um die gewünschte Abrundung zu erzeugen. Die Vorrichtung läßt sich aber auch dazu verwenden, die Scheibe gerade abzuziehen. Dazu braucht man nur den Stift F in die Nut von D einzuführen und die Schraube G anzuziehen; dadurch wird der Diamanthalter E in einer bestimmten Lage festgehalten.

Eine weitere Vorrichtung für denselben Zweck zeigt Fig. 14. Diese unterscheidet sich von der vorigen nur durch die Art der Befestigung an der Maschine. Ein Gußstück A wird durch den Griff B am Tisch der Maschine befestigt. Der untere Teil von A ist gegabelt und trägt einen Arm C in der aus der Abbildung ersichtlichen Weise. Diesen Arm kann man mit dem Hebel D drehen, sobald eine Abrundung hergestellt werden soll. Will man gerade abziehen, so läßt man den Stift E in eine Bohrung des Armes C einfallen, wodurch der Diamanthalter festgehalten wird. Der Diamant sitzt auf dem Halter F, der sich durch Gewinde genau einstellen läßt.

Fig. 13. Abrundungsvorrichtung für Außenschleifscheiben.

Fig. 15. Abrundungsvorrichtung für Innenschleifscheiben.

Abrundung von Innenschleifscheiben.

Eine einfache Vorrichtung für diese Zwecke zeigt Fig. 15. Eine gußeiserne Fußplatte A wird an einer Traverse B durch eine Schraube C mit Mutter befestigt. Der

Fig. 16. Abrundungsvorrichtung für Flächenschleifscheiben.

eigentliche Diamanthalter F wird von einem Arm D getragen, der drehbar angeordnet ist. Die Drehung dieses Armes kann durch den Stift E verhindert werden; wird dieser Stift festgestellt, so läßt sich die Vorrichtung ohne weiteres zum Geradeabziehen benutzen. Der Diamanthalter F hat am hinteren Ende Gewinde, so daß durch Drehen des gekordelten Stellknopfes G jede beliebige Einstellung möglich ist.

Abrundung von Flächenschleifscheiben.

Zur Erzeugung von Abrundungen an Flächenschleifscheiben eignet sich die in Fig. 16 dargestellte Vorrichtung. Hier ist wiederum ein Körper A, der einen Drehzapfen für den Arm B hat, an dem der eigentliche Diamanthalter D befestigt ist. Ein Stift C wird dazu benutzt, die Drehung des Armes B zu verhindern, um die Vorrichtung ähnlich wie bei den früheren dazu benutzen zu können, die Scheiben

Fig. 17. Abziehvorrichtung für Zylinderschleifmaschinen.

gerade abzuziehen. Für Abrundungen braucht man nur die Schraube E zu lockern und den Stellstift C zurückzuziehen, so daß der Diamanthalter frei schwingen kann.

Abziehvorrichtung für Zylinderschleifmaschinen.

Das Schleifen von gußeisernen Zylindern für Automobilmotoren erfordert eine große Genauigkeit so daß die

Fig. 18. Abziehvorrichtung für Maschine zum Außen- und Innenschleifen.

Schleifscheibe so oft wie möglich abgezogen werden muß. In Fig. 17 sind hierzu zwei Diamanthalter A und B vorgesehen, die an der Stirnseite der Spannvorrichtung befestigt sind. Die Diamanthalter lassen sich durch Stellschrauben genau einstellen. Mit dieser Vorrichtung ist es möglich, die Scheiben schnell nach dem Vorschruppen eines jeden Zylinders, d. h. vor dem Schlichten abzuziehen. Beim Arbeiten führt man den Tisch hin und her, damit die Diamanten die volle Breite der Schleifscheibe bestreichen können.

Abziehvorrichtung für eine Zweispindelschleifmaschine.

In dem Aufsatz über das Innenschleifen (vergl. S. 17) wurde eine Maschine mit zwei Schleifspindeln beschrieben, die gleichzeitig zum Außen- und Innenschleifen dienen sollte. Bei dieser Maschine ist es ziemlich schwer, eine geeignete Befestigung für die Abziehvorrichtung zu schaffen, weil keine Führungen vorhanden sind, wie bei den gewöhnlichen Schleifmaschinen. Fig. 18 bringt eine Lösung dafür.

Fig. 19. Abziehvorrichtung für konische Schleifscheiben.

Der Träger A des Diamanthalters erhält genau dieselbe Form wie das zu schleifende Werkstück; er wird auch in das für das Werkstück bestimmte Spannfutter eingespannt, weil bei der vorliegenden Maschine sich sehr schwer eine andere Befestigung anwenden ließ. An der Vorderseite des Teiles A sitzt ein kleiner Bock B, an welchem der Diamanthalter C durch die Schraube D befestigt ist. Auf der Abbildung sieht man sowohl die große als auch die kleine Schleifscheibe. Die kleine Scheibe kann mit einem gewöhnlichen Diamanthalter abgezogen werden, der in der Bohrung E befestigt wird.

Abziehen von konischen Schleifscheiben.

Auf Fig. 19 sieht man eine Vorrichtung, die dazu bestimmt ist, an der Scheibe einen Konus von 36^0 Neigung abzuziehen. Sie ist ziemlich einfach gehalten. Das Gestell A wird am Tisch der Schleifmaschine durch zwei Klemmschrauben B und C befestigt. Diese sind ungefähr so konstruiert wie die der Fig. 9. An einer Führung des Gestelles A verschiebt man durch eine Spindel, die mit dem Handrad E betätigt wird, einen Schlitten D, der den egentlichen Diamanthalter trägt.

Abziehen der Schleifscheiben für Laufringe von Kugellagern.

Eine Vorrichtung, die zwei konische Flächen für die Laufringe von Kugellagern erzeugen kann, zeigen Fig. 20—22. In Fig. 21 u. 22 sieht man zunächst eine gußeiserne Grundplatte A, in der ein Schlitten B durch die Spindel C hin- und hergeführt wird. Ein Zapfen D ist am Schlitten B gelagert und hat zwei Kurven, die so ausgebildet sind, daß sie die beiden Schlitten E und F mit den darauf befindlichen Diamanthaltern G und H wegstoßen können. Sobald der Druck des Exzenters aufhört, werden die Diamanthalter durch eine Spiralfeder I zurückgedrückt. Um die Vorrichtung zu benutzen, braucht man nur den Hebel J hin und her zu schwingen, wodurch abwechselnd die Diamanthalter G und H vorgetrieben werden. Die Kordelmutter C benutzt man dazu, die ganze Vorrichtung in Arbeitsstellung zu bringen. Die Diamanthalter sind mit Gewinde versehen, um eine genaue Einstellung zu ermöglichen. Zur Befestigung des Diamanthalters in der richtigen Lage dienen die Schrauben L. Fig. 20 zeigt die Vorrichtung in Tätigkeit.

Vorrichtungen für Formschleifscheiben.

Manchmal ist es notwendig, einer Schleifscheibe eine bestimmte unregelmäßige Form zu erteilen. Dazu muß eine Vorrichtung mit Kurvenführungen oder Schablonen konstruiert werden. In den Fig. 23 u. 24 ist eine derartige Vorrichtung dargestellt. In Fig. 24 sind die Teile auseinandergenommen, so daß sich hieran am besten die Wirkungsweise beschreiben läßt. A ist die Schablone, die im vorliegenden Falle eben ist, weil eine schwach konische Scheibe abzuziehen ist. Diese Schablone drückt gegen eine Platte B, die den Diamanthalter C aufnimmt. Die Platte B ist an den beiden Zapfen D drehbar aufgehängt und, wie

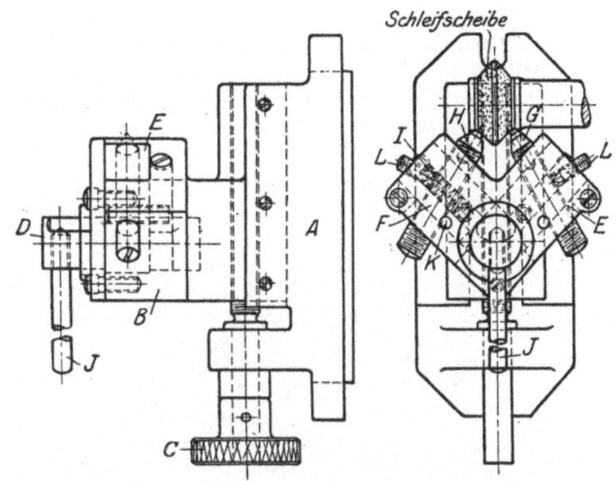

Fig. 21 u. 22. Abziehvorrichtung für zwei konische Flächen.

Fig. 23 u. 24 zeigen, gegen die Schablone mittels Spiralfedern F angedrückt. Die Schablone A ist an einem Schlitten G befestigt, der mittels Spindel und Handrades H seitlich verschoben werden kann. Durch die seitlichen Verschiebungen von A wird die Platte B und damit auch der Diamanthalter C in der gewünschten Weise geführt, so daß jede beliebige Kurve erzeugt werden kann. Die ganze Vorrichtung wird auf dem Tisch der Schleifmaschine durch einen Klemmhebel befestigt, der auf Fig. 23 zu sehen ist.

Abziehvorrichtungen für Flächenschleifmaschinen.

Für Flächenschleifmaschinen ist es zweckmäßig, den Diamanthalter möglichst auf dem Tisch der Maschine unterhalb der Scheibe und nicht an der Seite zu befestigen. Nur auf diese Weise kann man eine starre Einspannung

Fig. 23. Abziehvorrichtung für Formschleifscheiben, geschlossen.

Fig. 20. Abziehen der Scheiben für Laufringe von Kugellagern.

erzielen; außerdem kann man so viel bequemer arbeiten.

Fig. 25 zeigt eine sehr einfache Vorrichtung, die aus einer eisernen Platte A besteht, die den Diamanthalter B trägt. Die ganze Vorrichtung wird vom Magnetfutter der Schleifmaschine mitgenommen. Zum Abziehen braucht man nur den Schleifschlitten am Diamanthalter vorbeizuführen, während der Tisch der Maschine mit dem Diamanthalter stillsteht.

Die Vorrichtung in Fig. 26 u. 27 wird an der Schutzhaube der Schleifscheibe befestigt. Der Schlitten A, der den Diamanthalter B aufnimmt, läßt sich am Winkelstück C mittels einer Schraube D auf die gewünschte Spantiefe einstellen.

das Werkstück von der Schleifmaschine herunter zu nehmen.

Abziehen von Schleifscheiben für ballige Riemenscheiben.

Die Vorrichtung Fig. 28 dient dazu, die Stirnseite einer Scheibe abzuziehen, die zum Schleifen der Lauffläche einer balligen Riemenscheibe bestimmt ist. Hierbei kommt

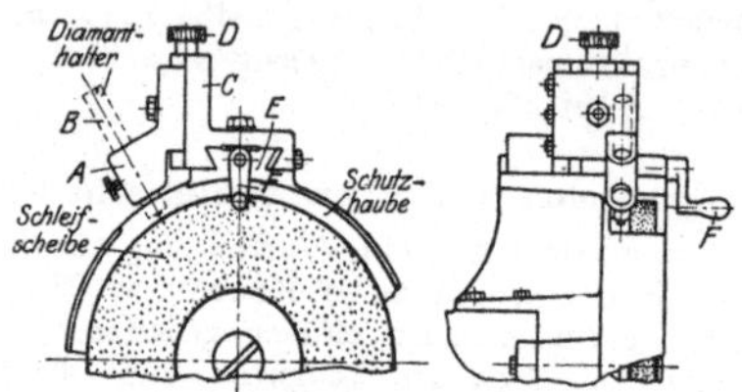

Fig. 26 u. 27. Abziehvorrichtung für Flächenschleifmaschinen.

Fig. 24. Auseinandergenommene Abziehvorrichtung für Formschleifscheiben.

Fig. 28. Abziehvorrichtung für Schleifscheiben für ballige
Riemenscheiben.

Der Teil C ist ferner in der Führung E mittels einer Kurbel F mit Spindel verschiebbar. Die mit F verbundene Spindel hat starke Steigung, so daß die Bewegung des Schlittens C schnell sein kann. Die senkrechte Schraube D dagegen hat feine Steigung, um eine genaue Einstellung des Diamanten zu ermöglichen. Mit dieser Vorrichtung kann man die Schleifscheibe abziehen, ohne

das früher beschriebene Formschleifverfahren[*]) zur Anwendung, d. h. die Scheibe wird ohne Längsvorschub, nur in Tiefenrichtung geschaltet. Die Vorrichtung besteht aus einem Halter A, der durch den Griff B, wie aus der Abbildung ersichtlich, am Tisch der Maschine befestigt wird, und einen verschiebbaren Schlitten C trägt. Auf dem Schlitten C sitzt der Diamanthalter mit dem Diamanten. Die Führung für den Schlitten C liegt auf dem Zwischenstück D. Dieses ist um einen Zapfen von A drehbar, und kann in jedem beliebigen Winkel gegen die Wagerechtebene festgestellt werden. Dieser Winkel bestimmt den Grad der Wölbung für den Kranz der Riemenscheibe, wie weiter unten erklärt wird. Zum Verschieben des Schlittens C dient eine Spindel mit Zahnstange, die mit dem kleinen Handrad E gedreht wird.

In Fig. 29 u. 30 sind die Bewegungsverhältnisse dieser Vorrichtung genauer dargestellt. Die Gerade a b zeigt die Bahn des Diamanten,

Fig 25. Abziehvorrichtung für Flächenschleifmaschinen.

Fig. 29 u. 30.
Bewegungsverhältnisse der Abziehvorrichtung für Schleifscheiben für
ballige Riemenscheiben.

wenn der oben erwähnte Schlitten C in einem Winkel von 30° gegen die Achse der Schleifmaschine ein-

---

[*]) Vergl. S. 29 ff.

gestellt wird. Nach den Regeln der darstellenden Geometrie findet man die bei A B ersichtliche Wölbung der Schleifscheibe. Die Pfeilhöhe y der Wölbung hängt nur vom Neigungswinkel α ab, wie ohne weiteres einzusehen ist. Mit der dargestellten Vorrichtung lassen sich Pfeilhöhen zwischen o und etwa 6 mm erzielen, bei Scheibenbreiten bis 300 mm.

Fig. 81. Abziehvorrichtung für Formschleifscheiben auf Flächenschleifmaschinen, geschlossen.

Abziehvorrichtung für Formschleifscheiben auf Flächenschleifmaschinen.

Eine Vorrichtung zum Abziehen von Schleifscheiben in jeder beliebigen Form auf Flächenschleifmaschinen zeigen die Fig. 31 u. 32. Sie besteht in der Hauptsache aus einer Grundplatte A, die in den T-Nuten des Schleiftisches befestigt wird. In einer winkelförmigen Führung des Teiles A führt sich ein Schlitten B, der seinerseits die Kurve oder Schablone C trägt. Diese Schablone wirkt auf die gußeiserne Platte D, die den eigentlichen Diamanthalter E aufnimmt. Zur seitlichen Verschiebung des Schlittens B

Fig. 82. Auseinandergenommene Abziehvorrichtung.

ist ein Arm F vorgesehen, der, wie aus der Abbildung ersichtlich, mit dem Schleifschlitten verbunden ist und sich daher mit diesem zusammen bewegt. In dem Maße, wie der Schlitten B seitlich verschoben wird, führt die Schablone C den Diamanthalter und erzeugt dabei die gewünschte Form auf der Schleifscheibe. Die Schablone läßt sich leicht auswechseln, sodaß mit einer dieser Vorrichtungen mehrere Maschinen versorgt werden können.

Abziehen der Schleifscheiben für Wellennuten.

Eine Vorrichtung, die zum Abziehen der Schleifscheiben einer für die Bearbeitung von Wellennuten eigens eingerichteten Maschine entworfen wurde, erkennt man aus Fig. 33 u. 34. Der Vorrichtungskörper A, der auf dem Tisch der Maschine befestigt wird, trägt drei Diamanthalter, und zwar wird einer davon zum Abziehen des runden Teiles der Schleifscheibe benutzt, während die beiden anderen, wie Fig. 34 zeigt, für die seitlichen schrägen Kanten dienen. In Fig. 33 sieht man, daß die Spindel B den Diamant-

Fig. 33. Abziehvorrichtung für Schleifscheiben für Wellennuten.

halter C führt, der so eingestellt ist, daß er die gewünschte Abrundung erzeugt. Durch Hin- und Herschwingen des Hebels D wird die Abrundung zustande gebracht.

Für die schrägen Kanten (Fig. 34) sind zwei getrennte weitere Schlitten E und F vorgesehen, die ihre eigenen Diamanthalter G und H aufnehmen. Diese Diamanthalter lassen sich durch Mutter und Gegenmutter genau einstellen. Sie werden unabhängig voneinander mittels einer Kurbel I verschoben. Diese Kurbel I ist mit einer Kurvenführung verbunden, welche die seitliche Bewegung der Schlitten E und F hervorbringt. Eine Spiralfeder bringt die Schlitten E und F wieder in ihre Ausgangsstellung zurück. Die Einrichtung ist ungefähr dieselbe wie die weiter oben

Fig. 84. Abziehvorrichtung für Schleifscheiben für Wellennuten.

bei der Vorrichtung in Fig. 21 u. 22 eingehend beschriebene.

Da die drei Diamanthalter voneinander unabhängig sind, muß natürlich genau dafür gesorgt werden, daß sie in die richtige Lage zueinander kommen, damit die erzeugte Form der Schleifscheibe die richtige ist. Dazu dient eine Einstellvorrichtung, die an Hand der Fig. 35 näher erläutert werden soll. Auf den Fig. 33 u. 34 sah man am oberen Ende der Abziehvorrichtung eine bearbeitete Führungsfläche. Diese Führungsfläche ist dazu bestimmt, die Einstellvorrichtung K (Fig. 35) aufzunehmen. Sie

Fig. 85. Einstellung der Diamanthalter an der Abziehvorrichtung für Schleifscheiben für Wellennuten.

wird mit der Schraube L befestigt. Ein Lehrbolzen M, der zwei verschiedene Durchmesser hat, dient zur Einstellung der Diamantspitzen. Der Diamanthalter C, der für den runden Teil der Schleifscheibe bestimmt ist, muß mit dem kleineren Durchmesser des Lehrbolzens in Berührung gebracht werden, während für die beiden seitlichen Diamanthalter G und H der größere Durchmesser gilt. Mit dieser einfachen Einrichtung lassen sich die drei Diamantspitzen äußerst genau zueinander einstellen.

Diese aus der Fülle vorhandener und praktisch erprobter Konstruktionen herausgesuchten Beispiele mögen genügen. Sie zeigen, daß für die Massenherstellung in der Werkstatt auch diesem sonst anscheinend unwichtigen Gebiete größere Aufmerksamkeit zu schenken ist, wenn man leistungsfähig bleiben will. Die beschriebenen Vorrichtungen sollen die Werkstatt von der Geschicklichkeit des einzelnen Arbeiters unabhängig machen. Einige von ihnen, — z. B. die zur Erzeugung von Abrundungen und von Formschleifscheiben —, sind für Arbeiten bestimmt, die sonst recht hohe Anforderungen an die Geschicklichkeit des Arbeiters stellen würden.   M. T.

Schleifen von Fräsern für das Abwälzverfahren.

Bei der Verwendung von Schneckenfräsern für das Abwälzverfahren zeigte es sich, daß die so gefrästen Räder zufriedenstellend arbeiteten, solange es sich nicht um beinahe geräuschloses Laufen oder um allergünstigste Kraftübertragung handelte. Diese Nachteile wurden erst offenbar, als die Flugzeugfabrikation und der Kraftwagenbau reine Massenfabrikation wurden und gleichzeitig an ihre Bestandteile die Anforderungen von Präzisionsarbeit gestellt wurden. Die Fräser für das Abwälzverfahren erhalten bekanntermaßen dieselbe Zahnform wie eine gerade Zahnstange, wobei die Entstehung der Zahnform des Rades durch gleichzeitige Drehung von Fräserkörper und Radkörper ineinander bewirkt wird, d. h. es ist dieselbe Bewegung, als ob ein Zahnrad sich in einer gewöhnlichen geraden Zahnstange abwälzen würde. Die Bedingungen für ein genaues und ruhiges Laufen derartig hergestellter Rädergetriebe sind vor allem ein genaues Innehalten der Maße der Fräserzähne und außerdem eine vollständig gleichförmige Steigung, weil jede Abweichung des schneckenförmigen Abwälzfräsers von der richtigen Schraubenlinie Ungenauigkeiten in den damit gefrästen Radzähnen hervorrufen muß. Während für gewöhnliche Zwecke die mit normal genau hergestellten Fräsern erzeugten Zahnräder genügend genau sind, muß man für alle Zwecke, wo höchste Genauigkeit und ruhiges Laufen verlangt werden, selbst die kleinsten Abweichungen in der Form der Zähne des Fräsers und seiner Steigung beseitigen; es hat sich gezeigt, daß man die Fräser für solche Räder, die wirklich geräuschlos und gleichförmig laufen sollen, nach dem Härten schleifen muß.

Bekanntlich verzieht sich jedes Stahlstück beim Härten, und selbst die sorgfältigste Härtetechnik und Formgebung ist nicht imstande, das Verziehen vollständig aufzuheben. Besonders in diesen Fällen, wo es sich um schneckenförmige Fräser für das Abwälzverfahren handelt, erwies es sich als unmöglich, einen Fräser, der bei sorgfältigster Kontrolle vor dem Härten für richtig befunden wurde, nach dem Härten als gleich gut zu betrachten. Man fand heraus, daß sich hauptsächlich Fehler in der Steigung infolge Verziehens durch das Härten zeigten, und ging nun daran, durch Schleifen des gehärteten Fräsers diese Fehler zu beseitigen.

Schleifen schneckenförmiger Fräser.

Der Arbeitsvorgang für das Schleifen der Schneckenfräser besteht darin, daß man die Gewindeflanken des Fräsers mittels Punkt- oder Linienberührung des Schleifkörpers auf die richtige Form schleift. Dazu sind zwei Bewegungen notwendig, und zwar muß die Antriebsspindel für den Schleifkörper eine hin- und hergehende Bewegung erhalten, genau so wie die Hinterdrehvorrichtung einer Drehbank bei gleichzeitiger Drehung des Arbeitstückes. Die Maschine, die zu diesem Zweck gebaut wurde (Fig. 1—3),

hat die Form einer Drehbank, deren Support sich über die ganze Bettlänge erstreckt. Der Fräser ist auf einem Dorn zwischen den Spitzen eingespannt und wird von der umlaufenden Spitze mitgenommen. Die Schnecke wird während der Drehung durch die Leitspindel des Hauptschlittens an dem Schleifkörper vorbeigeführt. Der Schleifkörper selbst wird von einer besonderen Vorrichtung angetrieben und ist auf einem Schlitten befestigt, der eine hin- und hergehende Bewegung rechtwinklig zur Bewegung des Hauptschlittens besitzt, so daß der Schleifkörper den hinterdrehten Flanken des Fräsers folgen kann. Fig. 1—3 zeigen die 3 Ansichten der Maschine. Die Hauptantriebscheibe A auf der Welle B ist in dem Ständer der Maschine gelagert. Die Welle trägt eine Schnecke, die mit dem Schneckenrad C im Eingriff ist, dessen Nabe beiderseits soweit herausragt, daß das Rad C in besonderen Lagern im Maschinenständer getragen werden kann, so daß es sich, unabhängig von der Schlittenverschiebung, in einer bestimmten Stellung im Bett dreht. Durch die Bohrung des Rades C geht eine Welle D mit Keil und Längsnut, die an der Drehung teilnimmt und gleichzeitig eine Längsbewegung erhält. Auf der linken Seite ist die Welle D in Lagern E, die sich auf der Unterseite des Hauptschlittens befinden, gehalten, so daß ihre Längsbewegung mit jener

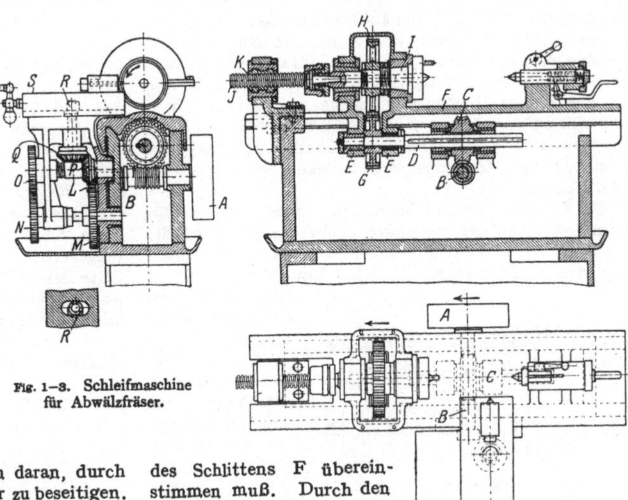

Fig. 1—3. Schleifmaschine für Abwälzfräser.

des Schlittens F übereinstimmen muß. Durch den Triebling G wird die Bewegung auf das Zahnrad H übertragen, das auf der Hauptspindel I aufgekeilt ist. An das rückwärtige Ende der Hauptspindel I ist die Leitspindel J angeschlossen, deren Mutter K in dem Hauptständer der Maschine gelagert ist. Infolgedessen wird sich bei der Drehung der Spindel I die Leitspindel in dieser Mutter schrauben und der Hauptschlitten längs des Bettes der Maschine bewegt werden.

Die hin- und hergehende Querbewegung des Querschlittens für den Schleifkörper wird folgendermaßen erzeugt. Am Ende der Hauptantriebswelle B ist ein Triebling L aufgesetzt, von dem der Antrieb durch die Stirnräder M, N, O und die Kegelräder P und Q zu einer Exzenterscheibe R geleitet wird. Diese führt sich in einem Schlitz auf der Unterseite des Querschlittens S, auf dem der Schleifkörper D gelagert ist, so daß bei jeder Umdrehung der Exzenterscheibe R der Schlitten eine hin- und hergehende Bewegung erhält. Durch Einstellung der richtigen Umdrehungszahlen, Übersetzungen und Exzenterscheiben erhält man schließlich eine solche Bewegung, daß der Schleifkörper genau der Hinterdrehfläche des Schneckenfräsers folgt. Der Antrieb des Schleifkörpers (Fig. 4) erfolgt durch

Fig. 4. Antrieb des Schleifkörpers.

einen besonderen Motor A, der am Maschinengestell gelagert ist. Er treibt eine Riemenscheibe auf der Rückseite der Maschine und zugleich eine Querwelle, auf der eine Scheibe B an der Vorderseite der Maschine sitzt. Von dieser Scheibe geht eine weitere Riemenübertragung zur Scheibe C und von dieser auf das rückwärtige Ende der Spindel D mittels eines gewebten Stoffriemens, so daß die Schleifspindel die notwendige Umfangsgeschwindigkeit von 1500 m minutl. erhält.

Bei der Kleinheit des Schleifkörpers, der großen Umdrehungszahl und der verlangten hohen Genauigkeit der Arbeit ist es notwendig, den Schleifkörper bei diesen Maschinen häufig nachzuschleifen. Um diese Arbeit zu erleichtern, ist der Schleifkörper ähnlich wie die Schleifspindeln der Innenschleifmaschinen besonders gelagert; die dazu gehörige Spindel ist in Fig. 5 u. 6 wiedergegeben. Die

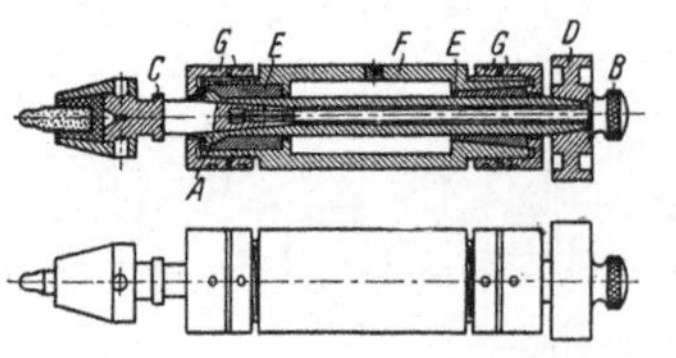

Fig. 5 u. 6. Schleifspindellagerung.

Spindel A hat am rückwärtigen Ende eine Zugschraube mit einer Rändelmutter B, mit der man den Dorn C, der den Schleifkörper trägt, rückwärts in seine konische Laufbüchse festzieht. Gleichzeitig zieht die Rändelmutter B die Antriebscheibe D auf dem konischen Büchsenende fest. Laufbüchse A läuft in Bronzebüchsen E, die mit einer Nachstellung für Abnutzung ausgestattet sind; diese Büchsen werden beiderseits in der Hauptbüchse F mit Hilfe von Überwurfmuttern G gesichert. Auf diese

Weise stellen alle Teile eine einzige Lagerung für die Laufbüchse A dar, so daß man wie bei den Innenschleifspindeln den ganzen Körper aus der Maschine entfernen und auf die Nachschleifvorrichtung bringen kann. Dazu hat man nur auf dem Querschlitten den Lagerdeckel durch Lösen der beiden Flügelmuttern E zu entfernen bzw. nach Einlegen der Spindel den Lagerdeckel zu befestigen, worauf man durch die Handkurbel F den Schleifkörper gegen den Fräser zustellen kann.

Beim Schleifen werden zwei verschiedene Schleifkörper verwendet, von denen der eine ein gerader Kegelstumpf ist, während der zweite kegelstumpfförmig, aber mit einer gekrümmten Leitlinie erzeugt ist. Das Nachschleifen dieser Schleifkörper auf genaues Maß und genaue Form war die schwierigste Frage, die bei dieser Aufgabe zu lösen war. Schließlich blieb man bei 2 Arbeitsweisen, von denen

Fig. 7. Nachschleifen der geraden Kegelstumpfschleifkörper in der Maschine.

die eine für die geraden kegelstumpfartigen Körper, und die andere für die Formschleifkörper zur Verwendung kam. Im ersten Fall kann das Nachschleifen in der Maschine selbst in der Arbeitstellung des Schleifkörpers erfolgen, während bei den Formschleifkörpern ein Entfernen aus der Maschine und Einspannen in einer besonderen Schleifvorrichtung nötig ist. In Fig. 7 ist die erste Nachschleifvorrichtung in der Maschine für das Nachschleifen der geraden Kegelstumpfschleifkörper abgebildet. An dem Querschlitten wird zu diesem Zweck eine Platte A befestigt, deren Oberfläche genau eben gearbeitet und gegen die Wagerechte unter demselben Winkel geneigt ist, den die Seite des Kegelstumpfes mit der Wagerechten einschließt. Auf der Oberfläche der Platte A gleitet eine andere Platte C, die eine Stange D trägt, an deren unterem Ende der Diamant zum Nachschleifen des Schleifkörpers sich befindet. Hierfür ist eine Einstellschraube E mit 2 Einstellmuttern vorgesehen, so daß man die Höhenstellung der Stange D bzw. des Diamanten gegenüber dem Schleifkörper ein- und feststellen kann. Außerdem befindet sich in der Platte A eine Nut von der Vorderkante aus, in der die Stange D, wenn die Platte C sich bei der eigentlichen Schleifarbeit nach rückwärts bewegt, gleitet. Der Vorteil dieser Einrichtung besteht darin, daß man den Schleifkörper nachschleifen kann, ohne ihn aus der Maschine zu nehmen, ja sogar, ohne die Maschine in ihrer Arbeit zu unterbrechen. In Fig. 8 u. 9 ist die zweite Nachschleifvorrichtung angegeben, auf der Schleifkörper mit gekrümmter Umfläche nachgeschliffen werden. Bei der als Pantograph ausgebildeten Vorrichtung wird von einer Formplatte C, die entsprechend der Erzeugenden des Schleifkörpers geformt ist, der Schleifkörper D mit einer Übersetzung von 3 : 1 durch den Pantographen auf die richtige Form geschliffen. Selbstverständlich ist das eine Ende des Pantographen der Führungsstift, der an der Formplatte entlang geführt wird, während das andere Ende des Pantographen von der Diamantspitze D gebildet wird. Die Übersetzung ins Kleine ist gewählt worden, damit man bei Herstellung der Formplatte die Herstellungsfehler möglichst verringern kann. Da es nun notwendig ist, für eine genaue Übersetzung und Wiedergabe der Form die Stellung der Diamantspitze gegenüber dem Führungsstift immer gleich zu halten, ist ein besonderer Führungshebel E vorgesehen, der beim normalen Schleifen an den Stift F angelegt ist und beim Schleifen der Spitze, wenn der Führungsstift des Pantographen über die Kante C geht, umgelegt wird, so daß er sich an den

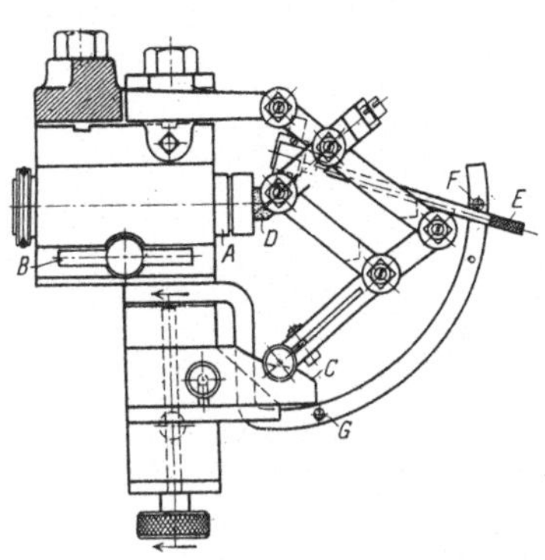

Fig. 8.
Schleifvorrichtung für gekrümmte Schleifkörper.

zogen und der Schlitten in seine Anfangstellung zurückgebracht wird; dann wird der Schleifkörper neu zugestellt, und die Arbeit kann von neuem beginnen. Diese Arbeit ist ähnlich wie das Gewindeschneiden, doch hat man bei dieser besonderen Schleifarbeit so feine Späne, bzw. die Materialmenge, die wegzuschleifen ist, ist so gering, daß man überaus große Sorgfalt aufwenden muß, um im richtigen Augenblick mit dem Schleifen aufzuhören. Beim Beginn des Schleifens kann man noch leicht an der Anlauffarbe vom Härten erkennen, wie weit das Schleifen gediehen ist; sobald jedoch einmal der ganze Fräser blank geschliffen worden ist, muß man sorgfältig mit Lehren arbeiten.

Man hat dabei einmal den Flankenwinkel nachzumessen, weil eine Abnutzung des Schleifkörpers leicht einen ungenauen Flankenwinkel erzeugt, und verwendet dazu gewöhnliche Blechlehren, die man an die Flanke des Fräsers anlegt. Jede Abweichung der geschliffenen Fläche von der Lehre zeigt sich dann durch einen Lichtspalt.

Nach Beendigung der Schleifarbeit kommt die endgültige Kontrolle durch Messung der Dicke der Fräserzähne mit Hilfe einer gewöhnlichen Zahnmeßschublehre und gleichzeitig eine Kontrolle der Gleichmäßigkeit der Steigung. Dieses wird auf eigene Weise mittels des Gehörs schon während des Schleifens von einem geübten Arbeiter erkannt, da das Brummen des Schleifkörpers bei gleichförmiger Steigung vollständig gleichmäßig ist, während jede Abweichung sich durch ein anderes Geräusch erkennen läßt. Ein geübter Arbeiter kann auf diese Weise tatsächlich so genau urteilen, daß ein derart fertiggestellter Schneckenfräser auch jede Kontrolle passiert.

Fig. 9. Schleifvorrichtung im Betrieb.

Fig. 10. Fühlhebelprüfapparat für Abwälzfräser
mit Schreibvorrichtung.

Stift G anlegt. Hernach wird die Klemmschraube B gelöst, die gesamte Schleifspindel A mit dem Schleifkörper D aus der Vorrichtung herausgenommen und wieder in die Maschine eingesetzt.

Die Maschine ist so entworfen worden, daß der Schleifkörper über den ganzen Fräser wandert, bis er aus der letzten Windung herausgetreten ist, worauf er zurückge-

Es sei noch erwähnt, daß für de tatsächliche Kontrolle vor der Ablieferung im Kontrollraum ein eigener Fühlhebelapparat gebraucht wird, der die Abweichungen von der genauen Steigung beider Flanken auf einem ablaufenden Papierstreifen (Fig. 10) maßstabrichtig, natürlich im vergrößerten Maßstab, aufschreibt. Diese Kontrollstreifen bleiben als Zeugnisurkunden in der Fabrik. Ku.

Magnetische Aufspannapparate.

Die magnetischen Aufspannapparate haben für die Bearbeitung folgende große Vorteile:

1. weitgehende Beschränkung der für das Ein- und Ausspannen erforderlichen Zeit;
2. große Genauigkeit der damit hergestellten Werkstücke.

Bisher sind die magnetischen Spannfutter fast durchweg nur für Schleifarbeiten verwendet worden, und zwar in der Hauptsache zum Massenschliff auf der Flächen-

Fig. 1. Magnetisches Futter für Innenschleifmaschine.

schleifmaschine, sei es mit hin- und hergehendem oder mit drehbarem Tisch. Dieses ist auch immer noch ihr eigentliches Arbeitsfeld. Man kommt aber immer mehr dazu, die magnetischen Spannfutter auch für andere Arbeiten zu verwenden, so zum Innenschleifen, zum Fräsen, Hobeln und Drehen.

In Fig. 1 ist ein magnetisches Futter im Gebrauch auf einer Innenschleifmaschine zu sehen. Es handelt sich um die Bearbeitung der Bohrung einer Stufenscheibe A, die unmittelbar vom magnetischen Futter gehalten wird, wobei der Ring B zur Zentrierung dient. Der Griff des magnetischen Futters genügt, um das Werkstück zu halten, selbst wenn gröbere Schnitte genommen werden.

Magnetische Spannfutter mit enger Polteilung.

Bei den neueren Ausführungen der magnetischen Spannfutter zeigt sich das Bestreben, die Polteilung, d. h. den Abstand zwischen zwei benachbarten Polen möglichst eng zu machen. Durch diese Maßnahme erzielt man:

1. große Anzugskraft,
2. sichere und zuverlässige Einspannung sowohl für große als auch für kleinere Werkstücke.

Im folgenden seien an Hand der Fig. 2 u. 3 die Einzelheiten eines solchen Spannfutters mit enger Polteilung gegeben.

Der Körper A des Spannfutters besteht aus weichem Stahl von hoher magnetischer Durchlässigkeit. Die Pole liegen dicht beieinander, damit möglichst viele magnetisch wirksame Flächen zur Verfügung stehen. Durch diese Anordnung ist es außerdem möglich, recht kleine Werkstücke sicher zu halten. Die Wicklung ist so durchgebildet, daß sich überall eine gleichmäßige Zugkraft ergibt; die größten Abweichungen der Spannkraft vom Mittelpunkt bis zum Rande betragen nicht mehr als 5 vH. Die Spannplatte B wird auf dem Körper des Futters durch Messingschrauben von unten her gehalten. Auf der Spannfläche sind überhaupt keine Schraubenköpfe zu sehen. Die unmagnetischen Streifen sind so schmal wie möglich im Vergleich zu den Polen und sind in Schwalbenschwanznuten eingelassen. Der Körper A hat angegossene Rippen C, die die Spulen D aufnehmen und den magnetischen Fluß nach den Polen E leiten. Nachdem die Spulen um die Rippen C umgelegt worden sind, wird die ganze obere Fläche des Körpers A vollkommen eben bearbeitet. Die Pole selbst sind durch Isoliermaterial F von den übrigen Teilen der Spannplatte getrennt. Die Spannplatte B ist ihrerseits durch einen Ring G aus unmagnetischem Material isoliert.

Der Strom wird durch Bürsten zugeführt, die mit den Schleifringen H und I in Verbindung stehen. Diese Ringe sind von den übrigen Teilen isoliert. Über den Stromverbrauch läßt sich sagen, daß ein Futter von 300 mm $\varnothing$ 0,6 Amp braucht, während ein 200 mm-Futter mit 0,4 Amp auskommt. Zur Verwendung kommt Gleichstrom von 110 oder 220 Volt Spannung.

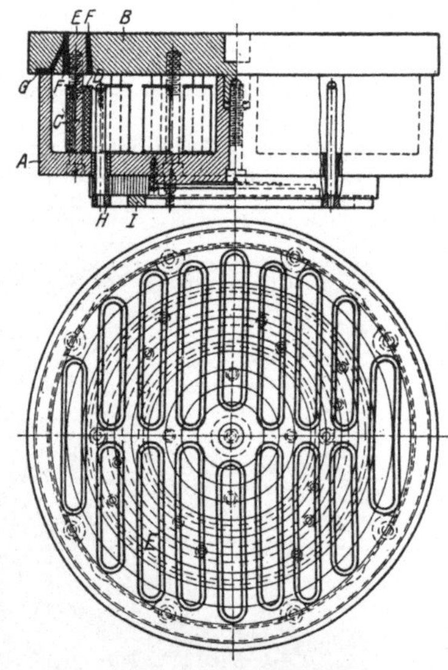

Fig. 2 u. 3. Einzelheiten von Spannfutter mit enger Polteilung.

Ein weiteres magnetisches Futter, das von dem eben beschriebenen etwas abweicht, ist in Fig. 4 dargestellt. Die Pole sind alle auf einem Tisch A aus Schmiedestahl angeordnet, der zugleich als Spannplatte dient und vollkommen wasserdicht ist. Es kommen nur vier Spulen B zur Anwendung, wobei jedoch jede Spule vier ringförmig angeordnete Pole mit magnetischem Kraftfluß versorgt. Die Pole sind so dicht beieinander, daß ein Werkstück von der Größe eines Zehnpfennigstückes immer deren zwei berühren kann. Die 16 Ringe, die die Pole bilden, sind konzentrisch. Aus Fig. 4 sieht man die Anordnung der Spulen. Der Körper des

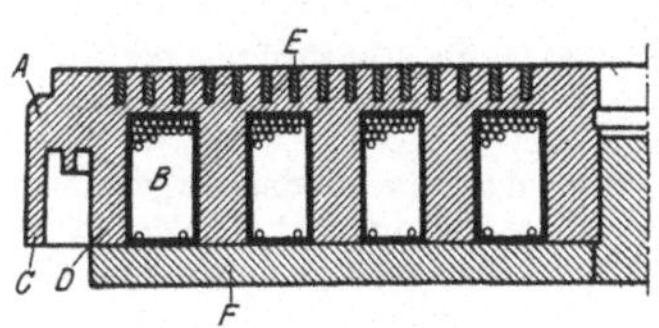

Fig. 4. Schnitt durch Spannfutter mit 4 Spulen und 16 Polringen.

magnetischen Futters hat vier größere konzentrische Nuten zur Aufnahme der Spulen B. Auf der oberen Fläche sind 15 konzentrische Nuten von 5 mm Breite und 19 mm Tiefe zur Aufnahme der Messingstreifen E, die die Spannplatte so teilen, daß 16 Pole entstehen. Am Rande ist der Ring C als Tropfenfänger ausgebildet, um die Verbindungsstelle D zwischen dem Körper A und der Deckplatte F vor

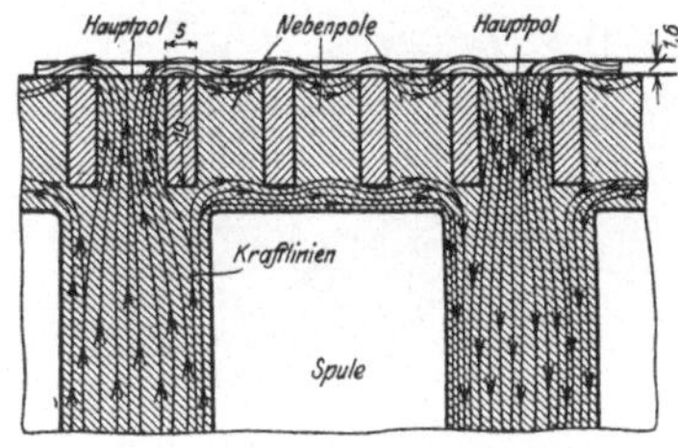

Fig. 5. Kraftlinienfluß bei Spannfutter mit 4 Spulen und 16 Polringen.

Wasserschaden zu schützen.

Fig. 5 zeigt den Weg der magnetischen Kraftlinien bei der Aufspannung eines dünnen Werkstückes. Das Werkstück ist 1,6 mm stark; die Entfernung zwischen zwei Polen beträgt rund 53 mm; diese ist jedoch durch vier Abschnitte von je 5 mm unterteilt, die mit Messingstreifen ausgefüllt sind, so daß dazwischen drei Nebenpole von etwa 11 mm Breite liegen.

Durch diese Anordnung ergibt sich ein geringerer magnetischer Widerstand und damit eine größere Anzugskraft. Bei großen Werkstücken spielen allerdings die Nebenpole keine so große Rolle als bei kleinen, weil da sowieso durch das Werkstück selbst ein guter magnetischer Weg gegeben ist.

Randleisten für Hobelarbeiten.

Fig. 6 zeigt ein magnetisches Spannfutter in Verwendung beim Hobeln einer dünnen Platte. Das magnetische Futter selbst braucht allerdings nicht den vollen Schnittdruck aufzunehmen. Dieser richtet sich vielmehr gegen eine Endleiste.

Die magnetischen Spannplatten (Fig. 7) sind so gebaut, daß eine Anschlagleiste an den dort vorhandenen Randleisten a und b leicht

angebracht werden kann*). Diese Randleisten sitzen etwas tiefer als die Spannflächen des Futters. Dadurch ist es möglich, auch für sehr dünne Werkstücke eine kräftige Anschlagleiste anzubringen, was nicht möglich

Fig. 7. Magnetische Spannplatten mit Flächen zum Anbringen von Anschlagleisten.

wäre, wenn die Randleisten a und b auf gleicher Höhe wie die Spannfläche liegen würden. Ein weiterer Vorteil ist, daß man die Spannfläche jederzeit nachrichten kann, ohne daß dadurch die Randleiste geschwächt wird. Mit dieser Einrichtung lassen sich normale Werkstücke auf der Hobelbank aufspannen und mit ganz normalen Spänen wie auf jeder sonstigen Aufspannvorrichtung hobeln.

Auch diese Spannfutter sind mit enger Polunterteilung ausgebildet; ihre Anzugskraft beträgt nach Ermittlungen an Ausführungen mit Aluminiumwicklungen 8—10 kg für den Quadratzentimeter Polfläche, was eine sehr gute Leistung bedeutet.

Entmagnetisierung der Werkstücke und der Werkzeuge.

Da fast alle Materialien nach der magnetischen Aufspannung einen gewissen Betrag an remanentem Magnetismus zurückbehalten, ist zum Ein- und Ausschalten des

*) Ausführung der Magnet-Schultz G. m. b. H., Memmingen in Schwaben.

Fig. 6. Magnetisches Spannfutter beim Hobeln von dünner Platte verwendet.

Stromes ein sogen. Entmagnetisierungsschalter notwendig. Dieser Schalter ist so eingerichtet, daß beim Ausschalten eine selbsttätige Stromumkehrung und dadurch eine Entmagnetisierung des Arbeitsstückes bewirkt wird. Bei größeren Werkstücken muß man den Vorgang erforderlichenfalls mehrmals wiederholen.

Für verschiedene feinere Werkzeuge kommt man mit einem einfachen Magnetisierungsschalter nicht aus. Man bedient sich zur Entfernung des remanenten Magnetismus besonderer Apparate, die das betreffende Arbeitsstück in kurzer Zeitfolge mehrmals umpolarisieren und dadurch unmagnetisch machen. Bei Wechselstrom braucht man nur den Apparat an die Leitung anzuschließen, da bei dieser Stromart die Stromumkehrungen von selbst erfolgen. Bei Gleichstromnetzen dagegen ist ein besonderer Antrieb des Entmagnetisierungsapparates notwendig.

Stromzuführung.

Es gibt zwei Mittel, um den elektrischen Strom in die magnetischen Aufspannapparate hineinzuleiten, 1. den Kabelanschluß, 2. den Schleifkontakt.

Die Kabelanschlüsse sieht man auf Fig. 7, und zwar ist die linke Platte mit einem wasserdichten Anschluß zum Naßschliff ausgerüstet, während die rechte Spannplatte einen gewöhnlichen Kabelanschluß zeigt.

Die Spannplatte in Fig. 6 zeigt eine Stromzuführung durch Schleifkontakte.

Für runde Spannfutter ist die Konstruktion der Stromzuführung nach Fig. 8 bemerkenswert.*) Es ist hier ein getrennter Schleifringkörper angeordnet, der aus Fig. 9 genau zu ersehen ist, in der die Teile auseinandergenommen dargestellt sind. Die Stromzuführung geht von den Schleifkontakten F aus über die Schleifringe C, durch die Kabel-

Fig. 8. Stromzuführung für runde Spannfutter (geschlossen).

Fig. 9. Stromzuführung für runde Spannfutter (Teile auseinandergenommen).

Eine Entmagnetisierung des Werkzeuges ist auch manchmal erforderlich, insbesondere bei Fräsmaschinen, wenn besondere Anforderungen an die Sauberkeit der zu bearbeitenden Fläche gestellt werden. Der Fräser wird nämlich bei der Bearbeitung, bei der er durch das Spannfutter ständig beeinflußt wird, selbst magnetisch. Infolgedessen haften die Fräserspäne an den Schneiden des Fräsers, so daß eine unsaubere gefräste Oberfläche entsteht.

anschlüsse D und durch ein Kabel, das die hohle Spindel B durchsetzt, nach dem eigentlichen Magneten.

Die angeführten Beispiele und Konstruktionseinzelheiten mögen genügen, um auf einige bemerkenswerte Neuerungen auf diesem Gebiete der Werkstattstechnik aufmerksam zu machen. M. T.

*) Ausführung des Magnet-Werk Eisenach.

Aufspannverfahren für Schleifmaschinen.

Die Art der Einspannung des Werkstückes bei den verschiedenen Schleifverfahren hängt vorzugsweise von der Gestalt des Werkstückes, von der verlangten Leistung und Genauigkeit und ähnlichen Umständen ab. Es kommen dabei so viele Gesichtspunkte in Betracht, daß sie nicht alle aufgeführt werden können; im folgenden Aufsatz sollen daher nur die grundlegenden Fragen erörtert werden. Die meisten der vorgeführten Vorrichtungen stammen aus der Automobilfabrikation; doch sind sie von allgemeinem Interesse, weil bei dieser Fabrikation besondere Genauigkeit und große Leistungen verlangt werden.

Beim Entwerfen von Spannvorrichtungen für Schleifarbeiten muß man im allgemeinen folgende Punkte berücksichtigen:

1. Beschaffenheit der Enden des Werkstückes, ob mit Zentrierlöchern versehen oder einseitig offen. Zur letzten Gattung gehören die Rohre und Hohlkörper.
2. Lage der Achsen der zu schleifenden Oberflächen zueinander, ob konzentrisch, wie bei langen, geraden Wellen, oder exzentrisch, wie bei Kurbelwellen.
3. Empfindlichkeit gegen Verdrücken, die bei dünnen Buchsen, Muffen u. dergl. besondere Vorsichtsmaßregeln erfordert.
4. Lage der zu schleifenden Flächen zu vorher bearbeiteten Teilen.
5. Zugänglichkeit der Vorrichtung zum bequemen Ein- und Ausspannen des Werkstückes.
6. Verlangte Genauigkeit und Leistung; wichtigster Punkt.

Aufspannung beim Außenschleifen.

1. Zentrierspitzen: Die einfachste Art, das Werkstück beim Außenschleifen zu halten, ist das Aufspannen zwischen Zentrierspitzen, wie es in Fig. 1 dargestellt ist. Die Form der Spitze richtet sich nach der Gestalt des Werkstückes. In Fig. 2—6 sind einige Formen angedeutet. Die gewöhnliche Zentrierspitze mit Kegel von 60° ist in Fig. 2 (A) zu sehen. Fig. 3 (B) und 4 (C) stellen Spitzen dar, die zum Schleifen von Werkstücken mit geringem Durchmesser bestimmt sind. Sie sind ausgespart, damit die Schleifscheibe S frei schneiden kann. Fig. 5 (D) ist eine Spitze zum Halten von Hohlkörpern oder

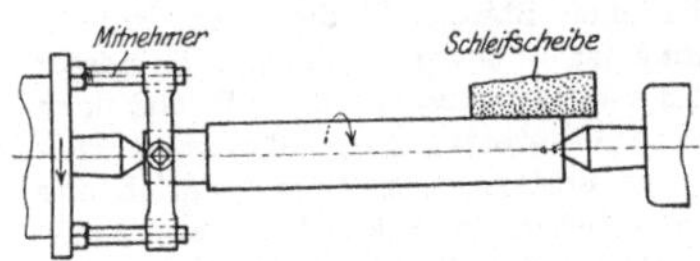

Fig. 1. Aufspannung zwischen Zentrierspitzen.

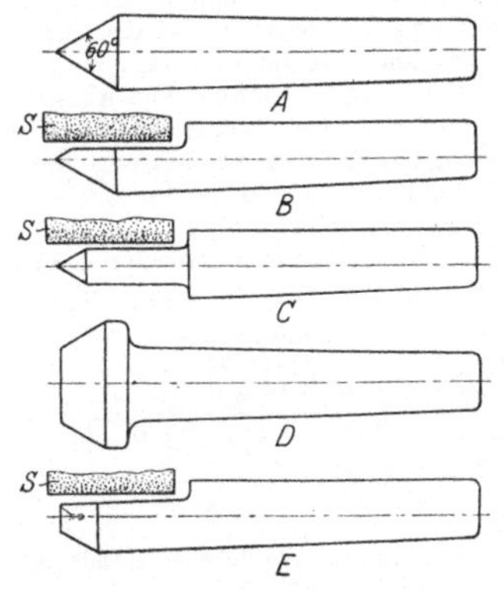

Fig. 2—6.
Verschiedene Formen von Zentrierspitzen.

anderen Werkstücken mit weiter Öffnung an einem Ende. In Fig. 6 (E) endlich ist eine sogenannte Hohlspitze dargestellt, die für zugespitzte Werkstücke gedacht ist. Die Anwendung dieser verschiedenen Formen sei an einigen Beispielen erörtert.

Eine Aufspannvorrichtung für ein Werkstück, das an dem einen Ende mit einem Zentrierloch und an dem anderen mit einer weiten Öffnung versehen ist, wird in Fig. 7 gezeigt. Der Gasmaschinenkolben K wird durch

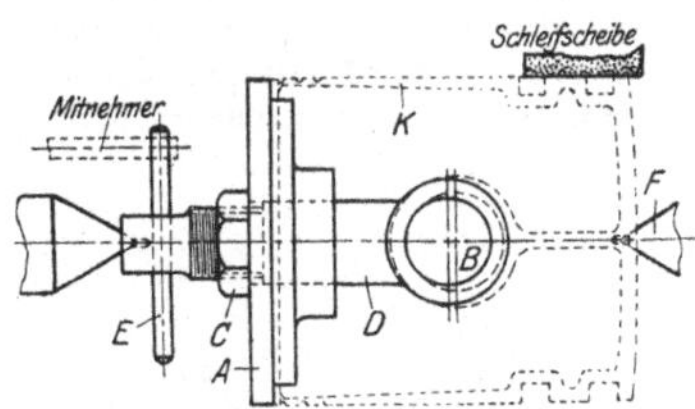

Fig. 7. Aufspannvorrichtung zum Außenschleifen von Gasmaschinenkolben.

einen Deckel A geschlossen, der mittels einer Stange D mit einem Querbolzen verbunden ist. Dieser Bolzen B ist in die Bohrung des Pleuelbolzens eingesteckt. Ist diese Bohrung bereits vorher senkrecht zur Achse des Kolbens gebohrt und aufgerieben, so soll B genau in die Öffnung passen; ist das jedoch nicht der Fall, so kommt nur ein loser Sitz zustande, wie auch in der Abbildung gezeigt. Durch Anziehen der Schraube C wird der Bolzen B gegen das Pleuelbolzenloch gepreßt und der Deckel dadurch festgehalten. Der Boden des Kolbens sitzt auf einer Zentrierspitze F. Zum Antrieb der Vorrichtung ist ein Stift E vorgesehen, der vom Mitnehmer gefaßt wird.

Eine andere Form der Zentrierspitze wird in dem Beispiel der Fig. 8 u. 9 angewendet. Hier ruht das Werkstück mit einem Ende auf einer Spitze C, während für das geschlitzte andere Ende ein runder Stift A verwendet wird, der mit der V-förmig geschlitzten Spitze B gefaßt wird; durch diese Anordnung ist das Werkstück zugleich mit dem Antrieb verbunden, und ein besonderer Mitnehmer ist nicht nötig.

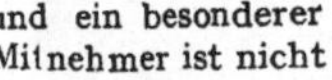

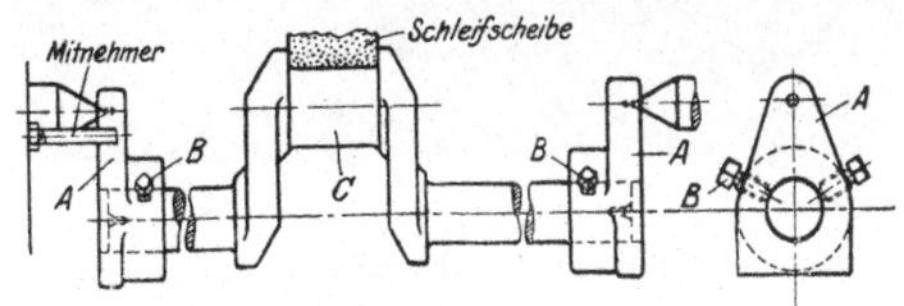

Fig. 8 u. 9. Andere Form der Zentrierspitze.

In Fig. 10 u. 11 ist eine einfach gekröpfte Kurbelwelle dargestellt, an der der Kurbelzapfen C geschliffen werden soll. Die hier angewandte Spannvorrichtung zeichnet sich durch besonders einfache Konstruktion aus. Auf jedem Ende der Kurbelwelle sitzt ein abnehmbarer Kurbelarm A, der durch Stellschrauben B befestigt wird. Die Flächen dieser Teile A sind vollständig eben, damit sie genau auf

Fig. 10 u. 11. Aufspannung von Kurbelwelle.

der Richtplatte vor dem Feststellen ausgerichtet werden können, was sich mit einem einfachen Winkel machen läßt.

2. Feste Spanndorne: Das Aufspannen auf feste Dorne beschränkt sich nicht nur auf Buchsen, sondern eignet sich auch für eine Reihe anderer Werkstücke, wie die weiteren Beispiele zeigen. Man darf diese Art Vorrichtungen nur bei vorher geschliffenen Bohrungen anwenden; denn wenn das Loch nicht vollkommen zylindrisch ist, liegt der Dorn nicht genau an, und sobald das Werkstück sich erwärmt, nimmt es die Form des Dornes an. Nach Abspannen ist es dann unrund. Das Werkstück soll auf diesen Dornen, die durch die Reibung wirken, niemals satt aufsitzen, sondern die Dorne müssen mit einem ganz schlanken Konus versehen sein, etwa 1:500 bis 1:200. Für dünnwandige Buchsen ist es besser, von den Endflächen her einzuspannen; darauf soll später noch näher eingegangen werden.

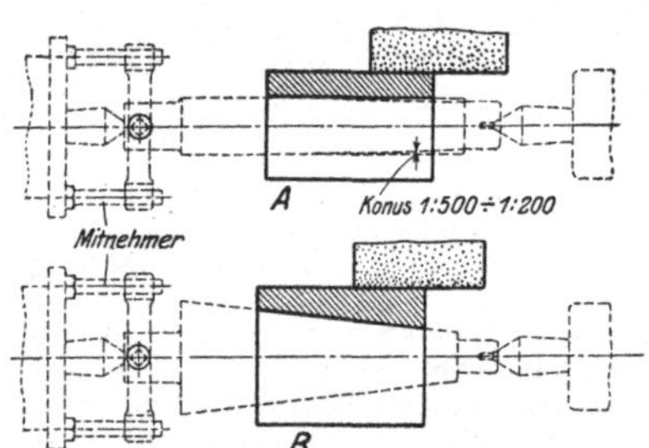

Fig. 12 u. 13. Verwendung konischer Dorne zum Aufspannen während des Außenschleifens.

In Fig. 12 u. 13 ist die Verwendung der festen Dorne dargestellt für eine zylindrische und für eine konische Buchse. Bei der konischen Buchse (Fig. 13, B) muß der Konus des Dornes genau dem der Bohrung angepaßt sein.

Für die Aufspannung auf einen festen Dorn eignet sich auch das Werkstück F (Fig. 14), ein kegelförmiger Behälter für eine Schleudermaschine, an dem der zylindrische und konische Teil geschliffen werden sollen. Die Vorrichtung besteht aus einer konischen Muffe A, die auf dem Dorn B sitzt. Von innen wird das Werkstück durch den Flansch C gestützt, während ein Absatz an der Scheibe D zur Unterstützung von außen dient. Durch Anziehen der Schraubenmutter E wird das Werkstück festgespannt. Die hintere Seite der Scheibe D steht mit dem Mitnehmer der Planscheibe in Verbindung.

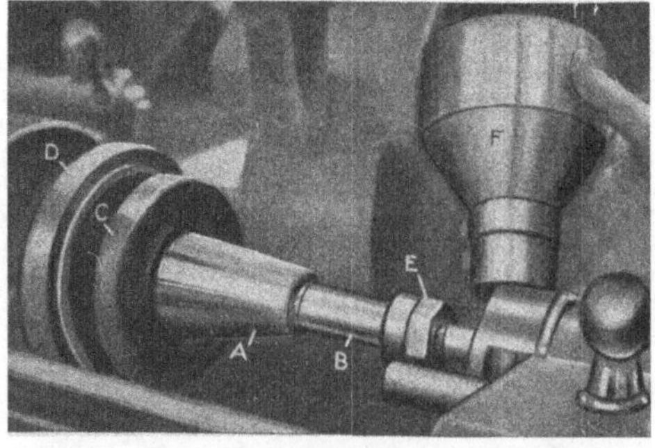

Fig. 14.
Aufspannvorrichtung für den Behälter einer Schleudermaschine.

Fig. 15 zeigt die Aufspannung eines tassenförmigen Laufringes für ein Kugellager während des Außenschleifens. Der Dorn besteht aus dem Bolzen A, auf dem aufgeschraubt die außen gekordelte Gewindemuffe B sitzt.

Beide Teile sind an den Berührungsflächen mit dem Werkstück gehärtet und geschliffen. Die Muffe B spannt das Werkstück gegen die geschlitzte Unterlegscheibe C, und der Antrieb erfolgt durch den auf dem einen Ende des Schaftes A sitzenden Stift D, der mit dem Mitnehmer in Berührung steht.

Das Schleifen der Außendurch-

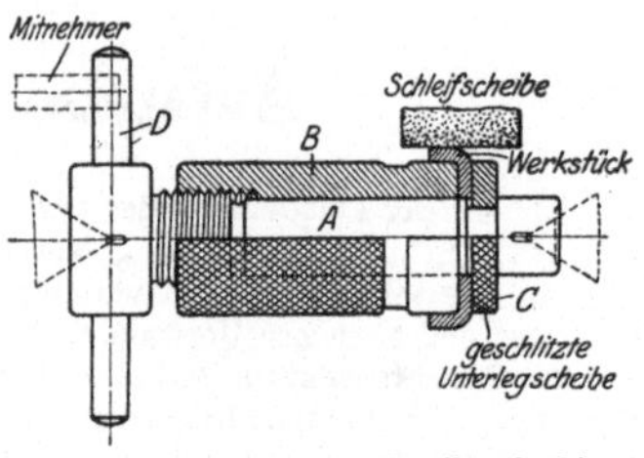

Fig. 15. Aufspannung von Kugellagerlaufring auf festem Dorn.

messer des in Fig. 16 u. 17 dargestellten Gabelstückes einer Kardanwelle erfordert ebenfalls eine Vorrichtung mit einem festen Dorn als Grundlage. Aus der Abbildung

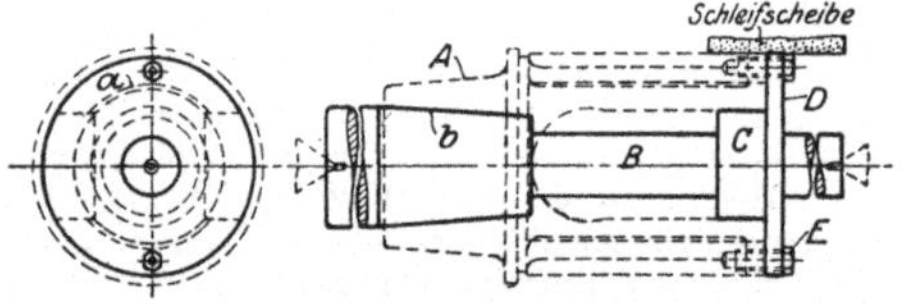

Fig. 16 u. 17. Aufspannvorrichtung zum Außenschleifen des Gelenkstückes einer Kardanwelle.

ersieht man, daß das eine Ende des Werkstückes einen breiten Schlitz hat, während das andere Ende mit einer konischen Bohrung versehen ist. Verlangt wird, daß der Außendurchmesser genau konzentrisch mit der konischen Bohrung hergestellt wird. Die Fläche a und die konische Bohrung b werden vorher geschliffen; auf diese Weise hat man zwei Flächen, die bei der Aufspannung zum Außenschleifen als Ausgangsflächen benutzt werden können. Die hierbei angewandte Aufspannvorrichtung besteht aus einer gehärteten und geschliffenen Stange B, die einen Ring C aufnimmt. Dieser Ring ist in seinem Außendurchmesser genau passend zur Fläche a geschliffen worden. Er soll dazu dienen, das Werkstück so zu unterstützen, daß es nicht nach der Seite ausweicht. Zur Festspannung in Achsenrichtung wird eine Scheibe D durch besondere Schrauben E am Werkstück befestigt, das vorher mit Schraubenlöchern versehen worden ist. Durch die beiden Ringe C und D ist das Werkstück ganz sicher eingespannt. Die Mitnahme des Arbeitstückes ist durch die Reibung am konischen Teil des Dornes gesichert, der genau in die konische Bohrung paßt.

3. Federnde Buchsen und Dorne: Das Aufspannen dünnwandiger Hohlkörper während des Außenschleifens bereitet größere Schwierigkeiten, weil die Bohrung durch das Härten meistens unrund wird und daher für den Dorn keine genau passende Berührungsfläche bietet.

Ein gutes Beispiel für die Aufspannung solcher Arbeitstücke ist in Fig. 18 für einen Kolbenbolzen dargestellt, der

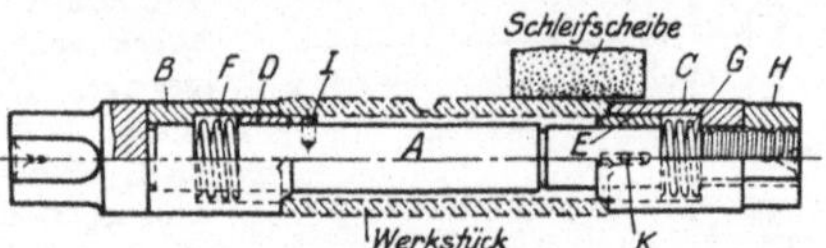

Fig. 18. Anwendung federnder Spannbüchsen beim Außenschleifen von dünnwandigem Werkstück.

aus Röhrenmaterial von 4 mm Wandstärke mit einer Härteschicht von 0,8 mm besteht. Beim Einsetzen und Härten verzieht sich die Bohrung ganz beträchtlich; wollte man den Aufspanndorn auf diese krumme Bohrung schieben, so würde er nur auf den erhabenen Punkten tragen, und die Außenfläche könnte nie genau zentrisch geschliffen werden. Man hat daher folgende Einrichtung getroffen: Der vollständig gehärtete und geschliffene Aufspanndorn A trägt an beiden Enden Muffen B und C, die sich gegen die Endflächen des Werkstückes legen. In diesen Muffen sitzen zwei weitere Buchsen D und E mit abgeschrägter Endfläche und stützen das Werkstück von innen. Diese Muffen D und E stehen unter dem Druck starker Federn und dienen lediglich zur Festlegung des Arbeitstückes, während die Festspannung durch Anziehen der Schraubenmutter H erfolgt, welche die Buchsen B und C starr gegen das Werkstück preßt. Zum Einspannen wird zunächst die Mutter H gelöst, und die Muffen C und E werden zurückgezogen. Damit die Buchse E nicht durch die Federkraft abspringt, wird sie durch einen Stift K in einem Schlitz der Buchse C festgehalten, so daß immer C und E zusammen bleiben und gemeinsam abgezogen werden können. Die Buchse B sitzt fest auf dem Dorn, die Zentrierbuchse D wird durch den Anschlagstift I am Abfallen verhindert. Durch diese Art der Aufspannung wird das Verziehen des Werkstückes während der Bearbeitung vermieden. Man stellt sich zweckmäßig zwei oder drei von diesen Dornen her, so daß der Arbeiter immer wieder ein neues Stück einspannen kann, während ein anderes geschliffen wird.

Eine ähnliche Art der federnden Aufspannung ist in Fig. 19 dargestellt. Der gehärtete und geschliffene Dorn A

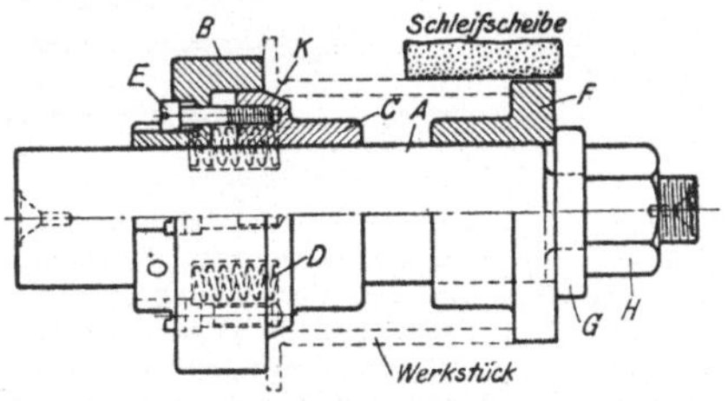

Fig. 19. Federnde Aufspannvorrichtung für dünnwandige Büchse.

trägt eine Hülse B, in welche die unter starkem Federdruck stehende Zentrierbuchse C eingepaßt ist. Durch vier Schrauben E wird die Buchse C vor dem Wegspringen bewahrt. Der Flansch an diesem Ende des Werkstückes ist groß genug, so daß der konische Ansatz K der Hülse C das Werkstück richtig zentrieren und ausrichten kann; das andere Ende stützt sich gegen eine Muffe F mit geradem Ansatz. Das Ausspannen ist sehr schnell durch Lösen der Mutter H und Abziehen der geschlitzten Unterlegscheibe G bewerkstelligt.

4. Expandierende Dorne: Für Werkstücke, die keine zylindrischen oder konischen, sondern beliebig geformte Bohrungen haben, wie z. B. der in Fig. 20 dargestellte

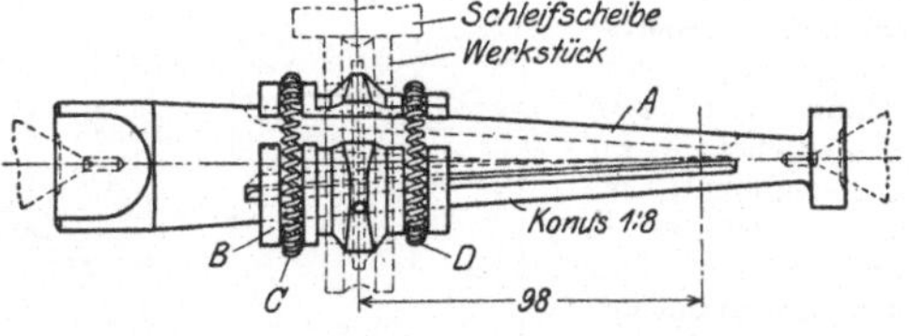

Fig. 20. Aufspannen von Kugellagerlaufring auf expandierendem Dorn.

Laufring für ein Kugellager, eignet sich zur Aufspannung der expandierende Dorn. Die Vorrichtung besteht aus dem konischen Dorn A, auf dem der aus drei Teilen B bestehende expandierende Halter sitzt. Die drei Segmente sind durch Stifte, die in Schlitze des Dornes eingreifen, am Drehen verhindert und werden außerdem durch zwei ringförmige Wurstfedern C und D von außen gehalten. Zum Einspannen

werden die Halter B nach dem schmaleren Ende des Dornes zu geschoben, das Werkstück darübergelegt und dann alles zusammen soweit auf den Dorn getrieben, daß das Werkstück festgespannt sitzt. Wichtig bei dieser Vorrichtung ist die geeignete Bemessung der Steigung des Dornes. Man versuchte es zunächst mit einer Steigung 1:4, die sich jedoch als viel zu steil erwies, so daß das Werkstück nie gerade ausgerichtet werden konnte, weil ein geringer Unterschied in der Längsverschiebung der Segmente schon größere Abweichungen verursachte. Ein befriedigendes Ergebnis erzielte erst ein Dorn von der Steigung 1:8.

Eine andere Vorrichtung zum Außenschleifen, die von den vorherigen stark abweicht, erkennt man in Fig. 21. Es handelt sich darum, eine konische Scheibe A für eine Ventilatorwelle zu schleifen. Die hierbei angewandte Vorrichtung wurde nach dem Vorbild einer alten Spitzenschleifvorrichtung entworfen. Die normale Spindel wurde abgenommen und durch eine besondere verschiebbare Spindel E ersetzt, die das Werkstück mit Hilfe der Spiralfeder B fest-

Fig. 21. Aufspannvorrichtung für konische Scheibe.

hält. Das gegen A gekehrte Ende der Spindel hat einen Schlitz und trägt eine abnehmbare, geschlitzte Unterlegscheibe. Um das Werkstück aus der Vorrichtung abzunehmen, zieht man den Hebel C zurück, der um einen Punkt des Armes D drehbar ist. Damit wird auch die Spindel E zurückgeschoben und die Feder B angedrückt, so daß die geschlitzte Unterlegscheibe und damit auch das Werkstück freigegeben werden. Die Leistung wurde mit dieser Vorrichtung von 800 auf 1200 Stück in neun Stunden erhöht.

Aufspannung beim Innenschleifen.

1. Spannfutter. Am häufigsten benutzt man zum Innenschleifen Drei- oder Vierbackenfutter, deren Einzelheiten in den Fig. 22 u. 23 angegeben sind. Die Spannbacken werden manchmal abnehmbar gemacht, damit man sie der jeweiligen Form des Werkstückes besser anpassen kann; sonst kann man sie auch nach der Einstellung auf der Maschine vor der Benutzung genau abschleifen.

Vorzuziehen ist das Dreibackenfutter, weil die Stützung an drei Punkten besser ist als an vier, besonders bei Werkstücken mit unbearbeiteten Flächen. Für dünnwandige Buchsen ist jedoch die Verwendung des normalen Futters nicht empfehlenswert, weil sich diese Werkstücke unter dem Spanndrucke leicht verziehen, wie weiter unten eingehend erörtert wird.

Für verhältnismäßig kleine Werkstücke eignet sich ein Futter (Fig. 24), das mit einem expandierenden Ring ausgestattet ist. Seine Verwendung beschränkt sich nicht etwa auf zylindrische Stücke; mit geringen Änderungen, insbesondere durch Auswechseln der Backen, läßt es sich auch für andere Werkstücke benutzen, wie weiter unten in Fig. 40 u. 41 gezeigt, wo ein kleines Kegelrad darauf bearbeitet wird.

Fig. 25 gibt eine weitere Konstruktion wieder, nämlich ein durch Druckluft betriebenes Futter. Jede Backe a wird durch den Hebel b geschlossen, der von dem unter Luf - druck stehenden Kolben c seine Bewegung erhält. Die

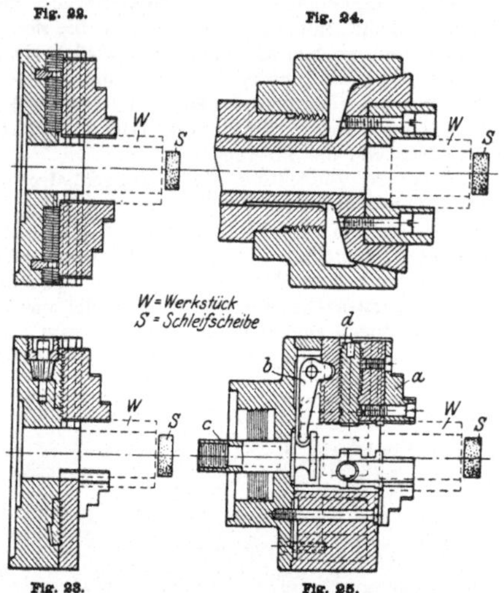

Fig. 22—25. Spannvorrichtungen zum Innenschleifen.
Fig. 22 u. 23. Gewöhnliches Vier- bzw. Dreibackenfutter.
Fig 24. Vierbackenfutter mit expandierendem Ring.
Fig 25. Mit Druckluft betriebenes Dreibackenfutter.

Backen können auch einzeln mit Hilfe der Schrauben d eingestellt werden, um sie den wechselnden Durchmessern bequem anpassen zu können. Dieses Futter läßt sich mit Erfolg für Werkstücke anwenden, die verhältnismäßig regelmäßige Gestalt haben und kräftig genug sind, um den Spanndruck auszuhalten. Der Druckluftbetrieb hat den Vorteil, daß der erzielte Spanndruck immer derselbe ist; was bei mechanischen Vorrichtungen nicht immer zutrifft.

2. Aufspannung von dünnwandigen Hohlkörpern. Wie früher erwähnt, ist es ziemlich schwer, gehärtete, dünnwandige Hohlkörper, wie Buchsen u. dergl., aufzuspannen, ohne sie zu verspannen. Der Grund dafür ist, daß sie sich beim Härten mehr oder weniger verziehen, so daß sich, wenn sie auf einen gewöhnlichen Dorn oder ein normales Futter gebracht werden, fast immer nur wenige Berührungspunkte ergeben, wodurch Spannungen entstehen, sobald die Härteschicht beim Schleifen abgenommen wird. In der Praxis verfährt man meistens so, daß man erst die Bohrung schleift und dann die Buchse auf einen Dorn bringt, um den Außendurchmesser fertigzustellen. Dieser Weg ist jedoch nicht zu empfehlen, sobald die Buchse dünnwandig ist. In diesem Falle ist es besser, zuerst den Außendurch-

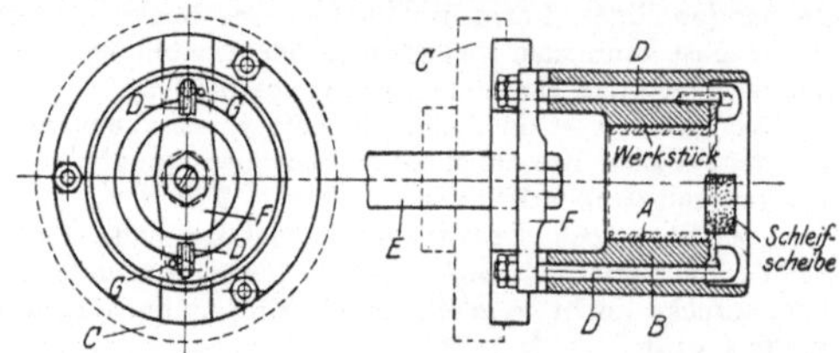

Fig. 26 u. 27. Aufspannvorrichtung zum Innenschleifen von dünnwandigem Arbeitstück.

messer mit Hilfe eines der in Fig. 18 u. 19 dargestellten Dorne zu schleifen und dann zur Bearbeitung des inneren Durchmessers eine Vorrichtung nach Fig. 26 u. 27 oder 28 u. 29 zu benutzen.

Bei Benutzung der Vorrichtung Fig. 26 u. 27 wird der Außendurchmesser der Buchse A vorher anderweitig geschliffen; dann wird das Werkstück in ein genau zum Außendurchmesser passendes Futter B eingelegt, das seinerseits an der Planscheibe C der Schleifmaschine befestigt wird. Diese Planscheibe ist mit der Spindel der Maschine fest verbunden. Die weiteren Glieder der Spannvorrichtung sind die Spannbolzen D, die Zugstange E und die Traverse F. Die Zugstange E geht ganz durch die Spindel durch und zieht mit Hilfe der Traverse F die Spannbolzen D an, die das Werkstück gegen den Druck der Schleifscheibe von den Endflächen her festhalten. Die Vorrichtung hat nirgends herausragende Teile, die störend oder gefährlich wirken könnten. Um das Werkstück abzunehmen, wird die Zugstange E gelockert, und die Spannbolzen D werden bis zu den Anschlagstiften G umgedreht, wodurch das Werkstück vollkommen freigegeben wird.

Für das Gabelstück einer Kardanwelle (Fig. 28 u. 29) ist eine ähnliche Vorrichtung entworfen, die ebenfalls auf die Empfindlichkeit des Werkstückes gegen Verspannung Rück-

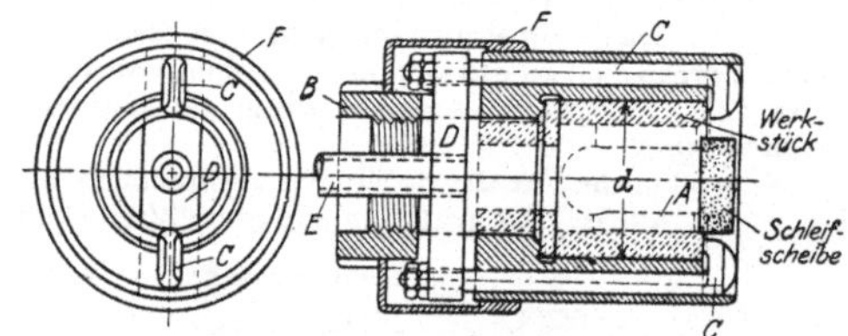

Fig. 28 u. 29. Spannvorrichtung für gegen Verspannung empfindliches Werkstück.

sicht nimmt. Der größere Außendurchmesser des Werkstückes A ist vorher geschliffen worden. Zum Schleifen des Innendurchmessers wird eine Vorrichtung benutzt, die aus einem gußeisernen Zwischenfutter B besteht, das an der Schleifmaschinenspindel mit Gewinde befestigt wird und zwei Spannbolzen C trägt, die durch die Traverse D angezogen werden. Die Traverse D wird von der Zahnstange E betrieben, die durch die hohle Maschinenspindel durchgeht. Als Schutz für den Arbeiter ist ein Ring F vorgesehen, der die Vorrichtung so umschließt, daß sämtliche Schrauben und herausragenden Teile vollkommen abgedeckt sind. Das vordere Ende der Vorrichtung ist genau zentrisch mit der Maschinenspindel geschliffen und paßt genau zu dem Außendurchmesser des Werkstückes.

Vorrichtung zum Innen- und Außenschleifen.

In Fig. 30 ist eine Vorrichtung dargestellt, die zum Schleifen einer Lagermuffe entworfen wurde, wobei in der gleichen Aufspannung die Flächen A und B bearbeitet werden. Hierbei kommt eine Maschine mit zwei Schleifscheiben zur Verwendung, die schon früher in dem Bericht über das Innenschleifen genauer beschrieben wurde*). Die Vorrichtung ist ziemlich einfach und besteht in der Hauptsache aus einer Scheibe C, die auf der Schleifmaschinenspindel befestigt wird, und die eine bearbeitete Fläche zur

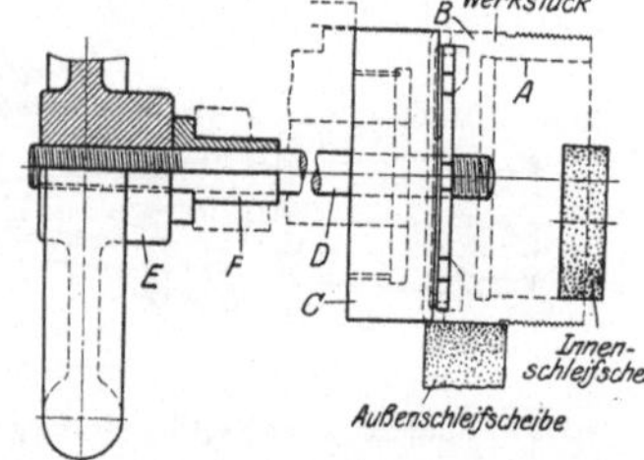

Fig. 30. Aufspannvorrichtung zum gleichzeitigen Innen- und Außenschleifen.

*) Vergl. S. 17 ff.

Stützung des Werkstückes hat. Das Werkstück selbst hat mehrere Nuten, die in entsprechende Vorsprünge der Scheibe C eingreifen, damit es sicher mitgenommen wird. Zum Festspannen dient die Zugstange D, die durch eine Bohrung der Spindel durchgeht und mit dem Handrad E angezogen wird. Zur Führung der Zugstange ist die Lagerbuchse F bestimmt.

Aufspannung von Stirnrädern.

Die Aufspannung von Zahnrädern, die genau geschliffen werden sollen, ist ziemlich schwer, besonders wenn sie gehärtet sind. Die größten Schwierigkeiten werden durch das Verziehen der Werkstücke beim Härten verursacht, weil die Vorrichtung auf diesen Umstand Rücksicht nehmen muß. In der Praxis sind folgende Verfahren in Anwendung:

1. Festhalten der Zahnräder am Außendurchmesser oder an den Zahnspitzen,
2. Festhalten durch Rollen zwischen den Zähnen; die Stützpunkte liegen in diesem Fall etwa auf dem Teilkreis,
3. Benutzung von Vorrichtungen, welche die Zahnräder an der Zahnwurzel fassen.

Zu 1. Das erste Verfahren läßt sich nicht für Zahnräder anwenden, die mit höheren Geschwindigkeiten laufen müssen, weil die Bohrung und der Teilkreis dabei nicht konzentrisch werden.

Zu 2. Das zweite Verfahren liefert bessere Erzeugnisse als das erste, wenn die Zähne genau genug geschnitten worden sind, d. h. wenn die Teilung überall dieselbe ist. Sofern diese Bedingung nicht erfüllt ist, muß man bedenken, daß kleine Abweichungen in der Zahnbreite einen großen Fehler in der Lage der Stützrollen hervorbringen, was sich aus dem Umstande ergibt, daß die Rollen die Zähne in einem sehr spitzen Winkel berühren.

Zu 3. Für genauere Arbeiten wird das dritte Verfahren allgemein empfohlen. Die Spannbacken des Futters berühren den Radkörper an der Zahnwurzel, so daß Unregelmäßigkeiten in der Zahnteilung kaum Einfluß auf die Genauigkeiten des Schliffes ausüben. Außerdem ist es sehr einfach, die Vorrichtung in Ordnung zu halten, da man nur die Spannbacken nach Bedarf alle gleichzeitig abzuschleifen braucht.

Die nächsten Beispiele sollen die eben erwähnten drei Verfahren näher bezeichnen.

Eine Vorrichtung, die nach dem Verfahren 2 arbeitet zeigen Fig 31—33. Der gußeiserne Körper A wird auf die Spindel der Innenschleifmaschine geschraubt und trägt einen Spannring B aus Rotguß. Aus Fig. 32 u. 33 sieht man, daß der Ring B so mit dem Körper A verbunden ist, daß er vorwärts und rückwärts verschoben werden kann. Er wird dabei mittels eines Handrades C betätigt, das mit Gewinde K an der inneren Bohrung von B angreift. Das Handrad wird auf der Vorrichtung mittels eines Ringes D aus Rotguß gehalten. Um die Reibung nach Möglichkeit zu verringern, ist ein Kugellager E zwischen Handrad und Vorrichtungskörper angeordnet. Der

Spannring B trägt innen einen konischen, gußeisernen Ring F, mit dem er durch kleine Schrauben L verbunden ist. Damit in Verbindung steht der expandierende Ring G aus gehärtetem Stahl. Innerhalb dieses Ringes wird von außen der mit den Stützrollen I versehene Ring H (am besten aus Fig. 31 zu ersehen) eingelegt. Es sind im vorliegenden Falle neun Rollen vorgesehen, die jedesmal zwischen zwei Zähne des Zahnrades eingreifen. Sobald man das Handrad C anzieht, wird der geschlitzte Ring G geschlossen, wodurch die Rollen das Zahnrad fest und sicher einspannen,

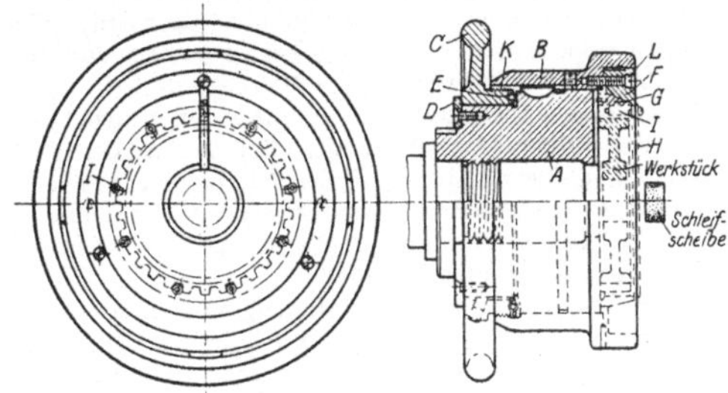

Fig 32 u. 33. Aufspannung für Stirnrad zum Innenschleifen.

so daß die Bohrung geschliffen werden kann. Die Teile F, G, H und I sind auswechselbar und müssen natürlich für jedes Zahnrad besonders hergestellt werden.

Eine weitere Vorrichtung für Stirnräder zeigen Fig. 34 u. 35. Sie hat ein besonderes Zwischenfutter A, das an

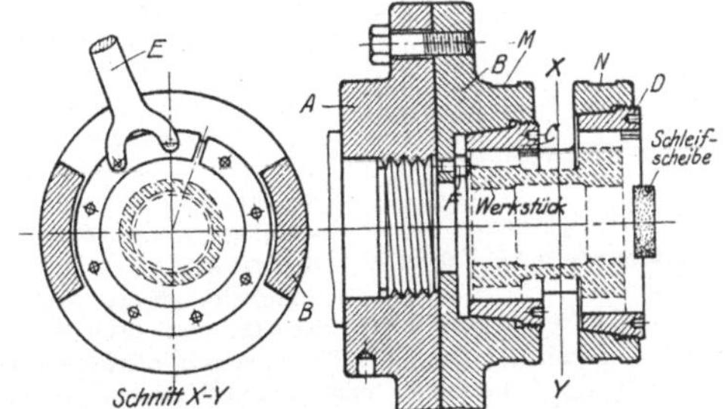

Fig. 34 u. 35. Spannvorrichtung für Stirnräder.

der Spindel der Maschine mit Gewinde befestigt wird. Auf dieses Futter A wird der Vorrichtungskörper B aufgeschraubt, der zwei geschlitzte Ringe C und D aufnimmt, um das Zahnrad an zwei äußeren Durchmessern festzuhalten. Zum Festspannen der Ringe dient der Sonderschlüssel E. Damit man mit diesem Schlüssel auch den hinteren Ring C erreichen kann, ist die Vorrichtung in der aus der Abbildung ersichtlichen Weise ausgespart. Der gehärtete Stahlstift F dient als Anschlag für den Zahnkörper. Die Vorrichtung läßt sich

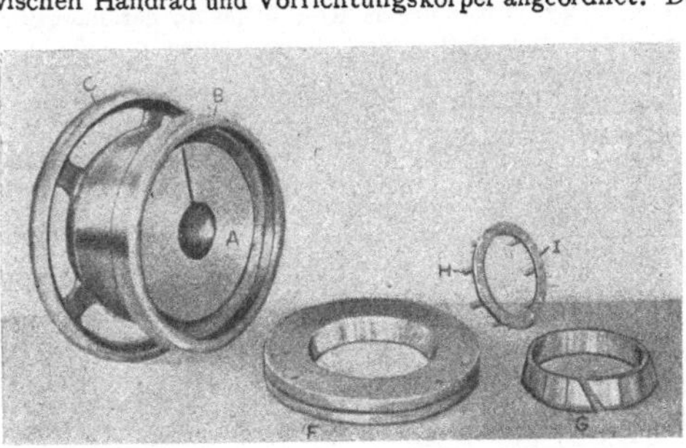

Fig. 31. Spannvorrichtung für Stirnrad.

Fig. 36. Spannvorrichtung zum Innenschleifen von Kegelrad.

mit einem Anzeiger genau zentrieren; dafür sind die bearbeiteten Flächen M und N vorgesehen.

Vorrichtungen für Kegelräder.

Bei der Konstruktion der Spannvorrichtungen für Kegelräder herrschen verschiedene Meinungen über die Ausbildung der Rollen und Stifte, die zur Stützung der Zahnräder zwischen den Zähnen verwendet werden sollen. Es können hierbei nämlich entweder rein zylindrische oder konische Rollen zur Anwendung kommen; es scheint aber, daß die Anwendung der konischen Rollen die richtige ist.

Um den Durchmesser und die Konizität der Stützrollen richtig zu bemessen, geht man am besten so vor, daß man den größeren Durchmesser so groß macht, daß die Oberfläche der Rolle ungefähr um 1,5 mm über den Außendurchmesser des Kegelrades herausragt. Der Konus der Rolle muß so sein, daß seine Spitze mit der Spitze des Erzeugungskegels des Zahnrades zusammentrifft, wie Fig. 37 (Punkt P) zeigt. Wie man am besten die Rollen lagert, wird in den nächsten Beispielen näher erläutert.

Eine Vorrichtung zur Aufspannung von Kegelrädern beim Innenschleifen ist in Fig. 36 u. 37 zur Darstellung gebracht. Hierbei sind drei Paare von konischen Stiften E (Fig. 36) zur Verwendung gekommen, von deren Abmessungen weiter oben die Rede war. Eine Planscheibe A (Fig. 37) wird mit Gewinde an der Schleifmaschinenspindel befestigt. Mit dieser durch Schrauben verbunden ist eine zweite Scheibe C, deren Endfläche in einem geeigneten Winkel bearbeitet ist, um das Kegelrad D aufzunehmen, nachdem die konischen Stifte E dazwischengelegt worden

Fig. 37.
Spannvorrichtung für Kegelrad

sind. Diese konischen Stifte werden von dreieckigen Platten F gehalten. Die Teile F sind durch Schrauben H an der Platte C befestigt und staubdicht verschlossen. Die Stifte sind nachgiebig gelagert, damit sie geringe Abweichungen in der Zahnteilung ausgleichen können. Das Kegelrad wird mit Hilfe einer Klappe G durch eine Flügelmutter K gegen die Vorrichtung gedrückt

Eine ähnliche Vorrichtung zum Schleifen eines Kegelrades mit langem Ansatz ist in Fig. 38 wiedergegeben. Der Vorrichtungskörper A, der auf der Planscheibe B befestigt wird, hat zwei vorspringende Arme C mit einer Scharnierklappe D. Das Werkstück E hat eine Gesamtlänge von

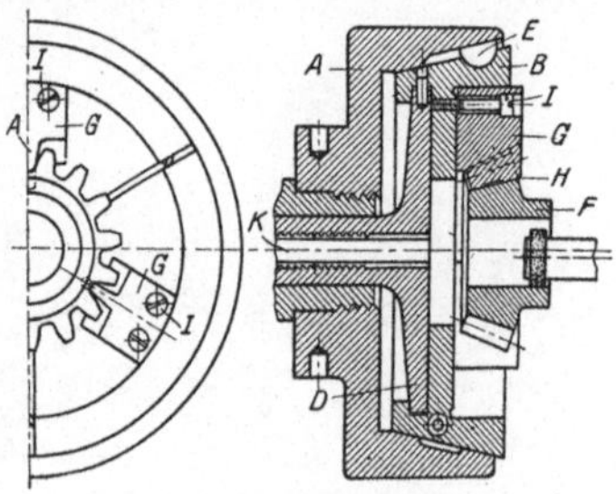

Fig. 38. Aufspannung von Kegelrad mit langem Ansatz.

205 mm, die zu schleifende Bohrung ist 156 mm lang und hat einen Durchmesser von 60 mm. Die Scharnierklappe D trägt eine Buchse F, in welche der Zentrierbolzen G eingeführt wird, um das Werkstück vor dem Einspannen richtig zu zentrieren. Das Kegelrad wird am Teilkreis der Zähne durch drei Kugeln H gestützt, die in der aus der Abbildung ersichtlichen Weise durch Schrauben gehalten werden. Die innere Kante der Buchse F ist abgeschrägt, damit sie bequem zum Zentrieren der Kegelwelle benutzt werden kann.

Bemerkenswert an dieser Vorrichtung ist die damit verbundene Abziehvorrichtung für die Innenschleifscheibe. Der Diamanthalter I wird an der Klappe D befestigt und mittels einer gekordelten Mutter genau eingestellt. Zum Abziehen der Scheibe hält man die Werkstückspindel fest, während der Diamant mit der Schleifscheibe in Berührung gebracht wird. Die Scheibe wird einige Male hin und her geführt, bis sie fertig abgezogen ist.

Die aus Fig. 39 ersichtliche Vorrichtung ähnelt in ihrem Aufbau den Vorrichtungen nach Fig. 36 u. 37. Hier ist nur eine andere Anordnung der konischen Stifte zur Unterstützung der Zähne gewählt. Es werden sechs konische

Fig. 39. Spannvorrichtung für Kegelrad.

Stifte C angewendet, die mittels Schrauben am Futter A befestigt sind. Das Kegelrad D wird mit Hilfe der Spannplatte E festgehalten, die zwei gehärtete Stifte trägt, die das Kegelrad von vorn stützen. Die feste Anordnung der konischen Stifte läßt sich hier anwenden, weil es sich um ein Kegelrad mit größerer Teilung handelt.

Für verhältnismäßig kleine Kegelräder eignet sich das in Fig. 40 u. 41 dargestellte Spannfutter. Dieses besteht aus einer gußeisernen Scheibe A, die an der Maschinenspindel festgeschraubt wird und so bearbeitet ist, daß sie den geschlitzten, konischen Ring B aufnehmen kann. Die Zugstange K wird mit einer Scheibe D in Verbindung gebracht, die ihrerseits an dem Ring B durch Stifte befestigt ist. Eine Verdrehung von B wird durch einen Halbrundkeil E verhindert. Der expandierende Ring B ist an der Innenseite so ausgearbeitet, daß er drei Spannbacken G aufnehmen kann, die das zu bearbeitende Kegelrad festhalten. Zur Befestigung der Backen G dienen die Schrauben I. Die Spannbacken sind mit Vorsprüngen versehen, die zwischen zwei Zähne des Werkstückes greifen, wie bei H ersichtlich. Ein

Fig. 40 u. 41. Spannfutter zum Innenschleifen kleiner Kegelräder.

Herausspringen des Kegelrades ist ausgeschlossen. Die Bedienung dieser Vorrichtung ist äußerst einfach. Man braucht keine Klappen oder Schrauben zu betätigen, wie bei den früheren; mit einem einzigen Griff ist die Einspannung bewerkstelligt. Gegen diese Vorrichtung kann man einwenden, daß, wenn die Vorsprünge H der Spannbacken nicht genau zu dem Zahnloch passen, Ungenauigkeiten entstehen können.

Zum Schleifen der inneren Bohrung und der Rückseite eines ringförmigen Kegelrades ist die Vorrichtung Fig. 42 u. 43 bestimmt. Eine Planscheibe A ist so ausgebildet, daß sie ein Zahnrad B von denselben Abmessungen wie das zu schleifende Werkstück aufnehmen kann. Die Länge des größten Teiles der Stützzähne ist auf der inneren Seite um etwa drei Viertel

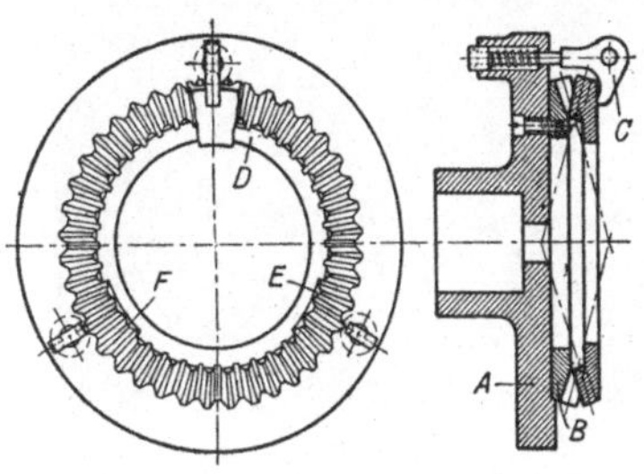

Fig. 42 u. 43. Aufspannen von Kegelrad auf Stützkegelrad.

ihres Betrages verkürzt worden, so daß im ganzen nur drei Gruppen D, E und F von je drei oder vier unverkürzten Zähnen übrigbleiben. Das zu schleifende Kegelrad wird umgekehrt auf das Stützkegelrad gebracht und mittels des aus der Abbildung ersichtlichen Klemmhakens C gehalten. Diese Einrichtung zentriert von selbst; dabei braucht man nur das Werkstück so hineinzulegen, daß seine Zähne genau mit den ganzen Zähnen der Vorrichtung passen. Auf diese Weise ist auch eine sichere Mitnahme des Werkstückes erreicht, wobei die Haken C keine große Beanspruchung erleiden.

Spannvorrichtung für Gasmaschinenkolben.

Für ein derartiges Werkstück wurde die Vorrichtung Fig. 44—46 entworfen. Der Vorrichtungskörper A (Fig. 44 u. 46) ist auf der Planscheibe B mit Hilfe der Spannklötze C an T-Nuten festgeschraubt. Die Bohrung M der Vorrichtung ist so geschliffen, daß sie zu dem Außendurchmesser des Kolbens richtig paßt. Am Boden der Vorrichtung ist eine durch Federn betätigte Platte D, welche dazu dient, den Kolben gegen die Deckelplatte E zu stützen.

Die Wirkungsweise der Vorrichtung ist folgende: Das Werkstück wird zunächst in die Vorrichtung hineingebracht und mittels des Lehrbolzens G (Fig. 44) so ausgerichtet, daß die zu schleifende Bohrung für den Pleuelbolzen genau mit der Buchse der Vorrichtung fluchtet. Die Scharnierklappe F wird dann geschlossen und die Flügelmutter H angezogen.

Wenn der Federdruck der Bodenklappe nicht ausreicht, wird die Schraube I nachgezogen, wodurch die Druckplatte J und dadurch die Feder K stärker gegen die Bodenplatte drücken. Sobald der Kolben richtig sitzt, nimmt man den Lehrbolzen G ab, und die Schleifarbeit kann beginnen. Bei derartigen Vorrichtungen verlangt man vor allen Dingen, daß die Bohrung für den Pleuelbolzen

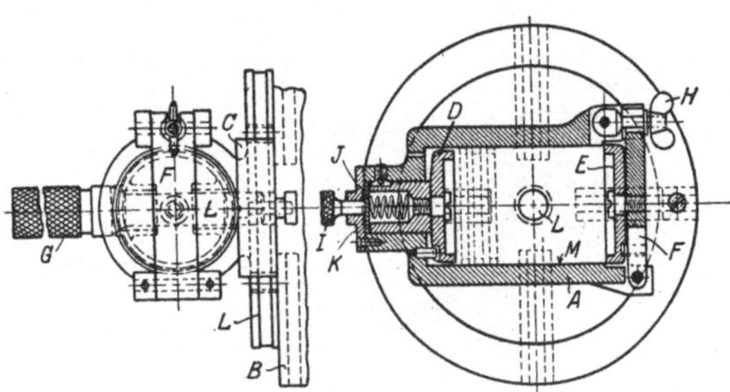

Fig. 45 u. 46.
Einzelheiten der Spannvorrichtung für Gasmaschinenkolben.

genau im rechten Winkel zur Kolbenachse liegt, was im vorliegenden Falle vollkommen erreicht wird

Einstellbare Vorrichtungen.

In Fig. 47 sieht man eine Vorrichtung zum Schleifen des Zylinderkörpers für eine Luftpumpe. Es handelt sich um die Bearbeitung von vier Bohrungen von etwa 32 mm Länge und 19 mm Durchmesser.

Der Vorrichtungskörper B ist durch zwei seitliche Führungsstücke C an der Planscheibe A befestigt. Das Werkstück D wird auf den verschiebbaren Schlitten B der Vorrichtung mittels der Schrauben E aufgespannt. Um jede Bohrung des Werkstückes mit der Maschinenspindel auszurichten, lockert man die Schrauben E, darauf verschiebt man den Schlitten B, bis der Zentrierbolzen F in eine darunter befindliche Bohrung der Vorrichtung einschnappen kann. In dieser Lage liegt die betreffende Bohrung des Werkstückes in einer Flucht mit der Spindel. Die Platte G dient lediglich zum Massenausgleich.

Spannvorrichtungen für Flächenschleifmaschinen.

Eine gute Vorrichtung zum Einspannen von mehreren Werkstücken auf einmal zeigen Fig. 48 u. 49. Sie wird am drehbaren Tisch einer Flächenschleifmaschine befestigt und kann 28 Buchsen aufnehmen, die auf einmal geschliffen werden. Die Einspannung ist aus dem Schnitt X—Y ersicht-

Fig. 44. Spannvorrichtung für Gasmaschinenkolben.

Fig. 47. Aufspannung beim Innenschleifen der Zylinder einer Luftpumpe.

lich. Dazu dienen die Spannhebel A, die mit den Klemmbolzen B verbunden sind, die durch den Kranz der Vorrichtung durchgehen und auf eine Platte C wirken. Mit dieser Platte sind die eigentlichen Klemmstifte D zu je zwei fest

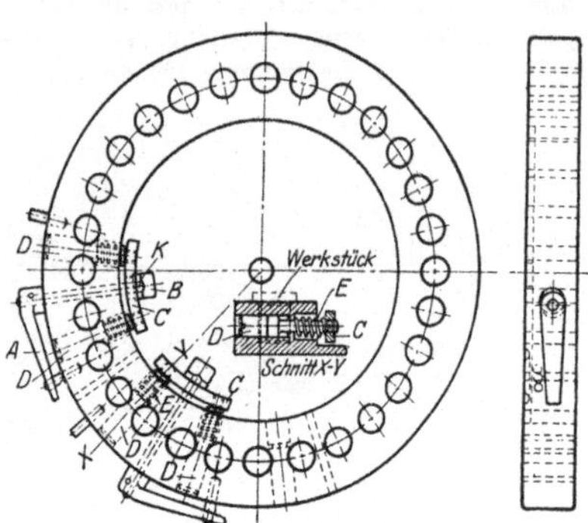

Fig. 48 u. 49.
Gleichzeitiges Einspannen von 28 Arbeitstücken
auf Flächenschleifmaschine.

verbunden. Die Spiralfedern E halten die Klemmstifte in Berührung mit dem Werkstück. Durch Umlegen des Klemmhebels A kommt ein Vorsprung K des Bolzens B in Tätigkeit, wodurch die Platte C und damit die Klemmstifte D von den Werkstücken zurückgeschoben werden.

Eine weitere Vorrichtung, die zum Einspannen der Rollen für Walzenlager auf einer Flächenschleifmaschine benutzt wird, ist in Fig. 50 zu sehen. Auf einer Grundplatte A

sind zwei Reihen von segmentartigen Klötzen B aufgeschraubt. An den aus der Abbildung ersichtlichen Rollen sollen die beiden Endflächen geschliffen werden; sie werden zu dem Zwecke zwischen V-förmigen Spannklötzen gehalten. Es sind beständig zwei derartige Vorrichtungen im Gebrauch; wenn die eine beschickt wird, steht die andere unter der

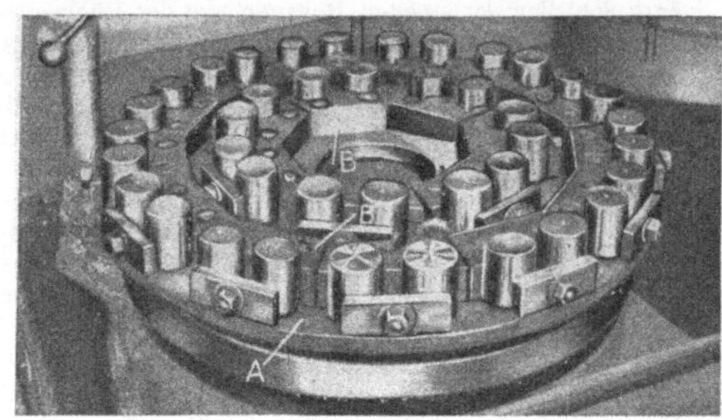

Fig. 50.
Spannvorrichtung zum gleichzeitigen Schleifen von
40 Arbeitstücken.

Schleifmaschine, wodurch eine fast ununterbrochene Arbeitsweise erzielt wird. Zum Nachmessen dient ein Minimeter, das an einem aus der Abbildung ersichtlichen Arm aufgehängt ist.

Damit ist eine Übersicht der gebräuchlichsten mechanischen Spannvorrichtungen für Schleifarbeiten gegeben.

M. T.

Über Schleifmittel.

Unter Schleifen versteht man in der Technik die Erzeugung von ebenen oder gekrümmten Flächen durch eine Vielheit von verhältnismäßig sehr kleinen Schneidspitzen, die sich an dem sogen. Schleifkorn befinden. Die durch eine passende Bindung zusammengehaltenen Schleifkörner bilden in ihrer Gesamtheit das Schleifwerkzeug.

Das Schleifwerkzeug befreit die Oberfläche des zu schleifenden Gegenstandes von allen Unebenheiten und erzeugt auf ihm eine gleichmäßige, von feinen Rissen durchzogene Schleiffläche.

Das Schleifkorn, dem zweckmäßig eine hohe Arbeitsgeschwindigkeit erteilt wird, muß naturgemäß gegenüber dem zu schleifenden Gegenstande einen Überschuß an Härte haben, und ein Werkstück, das härter ist als das Schleifkorn, wird sich eben nicht schleifen lassen, z. B. wird ein Diamant niemals durch ein Korundpulver mit Fazetten versehen werden können. Es wird also die Härte in erster Linie die Tauglichkeit eines Schleifkornes bestimmen.

Betrachtet man die Härte als die Widerstandskraft eines Körpers gegen das Eindringen eines Fremdkörpers, so kann man diese Anschauung ohne weiteres auf die Schleifvorgänge übertragen, weil es sich auch hier um das Einschneiden scharf begrenzter Körper in das Werkstück handelt. Man pflegt die Härte zweier verschiedener Körper durch Ritzversuche zu bestimmen und hält sich gewöhnlich an die zehnstufige Härteskala von Mohs, die den Vorteil der Anschaulichkeit vor mehrgliedrigen Systemen hat und bis heute als die praktischste gilt. Nach Mohs (Fig. 1) besitzt:

Talk	Härtegrad	1
Steinsalz	,,	2
Kalkspat	,,	3
Flußspat	,,	4
Apatit	,,	5
Orthoklas	,,	6
Quarz	,,	7
Topas	,,	8
Korund	,,	9
Diamant	,,	10.

In dieser Skala nehmen die verschiedenen Eisensorten vom weichsten reinen Eisen bis zum härtesten Hartstahl die

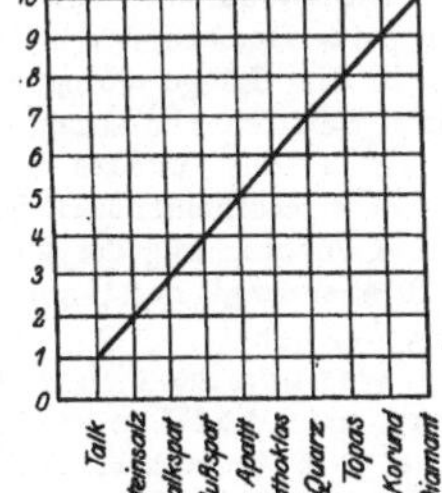

Fig. 1. Härtezahlen nach Mohs.

Härtegrade etwa von 3 bis 8 ein. Die Reihe von Mohs versagt jedoch von Stufe 8 ab, bei der Untersuchung von Schleifmitteln kommen aber gerade die höchsten Härtestufen in Frage. Jeder Diamantschleifer weiß, daß man Edelsteine wie Topas, Rubin, Saphir mit dem Härtegrad 8 bzw. 9 der Reihe von Mohs mit Diamantpulver wesentlich rascher schleifen kann, als dies mit reinstem Saphirpulver möglich ist. Die Härte des Diamanten übertrifft aber die des Korundes ganz bedeutend, ohne daß dies aus einer Skala unmittelbar hervorgeht. Der Unterschied zwischen den Härtegraden 8 und 9 z. B. ist sehr viel geringer als der zwischen Stufe 9 und 10. Infolgedessen ist man übereingekommen, die Härte quantitativ richtiger zu bestimmen, und man benutzt heute meist das sogen. sklerometrische Verfahren, das sonst fast ausschließlich nur bei mineralogischen Untersuchungen in Anwendung kommt. Das Prinzip dieser Bestimmungen ist das folgende: Auf die zu ritzende Fläche des zu untersuchenden Kristalles wird eine Diamantspitze gesetzt, die durch aufgelegte Gewichte einen bestimmten Druck auf den Körper ausübt. Durch eine Führung kann man den Gegenstand unter der Spitze fortbewegen. Man beobachtet nun, bei welcher Belastung der erste deutliche Riß auf der Oberfläche entsteht. Die Belastungen stehen in direktem Verhältnis zur Härte. Dieses von Seebeck angegebene Verfahren ist jedoch, wie schon bemerkt, auf mineralogische Untersuchungen im wesentlichsten beschränkt geblieben. Doch gibt es Werte für die Härte der einzelnen Glieder der Reihe von Mohs, die ganz überzeugend die großen Unterschiede der einzelnen Grade erkennen lassen. Setzt man z. B. Korund = 1000, so ergeben sich für die Mineralien der Reihe von Mohs folgende Zahlen[1]:

Talk	sehr gering
Gips	0,04
Kalkspat	0,26
Flußspat	0,75
Apatit	1,23
Orthoklas	25
Quarz	40
Topas	152
Korund	1000
Diamant	sehr viel größer als 1000.

Die Abstände, welche die Glieder der Reihe von Mohs voneinander trennen, werden noch anschaulicher, wenn man eine andere Definition der Härte annimmt und diese als den durch die Kohäsion der Moleküle des Körpers bedingten Widerstand bezeichnet, der der Abnutzung einer ebenen Fläche entgegengesetzt wird (nach Dana). Man bestimmt die Härte nach dieser Definition durch Feststellung des Gewichtsverlustes des Kristalles beim Abschleifen durch eine gewogene Kornmenge, wobei das Abschleifen so lange fortgesetzt wird, bis das Korn nicht mehr wirkt oder, wie man sich ausdrückt, „totgeschliffen" ist. Die Gewichtsabnahme des Körpers ist umgekehrt proportional der Härte. Diese Bestimmungen ergeben Zahlen, die auch die obengenannten Eigentümlichkeiten der Härteunterschiede zeigen und von den Richtungen unabhängig sind, nach denen am Kristall die Härte gemessen wird. Setzt man die Härte des Korundes = 1000, so erhält man nach Rosiwal[2] folgende Werte:

Talk	0,03
Gips	1,25
Kalkspat	4,5
Flußspat	5
Apatit	6,5
Orthoklas	37
Quarz	120
Topas	175
Korund	1000
Diamant	140000

Die Eigenschaft der Härte bestimmt jedoch für sich allein noch nicht die Tauglichkeit eines Schleifkornes, vielmehr hängt die Schleifleistung in hohem Maße von der Form und gewissen Kohäsionseigenschaften des Schleif-

---

[1] Die Werte stellen die von Jaggar mit seinem Mikrosklerometer gewonnenen dar. Vergl. die Abhandlung in „Zeitschrift für Kristallographie" Bd. 29 (1898), S. 262—275).

[2] S. „Verhandl. d. Geol. Reichsanst." 1896, S. 475.

kornes ab. Es wird z. B. einen großen Unterschied bedingen, ob ein Korn glatte Flächen mit messerscharfen Kanten oder ob es kugelige Form hat. Ein rundes Korn wird naturgemäß viel weniger leicht in das Werkstück eindringen. Ist

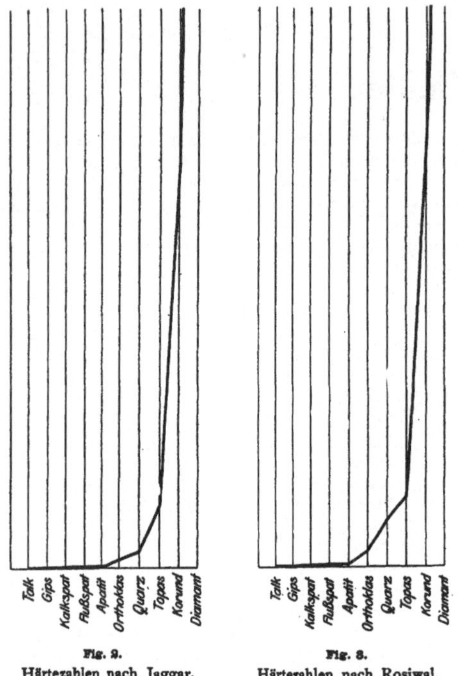

Fig. 2.
Härtezahlen nach Jaggar.

Fig. 3.
Härtezahlen nach Rosiwal.

das Korn auf seiner Oberfläche rauh, uneben, hügelig, so wird es dem abfließenden Span einen erheblichen Widerstand entgegensetzen. Aber selbst das glatteste Korn ist unter Umständen auch bei großer Härte zum Schleifen schlecht geeignet, wenn es durch sein Kristallgefüge, durch die sogen. Spaltbarkeit oder die in Zwillingsverwachsungen begründete Teilbarkeit allzuleicht spaltet, und der ganze Kristall unter der Beanspruchung seitens des Werkstückes in feine und feinste Teilchen zerfällt. Oder es ist das Korn nicht kristallinischer Natur, sondern an sich spröde, wie z. B. Glas, so daß schon bei geringer Beanspruchung von dem Korn fortgesetzt Teilchen abbrechen. Es ist also in der Schleiftechnik bei jedem Korn ein bestimmter Grad von Zähigkeit notwendig, wenn man unter Zähigkeit die Fähigkeit versteht, stoßenden oder reißenden Kräften einen bestimmten Widerstand entgegenzusetzen.

Die Schleifleistung eines Kornes ist weiterhin in sehr erheblichem Maße von der Natur des Körpers abhängig, den es bearbeiten soll. Man wird im allgemeinen mit ein und demselben Korn nicht dieselbe Schleifleistung bei ausgesprochen spröden Werkstoffen, wie beispielsweise Gußeisen und allen Gesteinsarten, und bei spanbildenden Stoffen, wie z. B. Schmiedeeisen, erzielen können. Ein Universalschleifmittel, mit dem man alle Werkstoffe gleich gut schleifen könnte, gibt es z. Zt. noch nicht.

Deshalb ist es notwendig, erst die Eigenschaften der einzelnen Schleifmittel kennen zu lernen, ehe für jede Schleifarbeit das die günstigste Schleifleistung liefernde Korn bestimmt werden kann.

Das wertvollste Hilfsmittel bei diesen Materialuntersuchungen ist das Mikroskop, das auf einfache und rasche Weise Aufschluß über die wichtigsten hier in Frage kommenden Eigenschaften gibt. Planmäßige Materialuntersuchungen zur Ermittlung der günstigsten Schleifleistungen

für die einzelnen Werkstoffe sind bisher nicht bekannt geworden. Die Schleiftechnik begnügte sich seither mit mehr oder minder roh ermittelten Erfahrungswerten. Die in der Literatur sich vorfindenden Angaben sind teils offensichtlich falsch, teils einseitig und mißdeutig, besonders wenn sie aus einer wirtschaftlich interessierten Quelle stammen.

Die einzelnen Schleifmittel lassen sich unterscheiden in:

a) natürliche und künstliche Gläser,
b) Quarz und Chalzedon,
c) natürliche und künstliche Korunde, Schmirgel,
d) Siliziumkarbid und
e) Diamant.

Diese Gruppen werden hier nacheinander besprochen, und in Fig. 4—37 sind die einzelnen Schleifmittel selbst, wie sie sich unterm Mikroskop darstellen, in Vergrößerung wiedergegeben.

a) Natürliche und künstliche Gläser.

Bimsstein: Unter Bimsstein (Fig. 4) versteht man glasige Erstarrungsprodukte von natürlichen vulkanischen Schmelzflüssen, die je nach ihrer chemischen Zusammensetzung als trachytisch, liparitisch oder basaltisch bezeichnet werden. Der fast allen vulkanischen Produkten eigene hohe Gehalt an eingepreßtem Wasserdampf bedingt bei allen Laven, zu denen man auch Bimsstein zählen muß, ein sehr poröses Gefüge, das beim Bimsstein die äußerste Grenze erreicht hat, indem durch die zahllosen Dampfblasen die zähflüssige Masse zu schaumigen Gebilden aufgetrieben und zugleich eine starke Abkühlung an der Luft herbeigeführt wurde. Die rasche Erstarrung der Bimssteine ist die Ursache ihres glasartigen Gefüges; bei langsamer Abkühlung hätten sich die Laven mehr kristallinisch ausgebildet, während beim Bimsstein nur sehr vereinzelte Kristallausscheidungen beobachtet werden können. Die im großen und ganzen glasige Beschaffenheit bedingt im Polarisationsmikroskop bei gekreuzten Nicols die Dunkelheit des Bimssteindünnschliffes, abgesehen von den hell erscheinenden, aber sehr spärlichen kristallinen Einschlüssen.

Auffallend ist in einem Bimssteindünnschliff fernerhin der große Reichtum an kleinen und kleinsten Bläschen, die oft in die Länge gezogen sind (Fig. 6) und manchmal ganze Scharen von scharf abgegrenzten (durch die Totalreflexion des Lichtes an den Wandungen oft ganz schwarz erscheinenden) Streifen und Kanälen bilden. Die Lichtbrechung der glasartigen Grundmasse ist gering und übersteigt meist nur wenig die des Kanadabalsams (1,53—1,54).

Was nun die wichtigen Kohäsionseigenschaften anbelangt, so ist die Härte des Bimssteins meist nur mittelmäßig, etwa 5—6; bemerkenswert ist seine große Sprödigkeit; wie leicht Bimsstein sich pulvern läßt, ist bekannt. Er verhält sich gerade so wie gewöhnliches Kunstglas. Im mikroskopischen Bilde seines Pulvers sind die glasigen, scharfkantigen und eckigen Bruchstücke mit den charakteristischen langgezogenen Blaseneinschlüssen sowie das Dunkelbleiben bei gekreuzten Nicols bezeichnend.

Wegen seiner großen Sprödigkeit und geringen Härte eignet er sich nicht zum Schleifen von Metallgegenständen, dagegen ist er mit gutem Erfolg zum Schleifen von Holz und Faserstoffen, Horn und Hartgummi, weichen Kunststeinmassen, Xylolith, Kunstmarmor u. dgl. zu verwenden, obwohl es auch hierfür, wie noch ersichtlich wird, besseres Schleifmaterial gibt.

Das geringe spezifische Gewicht des Bimssteins (0,91) in groben Stücken erklärt sich durch sein überaus poröses Gefüge, er schwimmt sogar auf Wasser, sein Pulver (Fig. 5) dagegen sinkt darin unter und erreicht schließlich die Dichte von Obsidian, dem natürlichen, erstarrten Glasfluß von vulkanischen Laven, 2,4—2,5 (Fig. 6).

Kunstglas: Unter Glas (Fig. 7) versteht man einen unterkühlten Silikatschmelzfluß, der Natron oder Kali mit

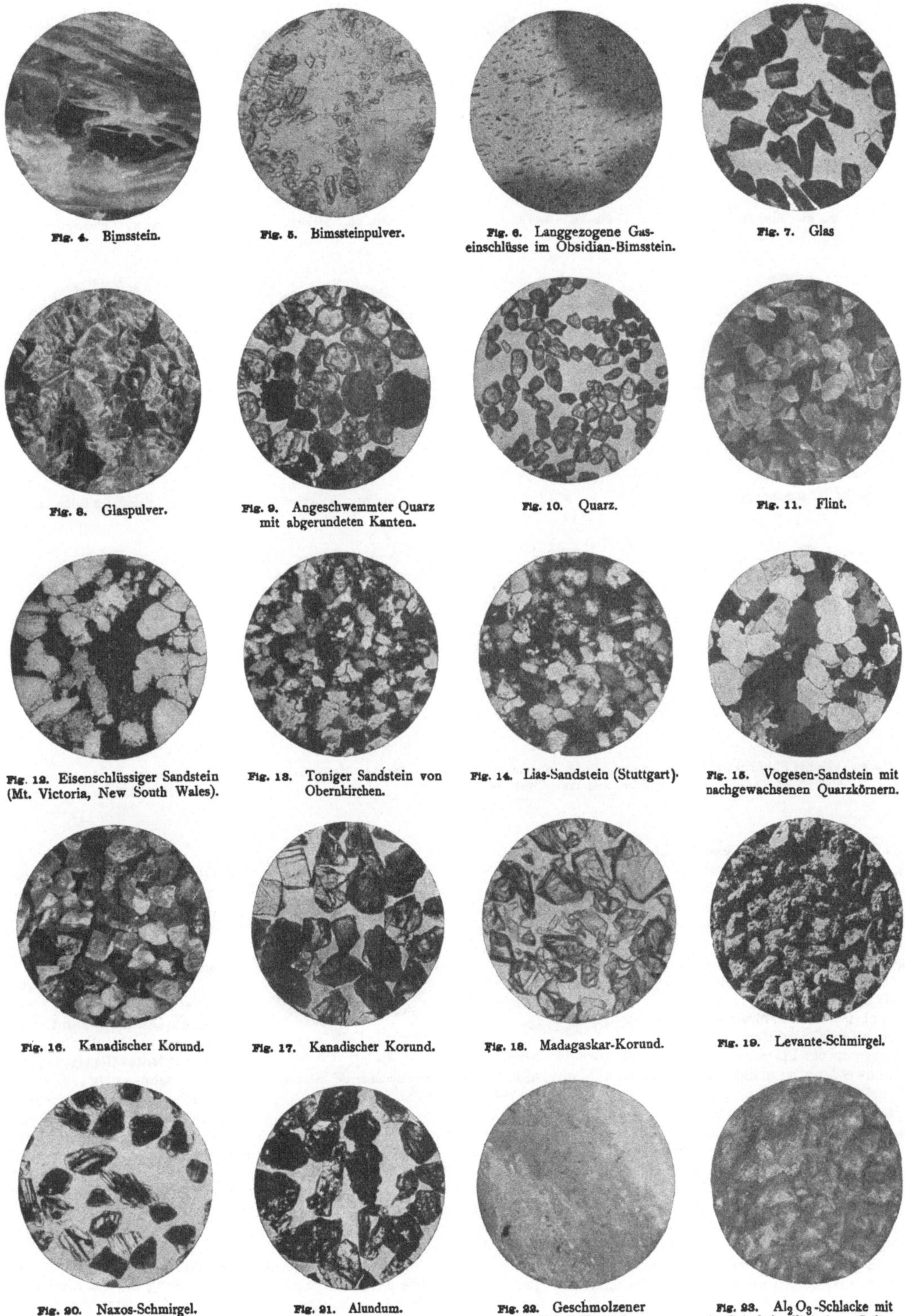

Fig. 4. Bimsstein.

Fig. 5. Bimssteinpulver.

Fig. 6. Langgezogene Gaseinschlüsse im Obsidian-Bimsstein.

Fig. 7. Glas

Fig. 8. Glaspulver.

Fig. 9. Angeschwemmter Quarz mit abgerundeten Kanten.

Fig. 10. Quarz.

Fig. 11. Flint.

Fig. 12. Eisenschlüssiger Sandstein (Mt. Victoria, New South Wales).

Fig. 13. Toniger Sandstein von Obernkirchen.

Fig. 14. Lias-Sandstein (Stuttgart).

Fig. 15. Vogesen-Sandstein mit nachgewachsenen Quarzkörnern.

Fig. 16. Kanadischer Korund.

Fig. 17. Kanadischer Korund.

Fig. 18. Madagaskar-Korund.

Fig. 19. Levante-Schmirgel.

Fig. 20. Naxos-Schmirgel.

Fig. 21. Alundum.

Fig. 22. Geschmolzener künstlicher Korund.

Fig. 23. Al_2O_3-Schlacke mit deutlich kristallinischem Gefüge.

Fig. 4—23. Mikroskopische Bilder verschiedener Schleifmittel in vergrößerter Wiedergabe.

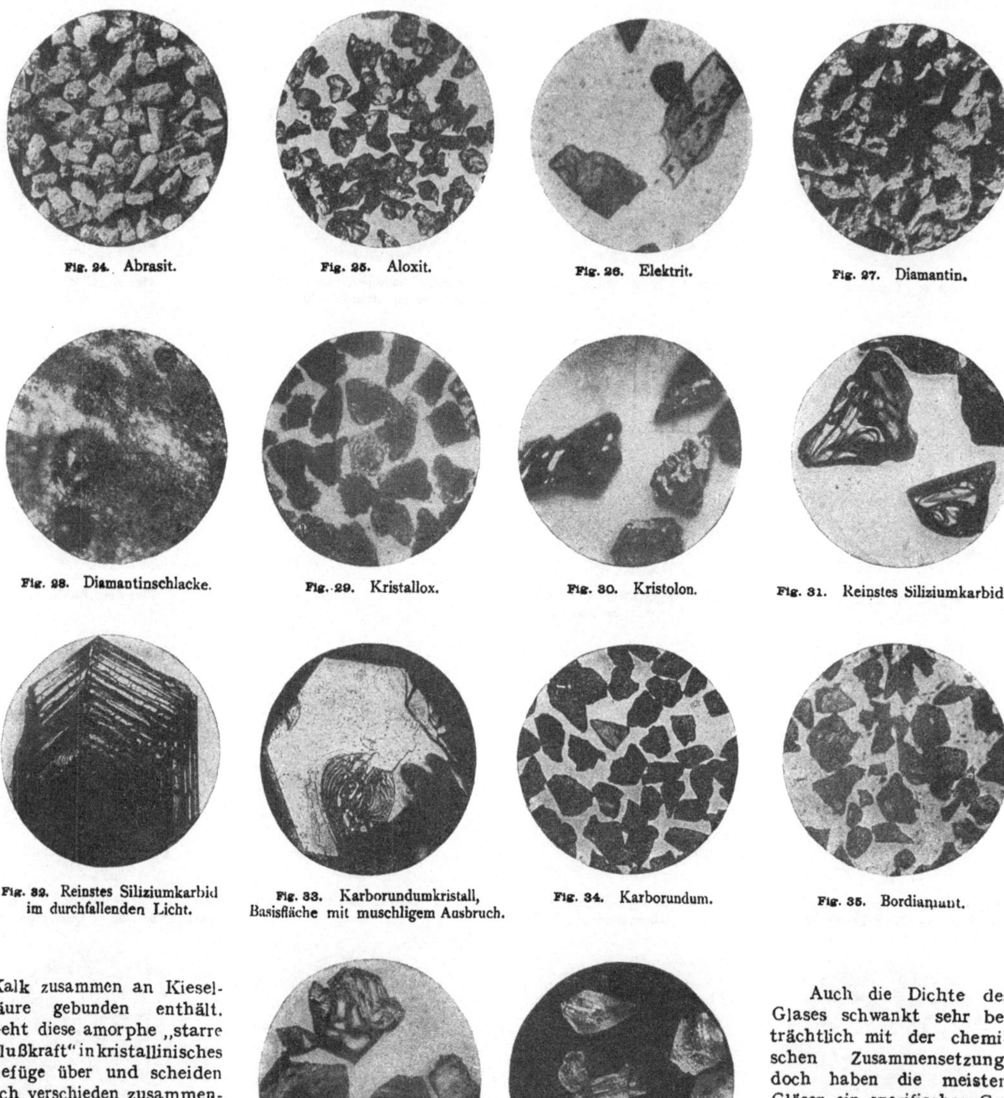

Fig. 24. Abrasit.   Fig. 25. Aloxit.   Fig. 26. Elektrit.   Fig. 27. Diamantin.

Fig. 28. Diamantinschlacke.   Fig. 29. Kristallox.   Fig. 30. Kristolon.   Fig. 31. Reinstes Siliziumkarbid.

Fig. 32. Reinstes Siliziumkarbid im durchfallenden Licht.   Fig. 33. Karborundumkristall, Basisfläche mit muschligem Ausbruch.   Fig. 34. Karborundum.   Fig. 35. Bordiamant.

Fig. 36. Reinster Diamant.   Fig. 37. Diamant.

Fig. 24—37. Mikroskopische Bilder verschiedener Schleifmittel in vergrößerter Wiedergabe.

Kalk zusammen an Kieselsäure gebunden enthält. Geht diese amorphe „starre Flußkraft" in kristallinisches Gefüge über und scheiden sich verschieden zusammengesetzte Silikate ab, so spricht man von einem „Entglasungsvorgang". Bekannt ist das Trübwerden von alten Glasröhren beim Biegen in der Flamme, das Blindwerden alter schlechter Fensterscheiben. Das Entglasen kann oft soweit fortschreiten, daß die Kohäsion des Glases sehr erheblich abnimmt, ja daß es bei geringen äußeren Anlässen zerfällt.

Die Härte des Glases ist je nach der chemischen Zusammensetzung sehr verschieden. Die zu optischen Zwecken und zu Edelsteinnachbildungen verwendeten Bleigläser mit hohem Brechungsexponenten (bis 1,8) sind durch sehr geringe Härte gekennzeichnet, anderseits gibt es wieder sehr harte Gläser, besonders rasch gekühlte, die nur durch die besten Stahlsorten noch geritzt werden können. Jedenfalls kann man alle Härtegrade von 3—6 der Reihe von Mohs herstellen.

Auch die Dichte des Glases schwankt sehr beträchtlich mit der chemischen Zusammensetzung, doch haben die meisten Gläser ein spezifisches Gewicht von 2,6—3,3.

Die Sprödigkeit des Glases ist bekannt, nur dünne Glasfäden sind sehr biegsam und elastisch, auch feingekörntes Glas ist immer noch sehr wenig zähe, so daß es wie Bimssteinpulver nur zum Schleifen von Holz und nicht von zähen Metallen in Frage kommen kann. Das höchst einfache und charakteristische mikroskopische Bild von Glaspulver (Fig. 8) zeigt scharfkantige spitze Stückchen mit sehr schönem muscheligen Bruch; die Lichtbrechung ist im allgemeinen sehr gering.

b) Quarz und Chalzedon.

Die reine kristallisierte Kieselsäure im wasserfreien Zustande der chemischen Zusammensetzung SiO_2 ist als Bergkristall in wasserklaren Kristallen in der Natur verbreitet, in noch reichlicheren Mengen der gewöhnliche, meist etwas mit Eisen verunreinigte Quarz, der durch die abtragenden Einflüsse des Wassers aus den Gebirgen in Flüsse und Ströme gelangt, dort infolge der langsamen Aufbereitung als kugeliges oder langrundliches Geröll in den Absatzgebieten der Flüsse auftritt und in seiner feinsten Körperung als Quarzsand die bekannten ungeheuren Ablagerungen bildet, die in den Niederungen der Strommündungen entstehen. Auch das Meer wirft bekanntlich gewaltige Mengen von abgerollten Quarzsanden an den Strand. Alle diese Sandkörner sind immer noch wohlausgeprägte Kristallindividuen, wie die Untersuchung zwischen gekreuzten Nicols ergibt[3]). Die Härte des Quarzes ist bedeutend höher als die des Glases, in der Härtereihe von Mohs nimmt er, wie weiter oben angegeben, die 7. Stufe ein. Er vermag also fast alle Metalle und Legierungen zu ritzen und anzuschleifen. Nur sehr stark verunreinigte Quarze, die sogen. Eisenkiesel, pflegen eine etwas geringere Härte zu besitzen. Der Bruch des Quarzes ist muschelig und meist nicht so scharfkantig wie beim Glas; dessen Sprödigkeit ist ihm nicht eigen, er ist viel weniger leicht zum Bruch zu bringen oder zäher, wie man zu sagen pflegt. Quarzpulver kann also sehr wohl zum Schleifen nicht allzu harter Metalle dienen. Eine Spaltbarkeit des Quarzes ist nur selten wahrnehmbar (Fig. 9 u. 10).

Die Dichte des Quarzes ist gering (2,5—2,8), im reinsten Zustande 2,65. Die mikroskopische Untersuchung des Quarzes ist sehr einfach, sein geringer, dem des Kanadabalsams ungefähr gleichender Lichtbrechungsexponent (1,54) und seine schwache positive Doppelbrechung (+0,009) lassen ihn durch das Polarisationsmikroskop sofort von Glas unterscheiden. Der durch Abbau der natürlichen Sandablagerungen gewonnene Quarz zeigt meist nur rundliche Körner, von denen ein jedes ein einheitliches Kristallbruchstück oder Individuum darstellt und als solches zwischen gekreuzten Nicols gleichmäßig aufhellt und auslöscht. Die Quarzkörner aus Sandgruben sind meist ganz farblos oder nur wenig gelb gefärbt; man verkauft die Quarzsande in der Regel im „grubenfeuchten" Zustande.

Außer im hexagonal kristallisierten Quarz kann das Kieselsäureanhydrid auch in einer anderen Modifikation auftreten, als zweiachsiger Chalzedon. Aus dieser Abart setzt sich der dem Menschen schon vor undenklichen Zeiten als Material für Steinwerkzeuge und Schleifsteine dienende Feuerstein zusammen. Er findet sich meist in knolligen Formen in Kreideablagerungen und tertiären Sedimenten und ist als Auslaugungserzeugnis der verschiedensten Silikatgesteine entstanden zu denken.

Die Härte des Chalzedons bleibt meist etwas hinter der des reinen Quarzes zurück, besonders weich sind infolge lockeren Gefüges die oberflächlichen Verwitterungskrusten. Von Spaltbarkeit kann man nicht reden, der Bruch ist meist flachmuschelig, manchmal auch ganz eben[4]). Die Dichte beträgt ungefähr 2,6; sehr bemerkenswert ist das mikroskopische Gefüge, man erkennt meist im Dünnschliff strahlig-faserige Aggregate, die zwischen gekreuzten Nicols das typische Kreuz der Sphärokristalle zeigen.

Die als Flint (Fig. 11) bezeichneten Spielarten sind oft mehr von körnigem Aussehen und erweisen sich aus einer großen Zahl von kleinsten Kristallindividuen zusammengesetzt, die auch die Ursache davon sind, daß in keiner Stellung der Flint zwischen gekreuzten Nicols auslöscht.

Der Flint ist als Schleifmittel sehr zu schätzen, er verbindet ziemlich hohe Härte mit hervorragender Zähigkeit, die in seinem manchmal geradezu filzartigen Gefüge bedingt ist.

Das Erkennen von Glas, Quarz und Flint nebeneinander ist auf optischem Wege sehr leicht; Glas bleibt zwischen gekreuzten Nicols sehr dunkel, Flint immer hell, während Quarzkristalle abwechselnd in hellen Polarisationsfarben erstrahlen und auslöschen oder bei zufälliger basaler Einstellung das hexagonale Achsenkreuz mit positiver Doppelbrechung zeigen.

Die Besprechung der Formen des freien Kieselsäureanhydrids wäre unvollständig, wollte man nicht noch des Vorkommens in Form der Sandsteine gedenken. Beim Quarz wurde bereits erwähnt, daß er aus den Gebirgen durch die fließenden Wasser in die Flußniederungen als Sand abgetragen wird. Solche Quarzablagerungen können nun durch ein kalkiges oder kieseliges Bindemittel zu massigen Stücken zusammengekittet sein und bei groben Geröllbestandteilen die Konglomerate, bei feinerkörnigen die Sandsteine bilden. Die Bedeutung der Sandsteine in der Schleifindustrie ist bekannt, und bis vor nicht allzu langer Zeit kannte man vom kleinsten Scherenschleifer bis zum größten Werkzeugmaschinenbauer nur Sandsteine und Schmirgelscheiben zum Schleifen. In der Tat macht der Anblick eines Dünnschliffes vom Sandstein einen vorzüglichen Eindruck auf den, der die Erfordernisse der Technik kennt; man kann sich kaum ein besseres und zweckmäßigeres Bindemittel vorstellen. Es überzieht die einzelnen Quarzkörner in nicht allzu dicker Schicht, ja man vermag oft an gewissen Kriterien ein Weiterwachsen der abgerollten Sandkörner durch Anlagerung neuer Kieselsäure festzustellen. Meist sind die als Korn dienenden Quarzgerölle von rundlicher Form, doch kennt man auch Sandstein mit scharfeckigen „klassischen" Kristallbruchstücken. Jedenfalls ist der Sandstein auch heute noch als Schleifmittel durchaus nicht zu verachten, wenn er auch naturgemäß nicht an die heutigen hochwertigen Schleifmittel herankommt (Fig. 12—15).

Das nach Quarz in der Reihe von Mohs stehende Material, der Topas, kann als Schleifmittel schon wegen seiner zu geringen Verbreitung in der Natur, ferner wegen seiner sehr vollkommenen basalen Spaltbarkeit nicht in Frage kommen.

c) Natürliche und künstliche Korunde, Schmirgel.

Der Korund ist seiner chemischen Zusammensetzung nach Aluminiumoxyd (Al_2O_3) im kristallisierten Zustande. Man nennt je nach der Art und Intensität der Färbung den Korund der Natur farblosen Saphir, blauen Saphir, roten Rubin (die beiden letzteren als Edelsteine hoch geschätzt), das gewöhnliche schmutzig-gelbe oder graubraune Vorkommen gemeinen Korund und endlich die ganz grauen und graubraunen Spielarten Schmirgel. Die geringsten Mengen von färbenden Stoffen, beim Rubin Chrom, beim Saphir Titan, bedingen die geschätzten Eigenschaften dieser Edelsteine; die gewöhnlichen Spielarten des kristallisierten Aluminiumoxydes verdanken ihre Färbung einem mehr oder minder beträchtlichen Gehalt an Eisenoxyd.

Die Kristallform des Korundes ist trigonal, er tritt seltener in Form von Rhomboedern mit Basis oder Prisma zweiter Art auf, viel in spitzer Gestalt mit steilen Rhomboedern. Bemerkenswert an seinen kristallographischen Konstanten ist die große Ähnlichkeit der Flächenwinkel mit den entsprechenden Flächenwinkeln des kristallisierten Eisenoxyds, des Hämatits oder Eisenglanzes. Es besteht eine vollkommene Isomorphie dieser beiden Stoffe. Auch das Eisentitanat der Natur, Ilmenit genannt, kommt in sehr ähnlichen Formen vor und kann auch sowohl dem Hämatit wie dem Korund beigemengt sein, obwohl man hier nicht von Isomorphie trotz Ähnlichkeit der Winkel und des Achsenverhältnisses reden kann. Die kristallographische und chemisch-konstitutionelle Analogie des Hämatits und Korundes ist der Grund, daß diese beiden Stoffe sehr leicht ineinander gemischt auftreten; man kennt außer den ganz farblosen Saphiren keinen Korund, der nicht mehr oder

---

[3]) Der Quarz kristallisiert trigonal; man beobachtet an wohlausgebildeten Kristallen besonders häufig das sechseckige Prisma, das Rhomboeder, das Gegenrhomboeder und verschiedene trigonale Pyramiden und Trapezoeder verwickelter Symbole.

[4]) Die Bruchstücke sind oft von außerordentlicher Schärfe, nicht rundlich wie beim Quarz.

minder eisenhaltig wäre. Der Eisengehalt ist nun für die Eignung der Korundschmirgelarten als Schleifmittel von größter Bedeutung. Es ist altbekannt, daß reines Korundpulver in der Edelsteinschleiferei viel besser gebraucht werden kann als das stark eisenhaltige Schmirgelpulver. Die Härte nimmt ab mit steigendem Eisengehalt.

Berücksichtigt man vor allem, daß Hämatit nur etwa die Härte 6 besitzt, so erkennt man ohne weiteres, daß ein Gehalt an diesem isomorphen Material die Härte des Korundes erheblich herabsetzen muß.

Natürlicher, eigentlicher Korund findet sich an vielen Stellen der Erde in Erguß- und Tiefengesteinen, auch als Kontaktmineral in Karbonatgesteinen; besonders berühmt sind die Fundstätten in Birma, Madras und Ceylon, die allerdings sekundärer Natur, also sogen. Edelsteinseifen sind. In Hornblendenschiefern tritt Korund im Staate North Carolina auf, ferner in Arkansas und besonders in Ontario (Kanada) (Fig. 16 u. 17).

Die meisten dieser Fundstätten wurden zur Förderung von Rubin oder Saphir erschlossen. Für Schleifmaterialien kamen die Korunde anfangs wegen ihres nicht allzu reichlichen Vorkommens nicht sehr in Frage. Große technische Verwendung findet jedoch das in Kanada vorkommende sehr reine Korundmaterial. Der Korund ist dort sehr innig mit Feldspat verwachsen, doch läßt sich eine Trennung durch das spezifische Gewicht der Stoffe leicht vollführen. Auch neuere Fundstätten in Südafrika und Madagaskar (Fig. 18) sind vielversprechend.

Bereits oben wurde von den kristallinischen Eigenschaften des Korundes Kenntnis genommen, es erübrigt sich, noch einiges über seine Kohäsionsverhältnisse zu bemerken. Auch in gekörntem Zustand bewahrt der Korund an vielen Bruchstücken seinen rhomboedrischen Typus. Für viele Vorkommen ist eine vielfach wiederholte Zwillingsbildung nach der Rhomboederfläche bemerkenswert, wodurch eine Teilbarkeit eben nach dieser bedingt sein kann. Eine echte Spaltbarkeit kennt man beim Korund nicht, eine weitere Teilbarkeit kann nach der Basisfläche auftreten, die oft perlmutterartigen Glanz auf dem Bruch hervorruft. Der reinste Korund, der farblose Saphir, besitzt den Härtegrad 9 der Reihe von Mohs. Die optischen Eigenschaften sind zur Erkennung des Minerals vorzüglich geeignet. Die Lichtbrechung ist hoch, größer als 1,75, die Doppelbrechung negativ schwach, 0,008—0,009. Sehr wichtig ist der Pleochroismus. Bei einigermaßen intensiv gefärbten Kristallen schlägt die Färbung aus einem purpurnen Ton in ein rötliches Gelbbraun um. Optische Anomalien sind durch die Zwillingsbildung recht häufig. Der Bruch ist muschelig. Das gekörnte Schleifmaterial weist glatte Kanten und Flächen auf, die es sehr vorteilhaft z. B. von Schmirgel und den meisten künstlichen Korunden unterscheiden.

Die Unterscheidung des Korundes von Quarz und Glas ist sehr einfach. Die optische Untersuchung, eine Trennung mittels schwerer Lösungen, gibt sofort Klarheit. Die Dichte des Korundes beträgt 3,9—4. Er ist also schwerer als alle diese Schleifmittel.

Schmirgel: Betrachtet man das Schleifkorn des Schmirgels, so findet man zunächst in Bezug auf seine Genese Übereinstimmung mit der des reinen Korundes. Die berühmten Lager von Naxos in Kleinasien stehen im Glimmerschiefer, also im metamorphen Gestein an, ebenso die im großen Maßstab ausgebeuteten Lager von Chester (Massachusetts) (Fig. 19 u. 20).

Der Schmirgel ist meist unscheinbar, graubraun, öfter von undeutlichen Kristallen gebildet. Die Oberfläche des Kornes hat unebenen, körnigen Charakter, besonders der Bruch ist nie so gleichmäßig wie beim reinen Korund. Die Härte ist unter dem Einfluß des großen Gehaltes an Eisenoxyd sehr viel geringer als bei jenem. Es gibt Schmirgel mit 45 vH und mehr Eisenoxydgehalt, die nur noch Feldspathärte besitzen. Im allgemeinen kann man sagen, daß der Schmirgel zwischen den Graden 6 und 8 bis 9 der Reihe

von Mohs steht. Es gibt aber Schmirgelarten, die infolge ihres verhältnismäßig geringen Eisenoxydgehaltes in ihrer Härte nahe an die des Korundes heranreichen. Die meisten Schmirgelsorten sind ganz undurchsichtig, nur im Dünnschliff durchsichtig. Das spezifische Gewicht übersteigt manchmal 4,3. Der Schmirgel hat in mäßig feinem, gekörntem Zustand die Eigenschaft, beim Laden Staub zu bilden, der durch das unebene Gefüge des Kornes entsteht. Ein glattes, homogenes Kristallkorn bleibt immer staubfrei. Die Zähigkeit des reinen Korundes und auch des Schmirgels ist bei der Eignung dieser Schleifmittel zur Bearbeitung von Stahl von wesentlichem Einfluß. Der edle Korund mit seinen glatten Kanten und Flächen wird auf viel geringeren Widerstand am Werkstück stoßen als der Schmirgel mit seiner rauhen Oberfläche. Deshalb ist der reine Korund dem Schmirgel an Schleifkraft und Schleifleistung in der Regel weit überlegen.

Die Beschränktheit der natürlichen, in großem Maßstab abbauwürdigen Vorkommen von Edelkorund führte zur technischen Darstellung des künstlichen Korundes in großem Umfange.

Künstliche Korunde: Die Untersuchungen erstrecken sich lediglich auf die als Handelsware für die Schleiftechnik in Betracht kommenden künstlichen Erzeugnisse.

Bei diesen synthetischen Erzeugnissen werde unterschieden zwischen korund- und schmirgelartigen. Von den korundartigen d. h. vollkristallisierte Körner bildenden Kunsterzeugnissen sind die wichtigsten die folgenden:

1. Das **Alundum** der **Norton Co.**, Worcester, das aus kalziniertem Bauxit (Aluminiumhydroxyd enthaltendes, oft Eisenoxyd führendes Mineral) durch Niederschmelzen in gewaltigen elektrischen Öfen gewonnen wird (Fig. 21). Das geschmolzene Produkt wird langsam abgekühlt und liefert nach Vornahme mehrerer Aufarbeitungs- und Reinigungsverfahren ein schön kristallines Material von hoher Härte, bis 9 der Reihe von Mohs. Die in den Katalogen angegebenen Härtezahlen zwischen 9,2 und 9,8, die auch in die technische Literatur Eingang gefunden haben, sind offensichtlich unrichtig. Alundum zeigt häufig Zwillingsgefüge wie natürlicher Korund, ist zähe und besitzt muschelartigen Bruch. Die Oberfläche des Kornes ist uneben und zeigt nicht die glatten scharfen Kanten und Oberflächen, die den reinen kristallinen Naturkorund auszeichnen und neuerdings bei einem anderen künstlichen Korunde, dem Elektrit, unter besonderen Umständen erhalten werden. Bei durchfallendem Licht zeigt sich ein scharfer muschelartiger Bruch, während das Dunkelfeldbild die Unebenheit der Kornoberfläche zum Ausdruck bringt. Häufig findet man auch kastenförmige Wachstumsformen. Das Handelserzeugnis zeigt meist rosa Farbentöne, die oft in tiefrote und rotbraune Färbung übergehen. Der Pleochroismus stimmt vollständig mit dem des Naturproduktes überein, die Doppelbrechung ist gleich, manchmal etwas höher. Die erhebliche Zähigkeit läßt das Material überall da von Vorteil erscheinen, wo die Kantenbelastung beim Schleifen erheblich ist (Fig. 21—23).

2. Das **Abrasit** (Fig. 24) der **Lonza A.-G.** ist meist dunkler als das Alundum, eisenhaltiger und daher auch etwas weniger hart, dafür aber etwas zäher, was für manche Schleifzwecke einen Vorzug bedeutet. Im Bruch, in den optischen Eigenschaften usw. gleicht es vollständig dem Alundum. Der Schmelzfluß zeigt häufig prächtig entwickelte Kristallskelette und Wachstumsformen.

3. Das **Aloxyt** (Fig. 25) der **Carborundum Company**, Niagara Falls, gleicht den vorhergehenden Erzeugnissen, übertrifft aber alle an Reinheit und Schärfe des Bruches. Charakteristisch sind die häufig vorkommenden blauen Körner, die offenbar durch den Titangehalt des bauxitischen Rohmaterials entstanden sind.

4. **Elektrorubin** der Firma **Mayer & Schmidt**, Offenbach (Main), steht in seinen Eigenschaften zwischen dem Alundum und dem Abrasit.

5. Elektrit: Kennzeichnend für das Elektrit (Fig. 26) ist die tiefblaue Färbung, die anscheinend durch den Titangehalt des Rohmaterials bedingt ist. Das Material ist ausgezeichnet und hat einen besonders scharfkantigen muschelartigen Bruch. Das Schmelzflußbild zeigt ein außerordentlich charakteristisches Gefüge durch die außergewöhnlich glatte Fläche.

Es folgen die schmirgelartigen Erzeugnisse, deren kennzeichnender Vertreter das Diamantin der Diamantinwerke, Badisch-Rheinfelden, ist (Fig. 27 u. 28).

Über seine Darstellungsart ist nichts bekannt geworden, doch scheint es durch aluminothermisches Verfahren gewonnen zu werden. Das Aussehen des Schleifkornes ist unscheinbar grau, der Bruch ziemlich kristallin, die Härte 8—8¹/₂. Die Zähigkeit des Diamantins ist wegen seines kristallinischen Gefüges sehr bedeutend, doch erscheint die Oberfläche des Kornes sehr uneben. Das Dunkelfeldbild zeigt klar die unebene Kornfläche.

Ähnliche Eigenschaften besitzt das Dynamidon der Dynamidonwerke Engelhorn & Co., Mannheim-Waldhof.

Interessant sind die Spannungsverhältnisse in natürlichen und künstlichen Korunden. Wenn Spannungen durch Abschrecken aus dem Schmelzfluß entstehen, wie etwa beim Glas, das beim Einwerfen in kaltes Wasser springt und dabei stark anisotrop wird, so muß sich dies bei der optischen Prüfung ergeben. Natürlich müssen dabei auch die Kohäsionseigenschaften beeinflußt werden, weil Gaseinschlüsse u. dgl. den Kristall auseinandertreiben. Nach Schulz („Fortschr. d. Mineralogie" 1914, S. 337 bis 384) sind in den Hauptrichtungen die folgenden Ausdehnungskoeffizienten (linear) bekannt geworden:

Korund von Indien

$$\alpha \| c = c \text{ (in der Hauptachse) } 6{,}19 \cdot 10^{-6}; \quad \frac{\varDelta \alpha}{\varDelta t} = 2{,}05 \cdot 10^{-8};$$

$$\alpha \perp c, \text{ also } \alpha \text{ (senkrecht dazu) } 5{,}43 \cdot 10^{-6}; \quad \frac{\varDelta \alpha}{\varDelta t} = 6{,}55 \cdot 10^{-8};$$

nach Kohlrausch

Gutes Glas . . . $\alpha = 5 - 7{,}8 \cdot 10^{-6}$;
Quarzglas . . . . $\alpha = 4 - 5 \cdot 10^{-7}$;
Porzellan . . . . $\alpha = 2{,}8 - 3 \cdot 10^{-6}$.

Die Unterschiede der linearen Ausdehnungskoeffizienten des Korundes und des Glases sind somit ziemlich gering, beide befinden sich in derselben Größenordnung. Quarzglas, das bekanntlich auch bei sehr schroffem Abschrecken nicht springt und kaum Spannungen annimmt, hat einen weit geringeren Ausdehnungskoeffizienten. Bei künstlichem Korund kann nach Vorstehendem das Abschrecken sehr wohl das Gefüge beeinflussen. Der oft zu beobachtende muschelige Bruch scheint das zu bestätigen. Bei natürlichen Korunden gelang die Beobachtung eines solchen Bruches nicht, weil eben in der Natur keine rasche, sondern eine sehr langsame Abkühlung stattgefunden hat, durch die mehr die echte Teilbarkeit und Spaltbarkeit nach der Rhomboederfläche sich ausbilden konnte.

Mißt man das Achsenbild der Kristalle aus, so ergeben sich die Werte der folgenden Zusammenstellung:

Diese Werte sind z. T. recht bemerkenswert, sie zeigen, daß alle künstlichen Korunde Spannungen haben, am wenigsten Aloxit; Elektrit und Abrasit sind ebenfalls wenig gespannte Korunde, während Alundum in eigenartigem Lichte erscheint (Fig. 29 u. 30).

d) Siliziumkarbid.

Siliziumkarbid ist ein außerordentlich merkwürdiges und in der Schleiftechnik besonders wichtiges künstliches Schleifmittel, das unter dem Namen Karborundum bekannt geworden ist. Seine chemische Zusammensetzung entspricht der einfachen Formel SiC. Es ist als Naturerzeugnis nicht bekannt und wird künstlich gewonnen durch Zusammenschmelzen von Quarzsand und Kohlenpulver in den von Acheson angegebenen elektrischen Öfen. Das reine Siliziumkarbid (Fig. 31) wurde in vollständig klaren, sehr stark lichtbrechenden, diamantglänzenden Kristallen gewonnen. Das im Handel befindliche Erzeugnis erscheint meist in Gestalt schwarzer oder grünlicher, also durch einen sehr geringen Gehalt an Kohlenstoff gefärbter Kristalle, die auf ihrer Oberfläche oft außerordentlich schöne, von einem sehr dünnen Eisenoxydüberzug herrührende Anlauffarben besitzen. Alle Karborundumstücke, die in noch heißem Zustande mit der Luft in Berührung kommen, sind an dieser Erscheinung kenntlich, bei unter Luftabschluß abgekühlten Rohmaterialien trifft man diese Anlauffarben nicht an (Fig. 31—34).

Siliziumkarbid kristallisiert hexagonal rhomboedrisch. An den Kristallen beobachtet man in der Regel nur die Basis und das Rhomboeder. Sehr charakteristisch sind die Wachstumsformen, zierliche, flache Stufenpyramiden, aus auf der Basisfläche aufeinandergesetzten Kristallen bestehend. Die Farbe der Kristalle ist im reinsten Zustande weiß, sonst schwach grünlich, auch tief-flaschengrün und satt-blau, meist ganz schwarz. Das spezifische Gewicht beträgt 3,15—3,20.

Bedeutungsvoll für die Eignung des Karborundums als Schleifmittel sind seine ausgeprägten Kohäsionseigenschaften. Der Bruch ist bei ihm so typisch muschelig wie nur beim Glas. Die gekörnten Kristalle zeigen äußerst scharfe Kanten und Spitzen. Besonders auffallend ist die stark glänzende Basisfläche.

In durchfallendem Lichte sind die messerscharfen Kristallkanten sowie der terrassenförmige Kristallaufbau ersichtlich.

Das Karborundum ist wenig zähe, das Korn splittert leicht. Besonders die mit der Basisfläche aufeinander gewachsenen Kristallaggregate lassen sich leicht in dieser Ebene teilen, auch das einzelne Kristallindividuum scheint basale Spaltbarkeit zu besitzen. Die Eigenschaft ist von außerordentlicher Wichtigkeit beim Schleifen von spröden Materialien.

Die wichtigste Kohäsionseigenschaft des Siliziumkarbids ist jedoch eine außerordentliche Härte, die nur noch von der des Diamants und des Bors und Borkarbids übertroffen wird, soweit bis heute bekannt. Die hervorstechendste optische Eigenschaft ist sein hoher Brechungsexponent bei positivem Charakter. Die scharfen Kanten und Ecken

Korundart	Achsenbild	Scheinbarer Achsenwinkel	Spannungszustand	Korundart	Achsenbild	Scheinbarer Achsenwinkel	Spannungszustand
1. Alundum	undeutlich	1—15°	meist stark — sehr stark	5. Kristallox	sehr undeutlich	etwa 15	stark, ganz kleinkristallines Aggregat
2. Aloxit	sehr deutlich	0—3	kaum bemerkbar oder gering	6. Kanadischer Korund	sehr scharf	0	keine oder sehr geringe Spannung
3. Abrasit	mehr als Aloxit verändert	0—5	gering, aber mehr als beim Aloxit	7. Madagaskar-Korund	sehr scharf	0	wie beim Kanada-Korund
4. Elektrit	ziemlich deutlich	2—5	gering				

lassen es sofort bei Dunkelfeldbeleuchtung von anderen Schleifmitteln unterscheiden.

e) Bor, Borkarbid und Diamant.

Die Entwicklung der heutigen Schleiftechnik ist aufs engste verknüpft mit der Gewinnung von künstlichen Schleifmitteln von höchster Schleifkraft und günstigsten Kohäsionseigenschaften. Der künstliche Korund und das Siliziumkarbid (Karborundum) sind bis jetzt die einzigen künstlichen Schleifmittel mit hoher Schleifkraft, die zu verhältnismäßig billigem Preise für technische Zwecke erzeugt wurden. Die Entwicklungslinie der Schleiftechnik weist jedoch über diese Materialien auf Verbindungen von weit überlegener Schleifkraft. Das Bor und die Borverbindungen sind schon längst durch ihre außerordentliche Härte bekannt. Es ist denkbar, daß trotz des teueren Rohmaterials ein künstliches Schleifmittel aus Bor oder einer seiner Verbindungen zu einem wirtschaftlichen Preise hergestellt werden kann.

Das diamantartige kristallisierte Bor, der sogen. Bordiamant (Fig. 35), kristallisiert in stark kristallglänzenden Kristallen des quadratischen Systems. Da die Kristalle infolge ihrer vorzüglichen pyramidalen Spaltbarkeit leicht splittern, eine Eigenschaft, die bei dem Siliziumkarbid für gewisse Schleifzwecke als sehr günstig erkannt worden ist, so ist in ihnen ein ausgezeichnetes Schleifmittel für alle spröden und harten Werkstoffe zu erwarten, besonders wenn es gelingen würde, diese Spaltbarkeit in gewissen Grenzen zu beeinflussen. Das Borkarbid, nach der Formel B_4C, bildet ebenfalls diamantglänzende Kristalle von außerordentlicher Härte. Von ihm gilt als Schleifmittel das über das Bor Gesagte.

Das edelste Schleifmittel, das alle anderen um ein Vielfaches übertrifft, bleibt der Diamant, bekanntlich reiner kristallisierter Kohlenstoff (Fig. 36 u. 37). Solange er jedoch noch nicht in Massen künstlich hergestellt werden kann, ist mit Rücksicht auf seinen hohen Preis an eine Verwendung in der Schleiftechnik, soweit sie hier in Frage steht, nicht zu denken.

Wenn es jedoch in absehbarer Zeit gelingen sollte, den Diamant, wenn auch in unreiner Form, künstlich zu erzeugen, würde damit in der Schleiftechnik gerade keine Umwälzung, aber doch eine gewaltige Steigerung der Schleifleistungen und eine außerordentliche Ausdehnung des Anwendungsgebietes der Schleifwerkzeuge eintreten.

Emil Zopf.

Über die Schneidziffer bei Flächenschleifmaschinen (Stahlscheibenbauart).

Soweit bekannt, war der französische Ingenieur Codron 1902 der erste, der das Ergebnis eingehender Versuche über die beim Schleifen auftretenden Fragen veröffentlichte*). Seinen Versuchen lagen mit der gewölbten Umfläche arbeitende Sandstein- und Schmirgelscheiben (Umfangschleifscheiben) zugrunde, doch haben die dabei gewonnenen Grundregeln im wesentlichen auch für Flächenschleifscheiben, also für mit der ebenen Seite wirksame Scheiben Geltung.

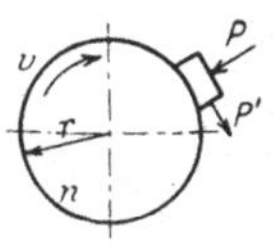

Fig. 1.

Voraussetzung für die Versuche von Codron war: periodisches Schleifen unter gleichbleibenden Bedingungen, d. h. bei konstanter Geschwindigkeit der Scheibe und konstant bleibendem Anpreßdruck des Werkstückes.

Der Anpreßdruck P (Fig. 1) des Werkstückes gegen die Schleifscheibenumfläche

(unabhängig von Codron) ist seit einer Reihe von Jahren bei der Norton Grinding Co. in Worcester, U. S. A., erfolgreich im Betriebe.

Die Versuche von Codron ergaben bei Sandsteinscheiben, daß, je weicher die Scheibe und je rascher ihre Abnutzung, die Wertziffer f um so höher wird, und daß eine um so geringere Verschmierung der Scheibe eintritt. Man kann dies auch so ausdrücken: Eine weiche Scheibe hält sich selbst scharf.

Bei einer solchen weichen, stets scharf gehaltenen, nicht verschmierten und naß laufenden Schleifscheibe aus feinkörnigem Sandstein wurden von Codron für f folgende Werte (Zahlentafel I) gefunden:

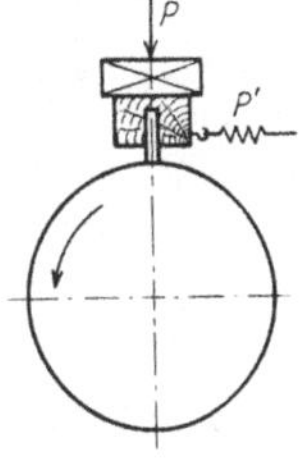

Fig. 2.

Zahlentafel I. Versuche von Codron mit Sandsteinschleifscheiben.

	Eisen	Weiches Gußeisen	Nicht gehärteter Werkzeugstahl	Gehärteter Werkzeugstahl	
Weiche Scheibe	0,85—0,90	0,45—0,50	0,75—0,80	0,50	bei ungefähr 2 m/sek. Geschw.
Scheibe etwas verschmiert	0,80—0,85	0,40—0,45	0,65—0,70	0,40	und 30—40 gr/mm² Druck
Mittelkörnige Scheibe ∫ nicht verschmiert	0,75—0,80	0,35	0,70	0,40	wechselt mit Druck und Geschwindigkeit
für Drehwerkzeuge ∖ verschmiert. . .	0,70	0,30	0,60	0,30	
Harte Scheibe mit ∫ nicht verschmiert	0,60	0,30	0,60	0,35	
grobem Korn ∖ verschmiert. . .	0,50	0,25	0,50	0,30	

sollte gerade so groß sein, daß das Schleifkorn das Metall des Werkstückes angreift. Die Umlaufbewegung der Scheibe mit der Tangentialgeschwindigkeit v bestimmt dann die Werkstoffabnahme unter der als Schleifkraft anzusehenden Tangentialkraft P' an der Berührungsstelle bei einer Leistung von

$$N = P' v = P' \frac{2 \pi r n}{60},$$

wobei r = Scheibenradius und n = Umlaufzahl/min. Codron leitete weiter ab:

$$f = \frac{P'}{P},$$

einen Wert, den er als „coefficient d'attaque" bezeichnete, also als „Schneidziffer", nach der man die Schneidfähigkeit oder das Angriffsvermögen von Schleifscheiben untereinander vergleichen kann.

Zur Bestimmung der Wertziffer f, die teilweise mit der Reibungsziffer zusammenfällt, setzte Codron nach Fig. 2 ein schmales Werkstück am oberen Teil der Schleifscheibe an und belastete es mit dem Gewicht P, das er wegen der Schmalheit des Probestückes auf ein als Auflagefläche dienendes Holzfutter legte. An diesem Holzstück griff ein Dynamometer an, das beim Scheibenumlauf die an der Berührungsstelle des Werkstückes auftretende Tangentialkraft P' unmittelbar anzeigte. Während der Versuche schwankten die Werte von P' bei gleichbleibendem Wert P und konstanter Geschwindigkeit so wenig, daß der mittlere Wert von P' und damit von f leicht festgestellt werden konnte.

Eine Versuchseinrichtung nach dieser Grundlage

Die unmittelbare Belastung des Werkstückes nach Fig. 2 ist nur bei kleineren Drücken anwendbar. Wenn dabei auch die Stabilität etwas zu wünschen übrig läßt, so ist diese von Codron angegebene Versuchsordnung doch genau genug, um ziemlich sichere Ergebnisse zu erzielen.

Bei Versuchen mit einer mittelharten Schmirgelscheibe von mittlerem Korn und 640 mm ⌀ ergab sich für Codron mit Bezug auf die Schneidziffer folgendes. Bei 640 Umdrehungen/min kam man auf eine Umfangsgeschwindigkeit von 21,40 m. Trotz wahrnehmbarer Erschütterung des Werkstückes beim Schleifen konnte man doch die Mittelwerte der tangentialen Kräfte mit genügender Genauigkeit messen, anderseits war es nicht möglich, wegen der Erwärmung des Stückes und der Gleitgefahr des Riemens starke Drücke anzuwenden. Die Erwärmung des Probestückes war ziemlich hoch und an der Berührungsstelle derart stark, daß die abgeschliffenen Metallteilchen in der Luft verbrannten.

Zahlentafel II.
Versuche von Codron mit Schmirgelschleifscheiben.

Metall	Gesamtanpreßdruck P in kg	Spezif. Anpreßdruck p/mm in kg	Tangentialkraft P' in kg	Schneidziffer f
Eisen	10	0,017	9,5	0,95
	16	0,027	15,4	0,97
Gußeisen	10	0,017	4,0	0,40
	16	0,027	7,5	0,47
	22	0,037	11,5	0,52
Angelassener Stahl	10	0,017	8,5	0,85
	16	0,027	14,5	0,90
Gehärteter Stahl . .	16	0,027	7,5	0,44
	22	0,037	11 5	0,52

*) Expériences sur le travail des machines-outils pour les métaux. Par C. Codron, Ingénieur-civil. Paris, Vᵛᵉ Ch. Dunod Editeur, 1902.

Die Schmirgelscheibe hat somit nach vorstehender Zahlentafel von Codron höhere Schneidziffern als eine Sandsteinscheibe, was auch ohne weiteres einleuchtet, wenn man bedenkt, daß Schmirgelkörner ein wirksameres Schleifmittel sind als Sandsteinkörnchen.

Um die Schwankungen der tangentialen Beanspruchungen zwischen den Umfangsgeschwindigkeiten Null und 21,40 m festzustellen, ließ Codron das Versuchswerkstück bis zum Abbremsen des Antriebs mit der Schmirgelscheibe in Berührung. Bei Eisen schwankte die tangentiale Beanspruchung bei 16 kg Anpreßdruck von 15,5 kg (21,40 m Umfangsgeschwindigkeit) bis 11 kg (beim Scheibenauslauf), also von

$$f = \frac{15,5}{16} = 0,97 \text{ bis } f = \frac{11}{16} = 0,68.$$

An diese Versuche von Codron ist im Nachstehenden bei der Untersuchung der Schneidziffern für Flächenschleifscheiben nach der Stahlscheibenbauart angeknüpft.

Bei den Versuchen, die in der Versuchsabteilung der Diskus Werke Frankfurt am Main durchgeführt wurden, standen Diskus-Schleifscheiben von 500 mm $\varnothing$ nach Fig. 3 zur Verfügung, also Schleifscheiben, die auf Stahlscheiben aufgekittet sind.

In Fig. 4 u. 5 ist ähnlich wie in Fig. 1:

P = Beistelldruck und
P′ = Tangentialkraft.

P wurde dadurch bestimmt, daß die Formveränderung nach Fig. 6 unmittelbar durch Meßdose an der umlaufenden Scheibe gemessen und die statisch wirkende Kraft ermittelt wurde, die die Formveränderung zustande bringt.

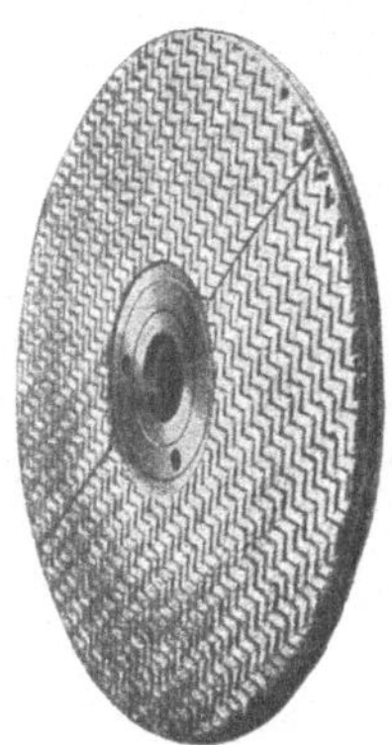

Fig. 3.
Diskus-Schleifscheibe
für die Versuche.

P′ ergibt sich aus $P_1 - P_0$ aus elektrischer Messung. Hierin ist P_1 = Umfangskraft, entsprechend der zugeführten Leistung, und P_0 = Umfangskraft, entsprechend der für den Leerlauf nötigen Wattzahl.

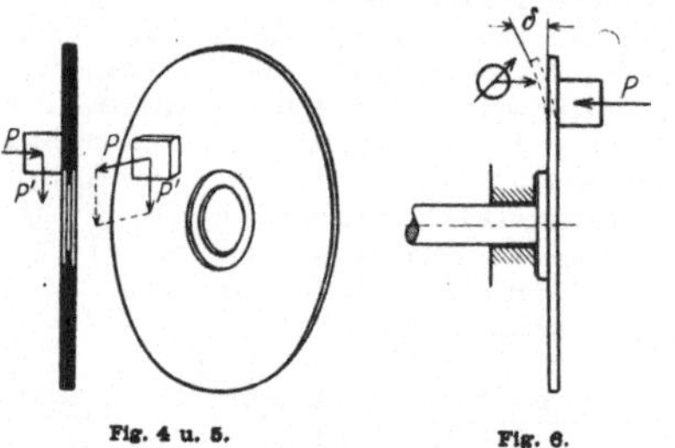

Fig. 4 u. 5.   Fig. 6.

Die Versuche, deren Zahlenwerte nachstehend wiedergegeben sind, ergaben eine wesentliche Abhängigkeit der Schneidziffer f von der Beschaffenheit der Schleifscheibe hinsichtlich der Güte des Schleifmittels, Größe des Kornes und Beschaffenheit der Bindung. Weiter ist die Schneidziffer abhängig von der Beschaffenheit des Werkstückmaterials, der Schnittgeschwindigkeit und dem Beistelldruck.

Zahlentafel III.
Versuche mit Diskus-Schleifscheiben nach Stahlscheibenbauart.

		P	P′	n	Schneidziffer f	Bemerkungen
Alundumscheibe (Werkstück: □-Flußeisen 60 × 60 mm)	1.	3,53	1,75	1050	0,5	
	2.	6,53	3,0—3,6	1025	0,46—0,55	
	3.	9,53	4,8—5,5	1015	0,5—0,58	
	4.	9,53	5,5	1450	0,58	
	5.	6,53	3,6	1460	0,55	
	6.	3,53	2,0	1470	0,57	
feinere Alundumscheibe (Werkstück wie vorher)	7.	3,53	2,0 —2,6	1485	0,57—0,74	
	8.	6,53	4,0—4,8	1450	0,61—0,74	
	9.	6,53	4,75—5,2	1030	0,73—0,8	
	10.	3,53	2,5	1050	0,71	P′ sehr gleichmäßig
Karborundumscheibe (Werkstück wie vorher)	11.	3,53	1,9—2,25	1050	0,54—0,64	P′ schwankt stark
	12.	6,53	3,5	1050	0,54	
	13.	9,53	4,75—5,0	1040	0,5—0,54	
	14.	9,53	4,75	1450	0,5	P′ schwankt stark
	15.	6,53	3,0—3,5	1470	0,46—0,54	
	16.	3,53	1,75	1480	0,5	Schleifbelag setzt sich zu
	17.	3,53	2,0—2,1	1485	0,57—0,6	
	18.	6,53	3,25—3,75	1450	0,5—0,57	
	19.	9,53	5,1	1440	0,54	
	20.	9,53	5,5—5,25	1020	0,58—0,55	
	21.	6,53	4,5—4,25	1030	0,69—0,64	
	22.	3,53	2,25	1050	0,64	P′ schwankt stark

Ergebnis:

Alundumscheibe: f zwischen 0,5 u. 0,6, mit steigender Umdrehungszahl bei sämtlichen Belastungen wachsend.

Feinere Alundumscheibe: f bis 0,8 sehr hoch, beim Wachsen der Umdrehungszahl fallend. Versuch nur bei 2 Belastungen.

Karborundumscheibe: f zwischen 0,54 u. 0,69, bei sämtlichen Belastungen mit steigender Umdrehungszahl wenig fallend.

Für ein mittleres Flußeisen bei einer Schnittgeschwindigkeit von 35 m/sek. für eine Alundumschleifscheibe mittlerer Korngröße und mittlerer Bindung stellte sich der Wert f auf 0,6; für gewöhnliches Gußeisen bei einer Schnittgeschwindigkeit von 24 m/sek. für eine Karborundumscheibe mittlerer Korngröße und mittlerer Bindung ergab sich f = 0,45.

Zusammenfassung: Die Feststellung der Schneidziffer ermöglicht einen Einblick in den Schleifvorgang und die Beurteilung der Eignung der einzelnen Schleifscheiben für die verschiedenen Werkstückstoffe und gibt ein zuverlässiges Mittel, um für die jeweilige Bearbeitungsaufgabe die best geeignete Schleifscheibe auszuwählen. Ihre Kenntnis ist ferner notwendig, um für eine Schleifmaschine von bestimmter Leistung die Größe der am Werkstück auftretenden Kräfte zu bestimmen. Hiervon ist abhängig die sachgemäße Verteilung der Massen und die richtige Formgebung der einzelnen Konstruktionsteile der Schleifmaschine.

Emil Zopf.

Schleifleistungen von Schleifbelägen und Flächenschliff.

I. Entwicklung der Schleifleistungen von Schleifbelägen besonders für Flächenschliff.

Jahrhundertelang war der Sandschleifstein das einzige Mittel, um Flächen zu schleifen oder zu glätten. Erst die volle Erkenntnis der ausgezeichneten Schleif- und Polierwirkung des Schmirgels führte in Weiterentwicklung des Sandsteines zur Schmirgelvollscheibe und später für Flächenarbeit zum Schleifbelag aus Schmirgelleinen oder Schmirgelpapier. In den neunziger Jahren des vorigen Jahrhunderts erschienen die ersten für die Werkstattfertigung brauchbaren amerikanischen Maschinen (Besley,

auch aus dem Rohen zu schleifen, d. h. ohne Vor- und Nacharbeit fertig zu stellen. So kam man zu immer dickeren Belägen, die als massive Scheiben auf ihre Stahlscheiben aufgekittet wurden, und zur weitgehenden Verwendung von höherwertigen Schleifstoffen als Schmirgel, insbesondere von natürlichem und künstlichem Korund (Alundum, Elektrit, Abrasit u. dgl.) und Siliziumkarbid (Karborundum, Kristolon, Karbosilit). Ihre Entwicklung erstreckte sich ferner auf die Umgestaltung der wirksamen Scheibenfläche, die nicht mehr ununterbrochen ausgeführt, sondern als sogen. Hochleistungsblatt gerieft oder mit Kanälen zur

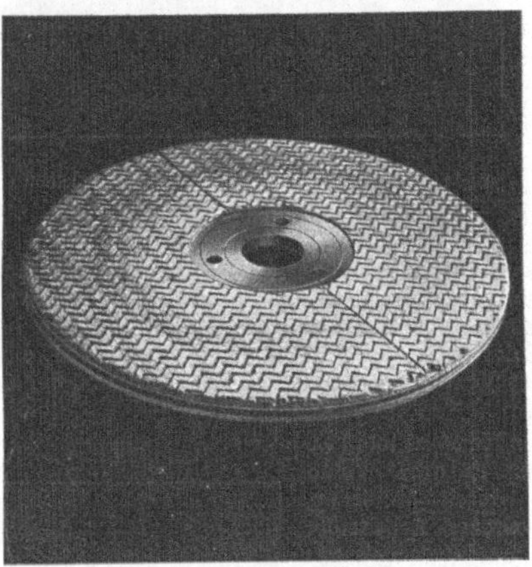

Fig. 1. Diskus-Schleifscheibe.

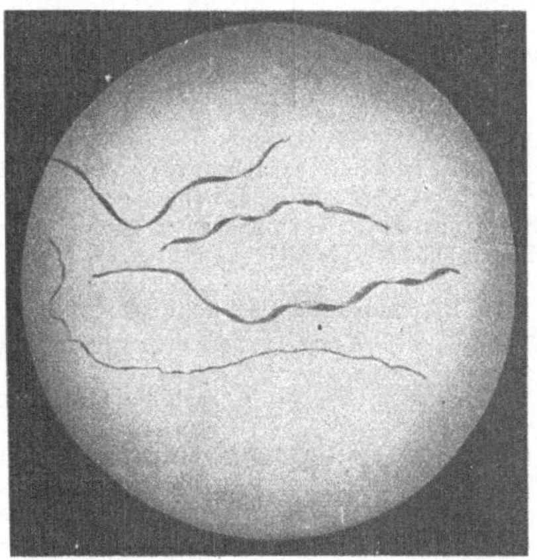

Fig. 2. Schmiedeeisenschleifspäne (2 mal vergr.).

Gardner u. a.), bei denen ein Schleifbelag aus Schmirgelleinen auf eine umlaufende Stahlscheibe aufgeklebt war. Die geringe Haltbarkeit eines solchen dünnen Belages ließ jedoch eine eigentliche Schleifarbeit nicht zu, es war mehr oder weniger immer nur ein Schlichten und Glätten, was man mit diesen Schmirgelbelägen leisten konnte. Deshalb ging das weitere Streben dahin, die Schleifbeläge soweit zu verbessern und auszugestalten, daß man imstande war, Flächen nicht nur zu schlichten oder zu glätten, sondern

wirksamen Abfuhr von Staub und Spänen und Durchleitung der Spülluft zwischen Werkstück und Werkzeug versehen wurde. Ein Beispiel für diese besondere Oberflächengestaltung bietet die auf eine schnell umlaufende Schleifscheibe aufgebrachte Diskus-Schleifscheibe nach Fig. deren Kanäle in Wellen- oder Zickzackform nach parallelen Sehnen über die Scheibenfläche verteilt sind und infolge ihres zur Arbeitsfläche schrägen Verlaufs nacheinander stoßfrei in Wirkung tretende Schnittkanten bilden, die den

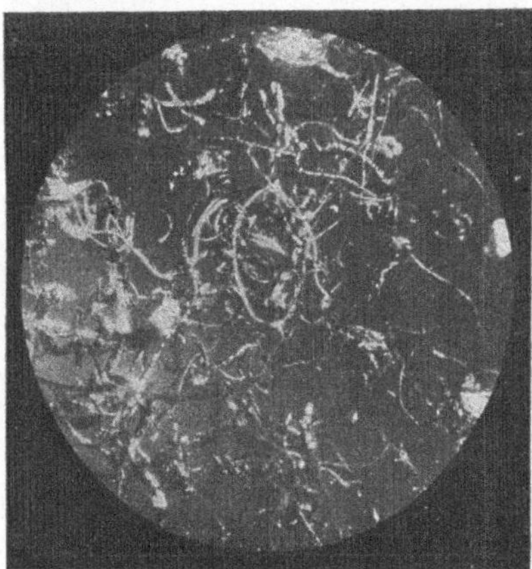

Fig. 3. Siemens-Martin-Stahlschleifspäne (25 mal vergr.)

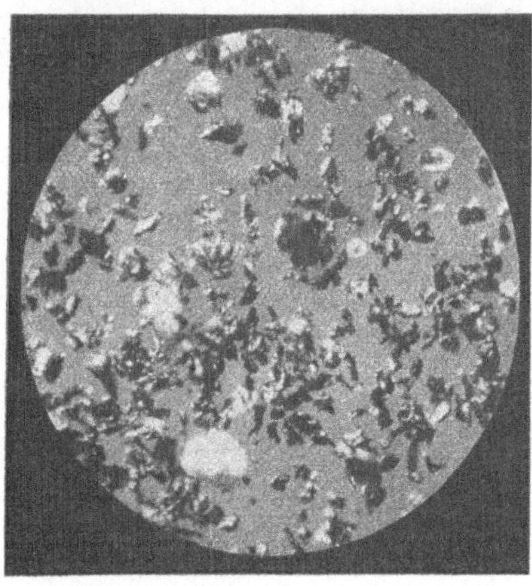

Fig. 4. Gußeisenschleifspäne (55 mal vergr.).

Werkstoff in Form regelrechter Späne abheben, sofern der Werkstoff überhaupt zur Spanbildung neigt (Fig. 2—4).

Die Folge der eingehenden Würdigung aller beim Flächenschliff in Betracht kommenden Umstände war eine starke Steigerung der Schnittleistungen, wie sie sich aus der nachstehenden, der Praxis entnommenen Zahlentafel ergibt.

Schnittleistungen beim Flächenschliff.

Zeit	Schleifleistungen in g/min.	1 g Belag liefert g Eisen	Grundstoff des Schleifbelages
1908	4 Gußeisen	2—3	Schmirgel
1909	17 „	5—7	Karborund
1910	60 „	10	Karborund
1912	200 „	25	Karborund-Diskus-Scheibe
1918	300 „	35	Karborund-Diskus-Scheibe

Die Schleifscheibe tritt somit in erfolgreichen Wettbewerb mit allen anderen spanabhebenden Werkzeugen und wird diesen stets überlegen sein, wenn es sich bei geringer Schnittiefe um die rasche Erzeugung genau planer, geschlichteter Flächen handelt.

II. Flächenschliff statt Schlosserarbeit.

Von den drei Hauptgruppen der Flächenschleifmaschine:

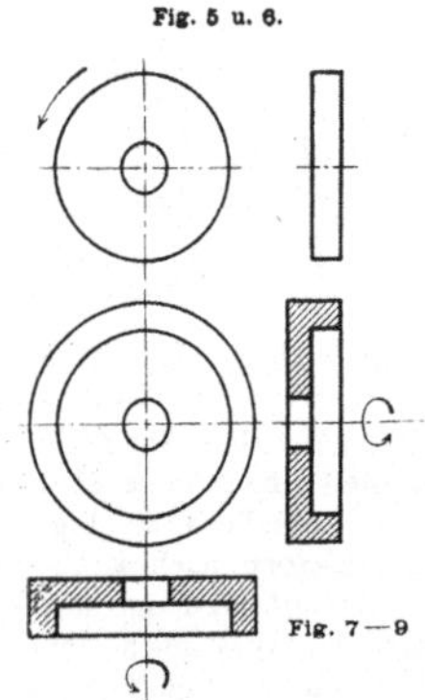

Fig. 5 u. 6.

Fig. 7—9

Fig. 5 u. 6. Stirnschleifscheibe.
Fig. 7—9. Planschleifring.

1. nach der Hobelmaschinenbauart a) mit Stirnschleifscheibe und b) mit senkrecht oder wagerecht gestelltem Planschleifring (Tassenscheibe) nach Fig. 5—9,
2. nach der Karusselbankbauart a) mit Stirnschleifscheibe auf wagerechter Achse und b) mit Planschleifring auf senkrechter Achse, und
3. nach der Stahlscheibenbauart mit Schleifmittelbelag und vor der Scheibe verschwenkbarem oder verschiebbarem Arbeitstisch

wurde bisher die Maschine nach Gruppe 1 a als am ehesten geeignet angesehen, Schlicht- und

Fig. 10. Flächenschleifmaschine.

Schabarbeit zu ersetzen. Inzwischen haben die Erfahrungen der Praxis und die durch den Krieg bedingte, bis aufs Letzte getriebene Ausnutzung aller Fertigungsmöglichkeiten zur Genüge bewiesen, daß man auch die Flächenschleifmaschine mit Stahlscheiben zum Ersatz der Schlosserarbeit heranziehen kann.

Fig. 11. Abrichten einer mehrfach unterbrochenen Fläche mittels Flächenschliffs.

Die Flächenschleifmaschinen im allgemeinen und die Stahlscheibenmaschinen im besonderen setzen, wenn die Aufgabe: keine Schlosserarbeit mehr! mit dem höchsten Grad der Wirtschaftlichkeit gelöst werden soll, eine sinngemäße Vorarbeit des Konstruktionsbüros und der Gießerei voraus.

Der Konstrukteur hat es beim Entwurf in der Hand, durch Auflösung geschlossener Arbeitsflächen in schmale Leisten, Aussparungen in den Einzelarbeitsflächen, Entfernung der für die Passung unnötigen Flächen aus der Schleifebene, Weglassen vorspringender Teile und durch Verlegung der Einzelarbeitsflächen in eine Schleifebene dazu beizutragen, daß die Flächen-

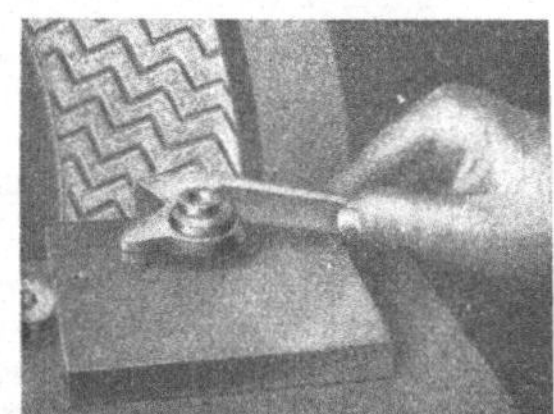

Fig. 12. Abrunden durch Flächenschliff.

schleifmaschine ihrer Eigenart gemäß unter erheblicher Ersparnis an Material und Arbeitslohn rasch und ohne unzulässig hohe Schleifwärme aus dem Rohen bis zum Fertigschliff (Schlichten) lehrenhaltig genau arbeiten kann. Es leuchtet ein, daß man bei solchen Arbeitsbedingungen die Fertigung unter Zuhilfenahme der Flächenschleifmaschine ohne Schwierigkeit derart einrichten kann, daß praktisch jede Schlosserarbeit überflüssig wird.

Fig. 13. Kantenbrechen auf der Flächenschleifmaschine.

Die Gießereitechnik hat sich insofern den Bedürfnissen der Schleifmaschine anzupassen, als sie danach streben muß, daß eben, im Winkel genau und mit möglichst geringer Zugabe gegossen wird, so daß der Flächenschleifmaschine nur das Abrichten und maßgenaue Schlichten der Paßflächen übrig bleibt und jede Nachbearbeitung von Hand, insbesondere Feil- und Schabarbeit wegfällt.

Die nach Stahlscheibenbauart eingerichtete Flächenschleifmaschine (Fig. 10) hat sich wegen der wirksamen Ausgestaltung der Schleifscheibenoberfläche als besonders geeignet für solche Arbeiten erwiesen, die man, wie Schaben, Schlichten, Kantenbrechen, Abrunden u. dergl., bisher nur durch gelernte Schlosser bewältigen konnte. Ein wesentliches Erfordernis beim Flächenschliff ist, daß zwischen der arbeitenden und der bearbeiteten Fläche genügend Raum für Aufnahme und Abfuhr der Späne vorhanden ist, damit die abgehobenen Teilchen daran gehindert werden, sich zwischen Werkstück und Schleifscheibe festzusetzen und das Schleifkorn zu verstopfen. Gerade bei Schlicht- und Schabarbeiten muß für eine scharfschnittige Scheibe gesorgt sein, wenn man wirtschaftlich und leistungsfähig mit der Schlosserarbeit in Wettbewerb treten bzw. diese ausschalten will. Dieser Grundbedingung kommt die Schleifscheibe nach Fig. 1 in der oben geschilderten Weise nach. Bei den günstigen Arbeitsbedingungen dieser Zickzackscheiben kann eine Schmelzung des abgeschliffenen Werkstoffes und eine Verschmierung der wirksamen Schleiffläche nicht vorkommen, vielmehr wird die Scheibe sich stets scharf halten und so imstande sein, auf wirtschaftliche Weise Schlicht-, Schab- und Abrichtarbeiten auszuführen.

Einige Arbeitsbeispiele mögen das Vorstehende erläutern.

Bei der Bearbeitung nach Fig. 11 handelt es sich um das Abrichten einer mehrfach unterbrochenen Fläche, was bisher durch Beschaben der Einzelflächen geschah. Das Werkstück sitzt auf einer elektromagnetischen Aufspannvorrichtung und wird mittels des aus der Darstellung ersichtlichen Arbeitstisches vor der Schleifscheibe hin- und herbewegt.

Fig. 12 zeigt, in welcher Weise scharfe Kanten auf der Flächenschleifmaschine gebrochen oder gerundet werden,

anstatt daß sie in der früher üblichen Art abgefeilt werden.

Um ein Abrunden handelt es sich auch bei den Beispielen nach Fig. 8 in dem Aufsatz „Die Flächenschleifmaschine und ihre Anwendung" auf S. 49 und nach Fig. 13 u. 14.

Fig. 14. Abrunden kleiner Werkstücke mittels verschwenkbarer Vorrichtung.

Das Werkstück wird bei der Bearbeitungsweise nach Fig. 8 auf S. 49 und nach Fig. 12 auf einen Zapfen aufgesteckt und um diesen Zapfen vor der Schleifscheibe hin- und hergeschwenkt. Bei dem Vorgang nach Fig. 14 verbietet die geringe Größe des in Fig. 51 dargestellten Werkstückes das unmittelbare Aufstecken auf einen Drehzapfen, dafür ist die Vorrichtung, in der das Werkstück eingespannt ist, um einen Zapfen in wagerechter Ebene vor der Schleiffläche verschwenkbar. Bei diesen Abrundarbeiten kommt es nicht nur darauf an, von der vorhergehenden Bearbeitung etwa stehen gebliebenen Grat mit Hilfe der Flächenschleifmaschine wegzunehmen, sondern man ist auch in der Lage, ohne jede Vor- oder Nacharbeit Rundungen zu schleifen bzw. wie im Falle der Fig. 14 u. 15 in einem

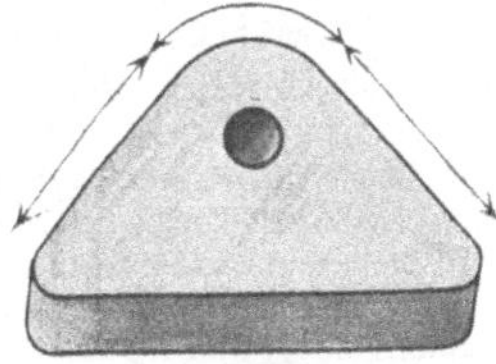

Fig. 15. Werkstück für die Bearbeitungsweise nach Fig. 14.

Arbeitsgang zwei ebene Flächen mit einer dazwischen liegenden Rundung gemäß den in Fig. 15 eingezeichneten Pfeilen fertig zu bearbeiten. Emil Zopf.

Schleifen von Kraftfahrzeugteilen.

Zweifellos trägt die Schleifbearbeitung wärmevergüteter Kraftfahrzeugteile sehr zur Vervollkommnung des Fahrbetriebs bei, da die gehärteten, der gegenseitigen Reibung ausgesetzten Teile sich weniger schnell abnutzen, dem Wagen eine größere Lebensdauer verleihen und gleichzeitig Energieverluste, Erschütterungen und störende Geräusche beim Fahren auf ein Mindestmaß beschränken. Von allgemeinem Interesse dürfte daher die Beschreibung von Schleifverfahren für verschiedene Kraftfahrzeugteile sein, wie diese in guten Automobilfabriken üblich sind, wobei jedoch zu bemerken ist, daß die im besonderen für Kraftfahrzeugteile beschriebenen Arbeitsverfahren sich ebenso gut entsprechend auf andere Maschinenteile anwenden lassen.

1. Nachschleifen von Zylinderbohrungen unter Verwendung von Schallverstärkern.

Das Schleifen von Zylinderbohrungen schließt sich an eine dreifache Bohrbearbeitung, bestehend aus Vorbohren, und erstem und zweitem Nachbohren an und setzt sich aus zwei Stufen zusammen. Das Bohren erfolgt mit einer Toleranz von 0,5 mm für das Schruppbohren, 0,1 mm für das erste, 0,075 mm für das zweite Schlichtbohren. Das Fertigschleifen der Bohrungen geschieht auf einer Innenschleifmaschine mit umlaufender Schleifspindel bei einer Durchmessertoleranz von 0,05 mm. Die Schleifzugabe beträgt 0,25 mm, die in zwei Arbeitsstufen abgenommen wird.

Nach dem Vorschleifen und Herausnehmen des Zylinderblocks aus der Maschine läßt man diesen zunächst abkühlen, so daß sich jede infolge der Temperaturerhöhung beim Schleifen entstandene Ausdehnung der Metallmassen ausgleichen kann. Während des Nachschleifens ist mit einer wesentlichen Temperatursteigerung nicht mehr zu rechnen. Beim Nachschleifen muß sorgfältig darauf geachtet werden, daß das Schleifrad an der ganzen Zylinderwandung mit gleichmäßiger Tiefe schneidet. Ob dies der Fall ist, läßt sich bei einiger Erfahrung im Schleifen durch Abhören des Schleifgeräusches während des Planetenumlaufs des Schleifrades erkennen. Die Zylinderspannvorrichtung ist mit wagerechten und senkrechten Schnitten versehen, damit sich der Zylinderblock so einstellen läßt, daß eine gleichmäßige Schleiftiefe an der ganzen Bohrung gewährleistet wird.

Da das Abhören des Schleifvorganges durch eine Anzahl von Nebengeräuschen, herrührend von anderen Vorgängen in der Nähe der Schleifmaschine, gestört wird, sind solche Zylinderschleifmaschinen mit Hörrohren versehen, von denen das eine Ende in dem Wassermantel des zu schleifenden Zylinders mündet, das andere, mit einer Art Mikrophonmembran versehene Ende zum Ansetzen an das Ohr des Arbeiters dient. Eine Abbildung des Verfahrens zeigt Fig. 1. Die Leistung beträgt 16 Zylinderblöcke in 8-stündiger Arbeitszeit.

2. Anschleifen von Zentrierflächen an Kreuzkopfbolzen.

Die zur Verbindung der Motorkolben mit den Pleuelstangen dienenden Kreuzkopfbolzen werden nach dem Härten durch Schleifen auf genaues Maß gebracht. Die Toleranz beträgt dabei 0,0075 mm. Um diesen hohen Genauigkeitsgrad einhalten zu können, müssen die Bolzenenden mit genauen konischen Sitzflächen zur Aufnahme der Zentrierdorne versehen werden. Das Anschleifen dieser Sitzflächen geschieht auf einer Innenschleifmaschine, deren Schleifkopf, dem Kegelwinkel der konischen Sitzfläche entsprechend, unter 60° zur Spindel verstellt ist (Fig. 2). Das Anschleifen der beiderseitigen konischen Zentrierflächen erfolgt nacheinander, so daß das Werkstück einmal umgespannt werden muß. Für die Erzeugung eines unbedingt zylindrischen Bolzens mit genauem Durchmessermaß ist das Anschleifen von konischen Zentrierflächen von wesentlicher Bedeutung. Die Leistung beträgt 625 Bolzen in 8 Stunden.

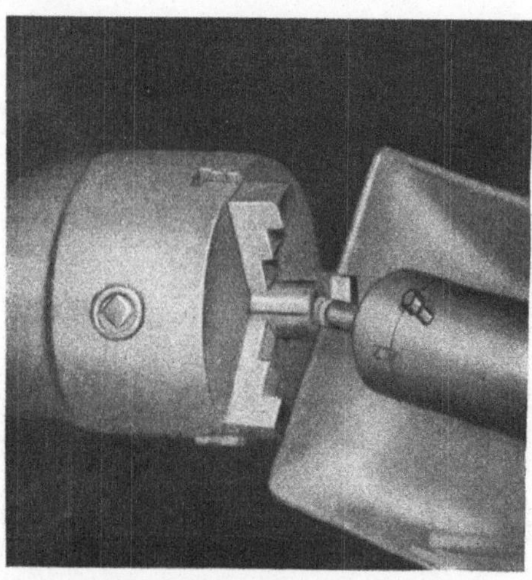

Fig. 1. Schleifen von Zylindern unter Verwendung von Hörrohr.

Fig. 2. Anschleifen von Zentrierflächen.

3. Schleifen der Außendurchmesser von Kreuzkopfbolzen.

Zum Schleifen der Kreuzkopfbolzen auf den vorgeschriebenen Außendurchmesser mit 0,0075 mm Toleranz bedient man sich einer Zylinderschleifmaschine (Fig. 3). Der Schleifdorn dieser Maschine ist mit zwei Bunden B u. C versehen, die an den inneren Enden auf 60° konisch abgeschliffen sind und mit diesen in die entsprechend vorher ausgeschliffenen Sitzflächen der Kreuzkopfzapfen A eingreifen. Der Bund B ist mit dem Dorn fest verbunden, dagegen läßt sich der Bund C darauf verschieben und mit Hilfe der auf dem Außengewinde des Schleifdorns verschraubbaren Mutter D einstellen. Zum Einspannen des Werkstückes ist Bund C zurückzuschieben und Mutter D zurückzuschrauben, so daß das Werkstück A sich einsetzen läßt; dann schiebt man den Bund C wieder vor, so daß er mit seiner konischen Zentrierfläche in die entsprechende Sitzfläche des Werkstücks greift, worauf Mutter D bis zur festen Anlage gegen Bund C angezogen wird. Das auf diese Weise zwischen den Zentrierkegeln eingespannte Werkstück erhält seinen Antrieb durch einen Mitnehmer E, der sich

Fig. 3. Aussenschleifen von Bolzen.

gegen einen Anschlagstift F an der umlaufenden Spitze anlegt. Zum Nachprüfen des Außendurchmessermaßes dient eine Grenzlehre G. Die Leistung beträgt 400 Bolzen in 8-stündiger Arbeitszeit.

4. Ausschleifen der Bohrungen von Schraubenrädern.

Fig. 4 zeigt eine Innenschleifmaschine, auf der die Bohrungen von Schraubenrädern ausgeschliffen werden, bevor sie auf die Antriebwelle der Ölpumpe aufgesetzt werden. Die Bohrung muß nicht nur äußerst genau auf die Pumpenwelle passen, sondern auch mit dem Teilkreis der Räder konzentrisch verlaufen.

Das zu schleifende Rad A (Fig. 4) steht mit vier Ritzeln B im Eingriff, die mit ihrer Bohrung über Zapfen der Planscheibe exzentrisch übergestreift sind. Eins der Ritzel ist am Umfang mit einem Loch versehen, in das ein Handhebel C eingreift; beim Umlegen dieses Handhebels drehen sich sowohl das Werkstück als auch alle vier Ritzel auf ihren exzentrischen Zapfen gleichzeitig, so daß sich die Ritzel gleichmäßig nach innen vorschieben. Dadurch wird der Teilkreis der Verzahnung des Werkstücks konzentrisch

zur Drehachse eingestellt und gleichzeitig das Werkstück zum Schleifen fest eingespannt. D sind die zum Nachprüfen der Bohrung dienenden Grenzdorne. Die Durchmessertoleranz beträgt 0,025 mm, die Leistung 106 Schraubenräder in 8 Stunden.

Fig. 4. Ausschleifen der Bohrungen von Schraubenrädern.

5. Ausschleifen der Bohrungen von Steuersäulenschnecken.

Eine der vorigen ähnliche Schleifarbeit ist in Fig. 5 dargestellt; sie betrifft das Ausschleifen der Bohrungen von

Fig. 5. Ausschleifen der Bohrungen von Steuersäulenschnecken.

Steuersäulenschnecken auf einer Innenschleifmaschine mit besonderem Aufspannfutter. Das Werkstück liegt mit seinen Endzapfen B in keilförmigen Auflagen A und wird durch an der Unterseite der Deckelplatte D angebrachte Druckbolzen (einer ist bei C sichtbar) gegen diese Auflagen gedrückt. Die Deckelplatte D wird durch einen Scharnierbolzen in Verbindung mit einer Flügelmutter nach unten angezogen. In der Längsrichtung wird das Werkstück durch einen sich gegen den äußersten Schneckengewindegang anlehnenden Stift der Auflage eingestellt. Zum Lehren der Bohrung dienen die Lehren F u. G, von denen G zur Beurteilung der konzentrischen Herstellung der beiderseitigen Bohrungen der Schnecke dient. Die Schleiftoleranz beträgt in vorliegendem Falle 0,05 mm, die Leistung 90 Schnecken täglich.

6. Schleifen der Laufringe von Druckkugellagern.

Zum Schleifen von Laufringen von Achsialdruckkugellagern wird hier eine Radialschleifmaschine nach Fig. 6 verwendet. Das Werkstück wird in einer durch Handrad B betätigten Spannpatrone eingespannt und am vorderen Spindelende durch eine auf den Spindelkopf aufgesetzte geschlitzte Scheibe C gehalten. Die Prüfung der Schleifgenauigkeit in Bezug auf Konzentrizität und Tiefe der Laufringe geschieht mittels eines besonderen in der Figur dargestellten Instrumentes. Zur Prüfung der Konzentrizität dient der Fühlhebelzeiger D (Fig. 6). Die Unterseite der Lehre bzw. der untere kurze Hebel des Fühlhebels ist mit zylinderförmigen Führungszapfen E versehen, mit denen die Lehre während des Herumschwenkens um den Zapfen G gleitet. Jede Abweichung von der konzentrischen Bearbeitung der Laufrille läßt sich ihrer Größe nach an dem Ausschlag des über dem Maßstab F schwingenden Fühlhebels erkennen und ablesen. Das Nachprüfen der Laufrillentiefe geschieht mit Hilfe desselben Instrumentes auf folgende Weise. Der Drehzapfen G ist mit einem Schlitz versehen, der die mit dem Meßinstrument in Verbindung stehende Platte H aufnimmt. In diesem Schlitz kann die Platte H soweit nach unten gleiten, bis die Führungszapfen E sich gegen den Boden der Laufrille anlegen. Ob die Laufrillentiefe innerhalb der vorgeschriebenen Toleranzen liegt oder nicht, wird nach dem Fühlverfahren mit Hilfe des auf zwei verschiedene Höhenmaße abgeschliffenen Fühlstiftes I fest-

Fig. 6. Schleifen der Laufringe von Druckkugellagern.

gestellt. Entspricht die Rillentiefe den Toleranzen, so ragt die obere Hälfte des Fühlstiftes über die Rahmenfläche heraus, während die untere Hälfte darunter liegt. Die Toleranzen für den Nuthalbmesser betragen 0,025 mm, für den Durchmesser der Laufrille 0,075 mm, die Leistung 265 Laufringe in 8 Stunden.

Fig. 7. Schleifen langer dünner Wellen.

7. Schleifen von Umsteuerwellen.

Das Schleifen der hohlen Umsteuerwellen nach dem in Fig. 7 veranschaulichten Verfahren zeichnet sich durch eine im Verhältnis zur schlanken Form des Werkstückes sehr hohe Genauigkeit aus; die Toleranz für den Außenwellendurchmesser beträgt nur 0,012 mm. Wie beim Schleifen der Kreuzkopfbolzen wird das hohle Werkstück an den beiderseitigen Enden vor dem Außenschleifen mit Sitzflächen zur Aufnahme von Zentrierkegeln versehen. Wegen

Fig. 8. Schleifen konischer Schäfte.

der großen Länge des hohlen Werkstücks ist für eine gute Abstützung Sorge zu tragen, die ein elastisches Federn infolge des Schleifdrucks vermeidet. Dies geschieht (siehe Fig. 7) durch Abstützen des Werkstücks durch die Brille A etwa in seiner Mitte. An dem einen Ende der Welle ist eine Nut angebracht, in die die umlaufende Zentrierspitze mit einem Keil eingreift, der als Mitnehmer wirkt. Die Leistung beträgt hier 220 Wellen in 8 Stunden.

8. Schleifen konischer Schäfte von Triebrädern.

Das Triebrad des Cadillac-Motors ist mit einem Konusschaft A (Fig. 8) versehen, der außen durch Schleifen mit einer Toleranz von 0,025 mm fertig bearbeitet werden muß. Dies geschieht auf der Universalschleifmaschine, auf der das Werkstück in der üblichen Weise zwischen Spitzen aufgenommen und durch Mitnehmer in Drehung versetzt wird;

genommen; das Einspannen der Werkstücke geschieht durch Spreizdorne. Da die Klauenbacken an ihren beiden Seitenflächen zu schleifen sind, ist eine Teilvorrichtung vorgesehen, durch die das Werkstück um 180° herumgeschwenkt werden kann. Zu diesem Zweck ist der Spreizdorn mit einer Stange B verbunden, die mit einer Blattfeder und einem Handgriff C versehen ist. Beim Teilen der Vorrichtung um 180° schwingt diese Feder von der vorderen Lage nach rückwärts. Die Feder wird in ihrer Ruhelage durch zwei Klinken von oben und unten gehalten, so daß ein unbeabsichtigtes Drehen der Stange B verhindert wird. Zum Teilen ist der Handhebel nach rechts zu drücken, bis die Feder von den Klinken freigegeben wird, und dann um 180° herum zu drehen, bis die Feder an der Rückseite der Maschine in die hinteren Klinken E einschnappt. Dadurch wird das Werkstück für den zweiten

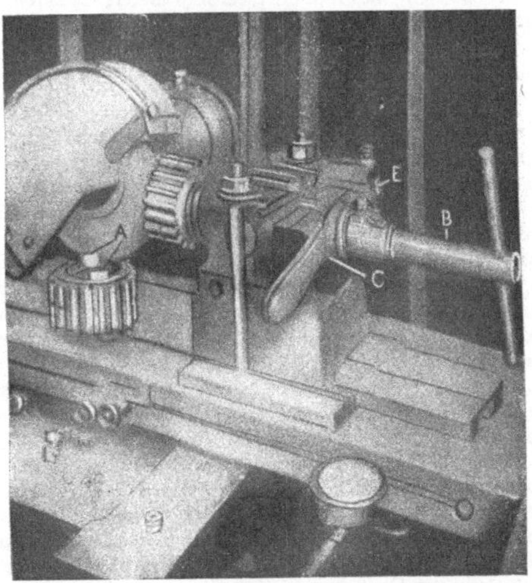

Fig. 9. Schleifen von Klauenkupplungsbacken.

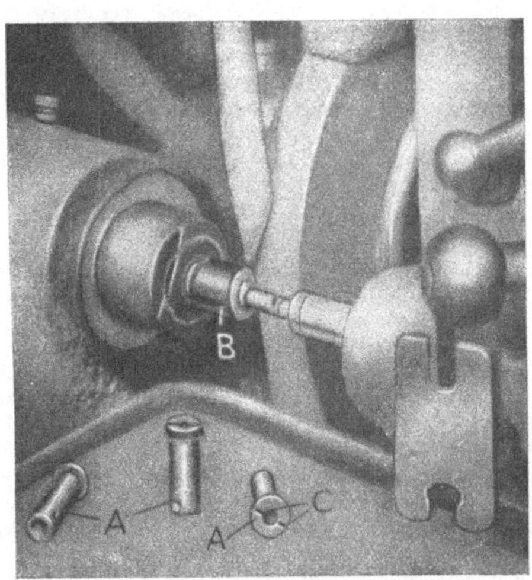

Fig. 10. Schleifen von Ventilbolzen.

der Schleiftisch ist dem Konus des zu schleifenden Schaftes entsprechend schräg eingestellt. Da an dem Werkstück ein rechtwinkliger Bund anzuschleifen ist, ist das Schleifrad entsprechend unterschnitten. Zur Einstellung des Werkstückes in seiner Längsachse dient ein am vorderen Ende der Gleitstange B gelagerter Anschlag, der die zu schleifende Bundfläche des Werkstückes zur Anlage an die seitliche Schleiffläche des Schleifrades bringt. C stellt eine Ringlehre zum Nachprüfen der Schleifgenauigkeit dar; die Leistung beträgt 220 Triebräder täglich.

9. Schleifen der Backen von Klauenkupplungen.

Die Vorgelegeräder der Kurbelwelle sind mit Klauenkupplungen versehen, die mit ihnen aus einem Stück bestehen und an den Backenseiten (Fig. 9) genau zu schleifen sind. Die Bearbeitung wird auf einer Schleifmaschine vor-

Schleifgang richtig eingestellt. Das Schleifen geschieht hier mit der flachen Seite des Schleifrades. Die Schleiftoleranz beträgt 0,025 mm, die Leistung 265 Zahnräder bei 8-stündiger Arbeitszeit.

10. Zylindrischschleifen von Ventilbolzen.

Fig. 10 zeigt eine einfache Schleifmaschine, auf der die kleinen Ventilsteuerstifte A mit einer Toleranz von 0,0125 mm am Schaft zylindrisch geschliffen werden. Die Aufnahme des Werkstückes erfolgt von der rechten Seite her durch eine Zentrierspitze, von der linken Seite her durch das Spannfutter B, die Mitnahme durch einen Keil, der in den quer durch den Flansch des Werkstückes eingearbeiteten Schlitz C eingreift. Das Einspannen des Werkstückes kann auf diese Weise ohne Zeitverlust vor sich gehen, so daß die Leistung der Maschine 1600 bis 1800 Bolzen bei 8-stündiger Arbeitszeit beträgt. Na.

Neuzeitliche Polierverfahren.

Die starke Nachfrage nach Genauigkeitslehren für die Revision in der Massenfertigung hat zu einer gesteigerten Anwendung und Verbesserung des Polierverfahrens geführt, das sowohl bei der Fertigbearbeitung von zylindrischen Körpern als auch bei der Erzeugung von Bohrungen, sowie bei der Bearbeitung ebener und beliebig geformter Flächen mit Vorteil in Frage kommt.

Unter einem Polierwerkzeug versteht man ein Werkzeug aus feinkörnigem Gußeisen, Messing oder sonstigem ziemlich weichen Material, das außen mit einem Poliermittel belegt ist. Bei bestimmten Polierarbeiten verwendet man auch Polierwerkzeuge aus Buchsbaum- oder Ahornholz. Als Polierbelag kommen verschiedene Schleifmittel in Frage, z. B. Aluminiumoxyd, Alundum und Aloxit; diese Materialien finden in erster Linie dort Anwendung, wo es auf schnelles Schneiden ankommt; für den gleichen Zweck kommt auch Diamantstaub in Betracht, während Schmirgel mehr dann verwendet wird, wenn es auf eine gut aussehende Bearbeitung von hoher Politurglätte ankommt.

Die Form des Polierwerkzeuges richtet sich ganz nach dem Verwendungszweck, insbesondere nach der Art des Werkstückes. Zum Polieren zylindrischer Bohrungen dienen z. B. Werkzeuge von zylindrischer Form, zum Außenpolieren von Zylinderkörpern ringförmige Werkzeuge, wobei in beiden Fällen zwischen den zugehörigen Durchmessermaßen von Werkstück und Polierwerkzeug ein Spielraum von etwa 0,05 mm vorhanden sein muß, der zum Auftragen des Poliermittels dient.

Zum Verständnis des Poliervorganges muß man berücksichtigen, daß das Polierwerkzeug aus weichem Metall, das zu polierende Werkstück gewöhnlich aus gehärtetem Stahl besteht. Das Poliermittel bettet sich stets in das weichere Metall ein, so daß das Poliermittel um so härter sein kann, je härter das zu polierende Material ist. Anderseits tritt, wenn das Polierwerkzeug nicht sehr weich ist, das Umgekehrte, nämlich eine Aufnahme des Schleifmittels durch das härtere Material ein. Aus diesem Grunde bedient man sich mitunter beim Fertigpolieren der Blei- oder Holzpolierwerkzeuge, bei denen ein Übergang des Poliermittels auf die zu polierende Fläche nicht befürchtet zu werden braucht und daher eine saubere genaue Bearbeitung erzielt wird. Zum Vorpolieren bedient man sich in diesen Fällen der Polierwerkzeuge von härterem Material.

Das Poliermittel ist mit Öl vermengt, wobei gleiche Teile Petroleum und Specköl zu empfehlen sind. Das Gemenge von Poliermittel und Öl wird auf die Polierfläche des Werkzeuges aufgetragen. Das Poliermittel bettet sich

dabei allmählich in das Werkzeug ein, bis dessen ganze Oberfläche damit belegt ist. Entweder dem Werkstück oder dem Polierwerkzeug ist je nach den vorliegenden Umständen eine Drehung von bestimmter minutlicher Drehzahl, die einer Flächengeschwindigkeit von etwa 1500 m in der Minute entspricht, zu erteilen. Bei geringeren Geschwindigkeiten ist erfahrungsgemäß die Schneidfähigkeit des Poliermittels bei gehärtetem Stahl nicht ausreichend. Auf Grund seiner praktischen Erfahrungen verfügt der Polierer über einen sehr feinen Gefühlssinn, der ihn befähigt, Materialabnahmen von Bruchteilen eines Hundertstel Millimeters abtasten und beurteilen zu können, an welchen unrunden Stellen noch Material abzunehmen ist.

Polieren von Kaliberlehren.

Kleine Kaliberlehren von 0,175 bis 25 mm $\varnothing$ werden mit einem Genauigkeitsgrad von 0,001 mm angefertigt. Die Genauigkeit, mit der diese Fabrikation erfolgt, setzt die Anwendung eines sehr sorgfältigen Polierverfahrens voraus. Die Lehren werden je nach ihren Durchmessern zunächst auf 0,012 bis 0,018 mm Übermaß geschliffen, wobei gegen das kreisende Werkstück zwei Aloxitölsteine angedrückt werden. Das auf diese Weise vorgeschliffene Werkstück kommt dann zum Fertigpolieren auf eine Maschine mit wagerechter Spindel; zum Polieren dient dabei ein Aloxitpolierwerkzeug, mit dem auf der zu polierenden Fläche hin und her gefahren wird (Fig. 1 u. 2). Im vorliegenden Falle sind alte Nähmaschinenelektromotoren verwendet worden, auf deren Ankerspindel ein Bohrfutter aufgesetzt wurde zwecks Aufnahme des zylinderförmigen Arbeitstückes bzw. des Polierwerkzeuges, je nachdem das Werkstück von innen oder von außen zu polieren ist. Der Spindelumlauf wird durch eine Fußsteuerung ein- bzw. ausgerückt, die Umlaufgeschwindigkeit läßt sich durch Abbremsen des umlaufenden Bohrfutters mit Daumen und Zeigefinger regeln.

Herstellung der Polierwerkzeuge.

Zum Polieren des Außenmaßes von Kaliberbolzen und anderen Werkstücken von zylindrischer Form bedient man sich eines zweiteiligen Polierwerkzeugs von der in Fig. 3, A u. B, dargestellten Form. Diese Werkzeuge sind, den Durchmessern der zu polierenden Werkstücke entsprechend, mit vier verschiedenen Öffnungen versehen. Das Verfahren der Herstellung dieser Öffnungen ist je nach der Durchmessergröße verschieden. Bei Öffnungen von größeren Durchmessern werden die beiden Polierbacken zusammengeklemmt und die Löcher mit etwas Untermaß gebohrt und nachgerieben. Das gehärtete Werkstück wird zunächst das Schleifmittel in die Polierbacken eindrücken,

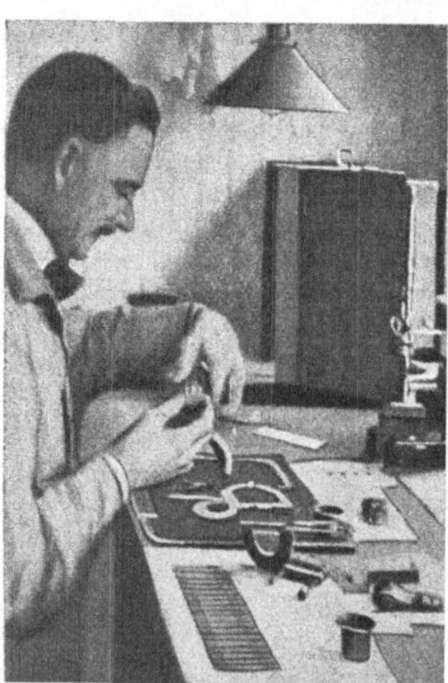

Fig. 1. Polieren des Außendurchmessers einer Lehre.

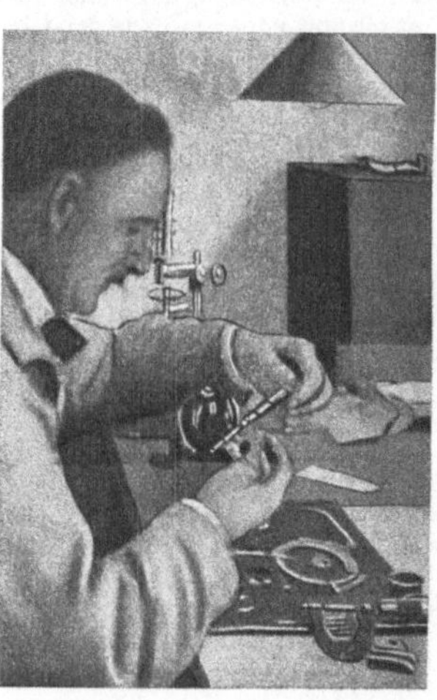

Fig. 2. Nachmessen des Durchmessers.

da diese weicher als das gehärtete Werkstück sind; gleichzeitig. wird das Maß der Backenlöcher erweitert. Im Laufe der Zeit bettet sich das Poliermittel ganz in den Löchern der Polierbacken ein, so daß von diesem Zeitpunkt ab die Polierwirkung von den Polierbacken auf das Werkstück ausgeht, und dieses auf das vorgeschriebene Maß gebracht wird. Inwieweit dies der Fall ist, wird mit Hilfe einer Flüssigkeitslehre (Fig. 4) in Verbindung mit einem Kaliberbolzen festgestellt, dessen Durchmessermaß auf der Präzisionsmeßmaschine genau ermittelt wird. Bei der Herstellung von Polierbacken mit kleineren Durchmesseröffnungen ist das Bohren und Reiben der Öffnungen nicht ratsam; es ist hier vielmehr zweckmäßig, mit Hilfe einer dünnen Säge auf der Innenfläche einer jeden Backe einen kleinen Einschnitt herzustellen und dann den Polierbolzen in der vorher beschriebenen Weise anzuwenden, wobei das Werkstück entsprechend einzuspannen ist. Infolge der Übertragung des Poliermittels vom härteren Polierbolzen auf die weicheren Polierbacken werden die Öffnungen schnell auf das erforderliche Durchmessermaß gebracht.

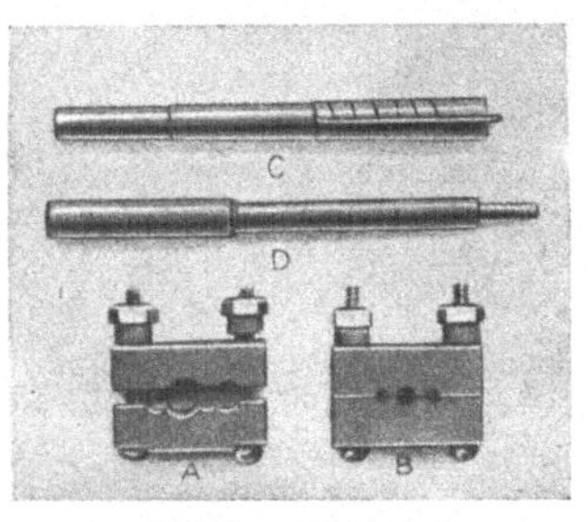

Fig. 3. Zweiteilige Polierwerkzeuge und Polierdorne.

Die beiden Polierbacken werden durch Schraubenbolzen zusammengehalten und durch Muttern angezogen. Bei der ersten Anwendung des Polierbolzens hat dessen Durchmesser starkes Übermaß, so daß sich die beiden Polierbacken nicht zusammenschrauben lassen. Im Verlauf des Polierens schleift sich der Außendurchmesser des Polierbolzens ab; die Backenmuttern lassen sich daher entsprechend anziehen, so daß sich das Poliermittel mit dem erforderlichen Druck

Fig. 4. Nachprüfen der Maße mit Hilfe von Flüßigkeitslehre.

auf das Werkstück aufbringen läßt. Das Anziehen der Backenmuttern erfolgt so lange, bis das vorgeschriebene Durchmessermaß des Werkstückes erhalten ist. Trotz des Schutzes, den das Schleifmittel gegen die Abnutzung des Polierwerkzeuges bietet, kann leicht ein zu starkes Ausschleifen der Backenöffnungen eintreten, was sich durch gelegentliches Abnehmen von Metall an den sich berührenden Flächen der beiden Backenhälften ausgleichen läßt. Nachdem dies geschehen ist, stellt man die Polierbacken wieder auf das Maß des Werkstückes ein, bis die Öffnung auf das richtige Maß gebracht ist. Übrigens schneidet bei der ersten

Anwendung ein neues Polierwerkzeug nicht sehr frei, da das Poliermittel sich noch nicht darin eingebettet hat. Solange das Poliermittel von dem Werkstück getragen wird, übt es mehr auf das Polierwerkzeug als auf das auf Maß zu polierende Werkstück seine Schneidwirkung aus. Erst nachdem sich das Poliermittel eingebettet hat, bleibt es beim Umlaufen in der Schleifkluppe fest haften, und es tritt eine genügende Schneidwirkung ein.

Polierwerkzeuge für Bearbeitung von Bohrungen.

Bei C u. D in Fig. 3 sind zwei Polierdorne dargestellt, die zum Innenpolieren von Ringlehren und ähnlichen Werkstücken dienen. Der Polierbolzen C ist etwa von der Mitte bis zu seinem einen Ende aufgespalten. Von der gespaltenen Endöffnung her läßt sich ein kleiner Keil eintreiben, der den Polierdorn dem Durchmessermaß der Bohrung des zu polierenden Werkstückes entsprechend spreizt. Auf dem Umfang des Dornes verläuft spiralförmig eine Rille, die in ähnlicher Weise wie die Ölnuten von Lagern das Gemenge von Öl und Poliermittel über die Oberfläche des zu polierenden Werkstücks verteilen soll. Die Polierdorne sind von vornherein so herzustellen, daß sie bei ihrer Verwendung keine vorn ausgerundeten, glockenförmigen Bohrungen (Kuhschnauze) ergeben. Dies geschieht dadurch, daß man den Bolzen auf etwa 0,025 mm konisch abdreht, so daß der kleinere Durchmesser sich am offenen Ende befindet. Durch Eintreiben des Keils vom geöffneten Ende her wird der konisch gehaltene Bolzenteil aufgespreizt, so daß sich annähernd eine richtige zylindrische Form ergibt. Natürlich muß man sich bei der Verwendung des Polierbolzens auch auf die Geschicklichkeit und Erfahrung des Arbeiters verlassen können. Ein gewisses Maß der ausgerundeten Glockenform ist praktisch nicht zu vermeiden, da sich abgelöste Poliermittelteilchen beim Hindurchgehen des Polierbolzens an den Enden der Bohrung leicht anhäufen. Ein geringes Abrunden von scharfen Kanten ist auch selten nachteilig, sondern sogar mitunter erwünscht. Gewöhnlich versieht man jedoch, wenn es auf genaue Zylinderbohrungen ankommt, Ringlehren oder ähnliche Werkstücke an den Lochenden mit kleinen Aufsatzringen, die nach dem Polieren wieder beseitigt werden, so daß jede Ausrundung vermieden wird.

In ähnlicher Weise arbeitet der Polierbolzen D (Fig. 3), der mit einem in der Längsrichtung verlaufenden, zwei Querlöcher verbindenden feinen Schlitz versehen ist, der jedoch nicht bis an das Ende reicht. In das dem Schlitz zunächst liegende konisch ausgebohrte Bolzenende wird ein konischer Stift eingetrieben, der das Aufspreizen des Bolzens in dessen Mitte, dem Maß der Bohrung des Werkstücks entsprechend, bewirkt. Die Abweichung von der richtigen zylindrischen Form ist sehr gering, und es lassen sich bei geschulter Anwendung des Werkzeuges Bohrungen genau zylindrisch polieren. Beide Polierbolzen C u. D bestehen aus Messing, auf das sich das Schleifmittel am leichtesten auftragen läßt, und das, ohne wie Gußeisen spröde zu sein, den beim Polieren entstehenden Biegungs- und Drehungsbeanspruchungen gewachsen ist.

Polieren von Gewindelehren.

Zum Polieren von Innengewindelehren dient ein Gewindebolzen, auf den ein geeignetes Poliermittel aufgetragen ist, und der in der Lehre hin- und hergedreht wird. Zum Polieren von Außengewinden dient eine mit einem Poliermittel belegte Ringlehre, die über das Werkstück geschraubt und hin und hergedreht wird. Das Hin- und Herschwenken des Polierwerkzeugs bei der Polierbearbeitung von Gewindelehren geschieht am bequemsten und einfachsten auf einer kleinen Poliermaschine (Fig. 5). Sie besteht aus zwei auf die Antriebspindel lose aufgesetzten und nach entgegengesetzten Richtungen umlaufenden Rillenscheiben und einer mit der Antriebwelle verkeilten Reibscheibe, die durch Umlegen eines Handhebels mit der einen oder anderen Rillenscheibe verbunden werden kann und die Übertragung der Drehung auf die Spindel nach beiden Richtungen vermittelt. Beim Polieren von Außengewindelehren wird auf die Ma-

Fig. 5. Poliermaschine.

schinenspindel ein Bohrfutter aufgesetzt und das Werkstück darin eingespannt. Indem der Arbeiter mit der rechten Hand das Polierwerkzeug hält und mit der linken Hand den Handhebel abwechselnd nach beiden Richtungen umlegt, schraubt sich der Polierring schnell auf den mit Gewinde versehenen Teil der Gewindelehre und wieder zurück. Dasselbe Verfahren läßt sich beim Schleifen von Innengewindelehren anwenden, wenn man das Polierwerkzeug in das Bohrfutter einspannt, während die Lehre in der Hand gehalten wird. Bei einiger Geschicklichkeit und Übung läßt sich eine Gewindelehre an den übermaßhaltigen Stellen polieren und auf Maß bringen, ohne daß benachbarte Gewindegänge, die bereits das richtige Gewindemaß besitzen, davon betroffen werden. Die Maschine wird in einem Abstand von etwa 200 mm von der vorderen Kante der Werkbank aufgestellt, so daß der Arbeiter seine Ellbogen auf einer vor der Maschine angebrachten Armauflage aufstützen kann; beim Polieren von Gewindelehren muß jede Ermüdung des Arbeiters möglichst vermieden werden, da das Genauigkeitsmaß der Bearbeitung im hohen Grade von seinem feinen Gefühlssinn abhängt.

Konstruktion von Polierwerkzeugen für Gewindelehren.

Bei der Herstellung von Polierwerkzeugen und der Auswahl der zugehörigen Poliermittel sind derartig verschiedene Verfahren üblich, daß man bei oberflächlicher Betrachtung leicht zu dem Schluß kommen kann, zwei mit dem Polieren von Gewindelehren von gleicher Konstruktion und von gleichem Material beschäftigte Arbeiter seien kaum imstande, mit Polierwerkzeugen von verschiedenem Material und verschiedenen Poliermitteln dieselbe Arbeit zur Zufriedenheit zu erledigen. Bei reiflicherer Überlegung muß man jedoch zu einem anderen Schluß kommen. Zweifellos spielt gerade beim Polieren die persönliche Eignung eine wichtige Rolle, und da Gefühlssinn und Arbeitsart der einzelnen Arbeiter untereinander abweichen, so ist es wohl verständlich, daß sich die verschiedene Veranlagung der Arbeiter bei der persönlichen Auswahl der Materialien ausgleichen kann.

Materialauswahl für Polieren von Gewindelehren.

Bei der Herstellung von Polierwerkzeugen für Gewindelehren kommen gewöhnlich Maschinenstahl, Gußeisen, Kupfer und Messing zur Verwendung. Wie bereits erwähnt, dienen zum Polieren von Innengewindelehren einfache Gewindekaliberbolzen. Zum Polieren von Außengewindelehren sind mitunter nachstellbare Werkzeuge erwünscht; man verwendet daher hierfür Gewinderinge (Fig. 6), die an einer Stelle ganz, an zwei um 120° von dieser Stelle versetzten anderen Stellen teilweise aufgeschlitzt sind und von einem in ähnlicher Weise geschlitzten Halterring aufgenommen werden. Der Halterring ist mit Klemmschrauben versehen, die sich anziehen lassen, wenn das Werkzeug der Ab-

nutzung entsprechend nachgestellt werden soll. Bei Polierwerkzeugen von geringerem Durchmessermaß ist der Halterring nicht geschlitzt, sondern mit Radialschrauben versehen, die durch Anziehen auf den geschlitzten Polierring drücken und diesen der Abnutzung entsprechend nachstellen. Die Nachstellung des Polierwerkzeuges ergibt ein Mittel zur Regulierung des Durchmessermaßes, so daß ein geschulter Arbeiter imstande ist, nach seinem Gefühl anzugeben, ob das Werkzeug richtig arbeitet oder nicht. Ein Versuch, irgend eine bestimmte Beziehung zwischen Durchmessermaß

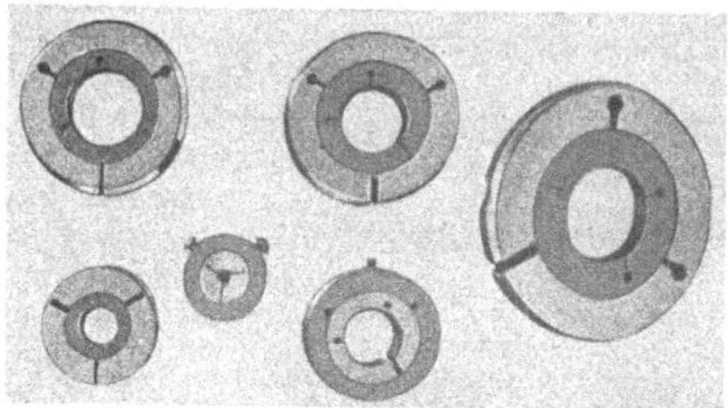

Fig. 6. Polierringe für Außengewinde.

des Polierwerkzeuges und fertig bearbeitetem Maß des Werkstückes herzustellen, läßt sich nicht durchführen, da die Abnutzung des Werkzeuges und das Zerbröckeln des Poliermittels an seiner Oberfläche diese Beziehung nur vorübergehend gelten lassen würden. Die Halterringe sind der besseren Handhabung wegen außen gekordelt.

Poliermittel zum Auftragen auf Polierwerkzeuge.

Im allgemeinen empfiehlt sich die Verwendung von Polierwerkzeugen aus Maschinenstahl, auf den feiner Diamantstaub, Karborundum, Schmirgel, Polierrot und Krokussamen aufgetragen wird. Das Poliermittel muß ordentlich gepulvert und mit Öl vermengt werden. Mitunter pflegt man sich nicht auf die Feinheit des im Handel erhältlichen Poliermittels zu verlassen, sondern dieses einer nochmaligen Ausschlämmung zu unterwerfen. Es empfiehlt sich, das Poliermittel so mit Petroleum zu vermengen, daß das entstandene Gemenge etwa die Zähflüssigkeit von Milch hat. Nach dem Umschütteln lagern sich die gröberen Teilchen schneller als die feineren am Boden an, und nachdem man das Gemenge eine Zeitlang stehen gelassen hat, kann man die Flüssigkeit abgießen (siehe später).

Umlaufende Polierwerkzeuge für kleine Arbeitstücke.

Wie beim Schleifen muß man auch beim Polieren mit einer bestimmten geeigneten Schnittgeschwindigkeit mit dem Poliermittel über die zu polierende Fläche des Werkstückes entlangfahren. Bei kleinen Gewindelehren ist die

Fig. 7. Genaudrehbank mit Gewindefräseinrichtung als Polierbank verwendet.

zu polierende Oberfläche so dicht an die Drehachse gerückt, daß sich die zum Abtrennen von Material erforderliche Gleitgeschwindigkeit zwischen Polierwerkzeug und Werkstück nicht erzielen läßt. Man bedient sich daher der umlaufenden Polierwerkzeuge derart, daß Werkzeug und Werkstück in entgegengesetzten Richtungen umlaufen, wodurch sich die relative Gleitgeschwindigkeit zwischen Poliermittel und Werkstück bedeutend erhöhen läßt. Das für diesen Zweck verwendete Polierwerkzeug besteht aus einer Stahlscheibe, die mit ihrem dem Gewindeprofil entsprechend geformten Umfang in das Gewinde der zu polierenden Lehre eingreift. Zwecks Anwendung dieses Verfahrens muß der Polierscheibe eine dem Steigungsmaß entsprechende Längsverschiebung, Polierscheibe und Arbeitstück gleichzeitig eine Drehbewegung erteilt werden.

Das angedeutete Polierverfahren gleicht dem Fräsen von Gewinden und wird auf der in Fig. 7 abgebildeten Genauigkeitsdrehbank mit Gewindefräsvorrichtung durchgeführt. Die erforderliche hohe Umlaufgeschwindigkeit erhält die Polierspindel vom Deckenvorgelege aus mit hohem Übersetzungsverhältnis. Zum Auftragen des Poliermittels auf das Polierwerkzeug dient die in Fig. 8 u. 9 skizzierte Vorrichtung; diese besteht aus einem zwei kegelförmig abgestumpfte Räder tragenden Arm; der

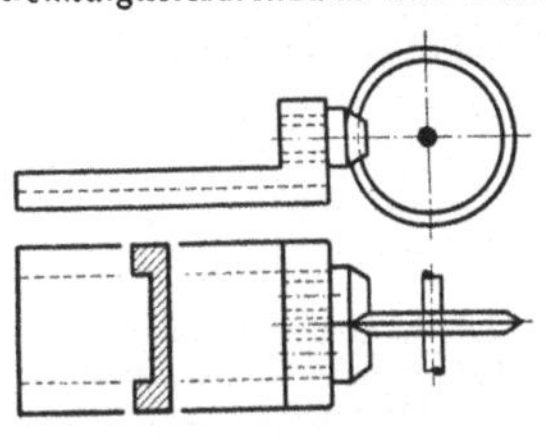

Fig. 8 u. 9. Einrichtung zum Auftragen des Poliermittels auf Polierscheiben.

Kegelwinkel der Räder entspricht dem Flankenwinkel der Polierscheibe am Umfang, mit dem die Scheibe zwischen beiden Kegelrädern läuft. Das bei diesem Auftragverfahren zur Anwendung kommende Poliermittel besteht aus besonders zubereitetem Diamantstaub.

In einigen Betrieben ist das Schleifen mit Diamantstaub nicht beliebt, da die größeren Kosten dieses Poliermittels scheinbar in keinem Verhältnis zu seiner Leistungsfähigkeit in Bezug auf Schnittgeschwindigkeit und Güte der Bearbeitung stehen. Diese Ansicht scheint davon herzurühren, daß man das Polierwerkzeug versuchsweise einer hohen Schnittgeschwindigkeit unterworfen hat. Diamantpolierwerkzeuge weisen bei geringen Schnittiefen und hohen Geschwindigkeiten gute Leistungen auf. Diamantstaub zerbröckelt auch nicht, wie dies bei anderen Poliermitteln leicht der Fall ist.

Polieren von Gewindelehren.

Nach gemachten Erfahrungen haben sich am besten Polierwerkzeuge aus kalt gewalztem Stahl oder Maschinenstahl bewährt, wobei das erstere Material, da weicher und leichter mit Poliermittel zu belegen, mehr zu empfehlen ist. Man hat versuchsweise gußeiserne Polierwerkzeuge verwendet, doch haben sich diese nicht bewährt, weil die Spitzen der Gewindegänge schnell abbrechen oder sich abnutzen. Die Gewindelehren werden z. B. in zwei Arbeitsstufen poliert, wobei beim ersten Arbeitsgang Karborundum Nr. 2 F oder 3 F mit Petroleum zu einer steifen Paste vermengt, beim zweiten Arbeitsgang türkischer Schmirgelstaub Nr. 4 F oder Alundum Nr. 65 F mit Lein- oder Specköl vermengt verwendet wird.

Prüfung der Genauigkeit polierter Gewindelehren.

Es läßt sich jedes Meßverfahren anwenden, beispielsweise das mit Hilfe von Drähten in Verbindung mit der Flüssigkeitslehre, zur Nachprüfung der Abmessungen der Lehre während des Polierens. Hierdurch ist nicht nur festzustellen, ob das polierte Werkstück bereits das vorgeschriebene Endmaß besitzt, sondern auch, an welchen Stellen Abweichungen vom Endmaß vorhanden sind, damit diese Stellen weiterhin poliert werden können und die Lehre überall gleichmäßige Abmessungen aufweist.

Polieren von Rachenlehren.

Zum Polieren der Meßflächen von Rachenlehren verwendet man ein Polierwerkzeug, das infolge seiner Nachstellbarkeit innerhalb weiter Grenzen nicht nur zum Polieren von Lehren von verschiedenen Abmessungen dienen kann, sondern auch ein Nachstellen zum Ausgleich etwaiger geringer Abnutzungsbeträge ermöglicht. Dieses Polierwerkzeug besteht (Fig. 10) aus zwei keilförmigen Teilen, die mit den schiefen Ebenen einander zugekehrt sind, während die Polierflächen nach außen zeigen. Die Nachstellung erfolgt durch gegenseitiges Verschieben der beiden Keile. Nach dem Einstellen werden die Keile durch C-förmige Schraubenzwingen festgeklemmt. In solchen Fällen, in denen ein größeres Maß der Nachstellung erforderlich wird, als es die Keilneigung des Polierwerkzeuges ermöglicht, kann zwischen beide

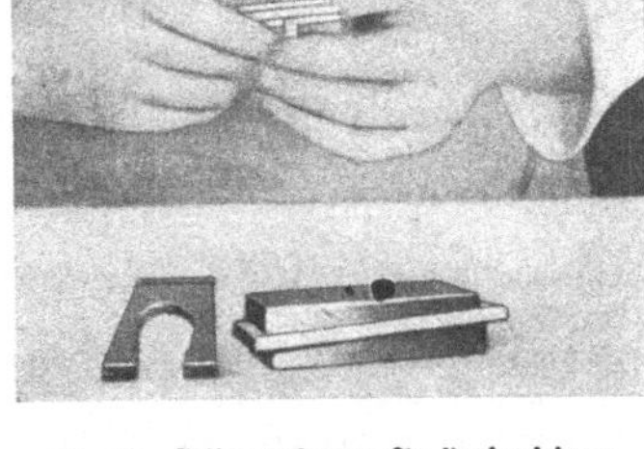

Fig. 10. Polierwerkzeug für Rachenlehren.

Keile eine genau parallel geschliffene Scheibe von entsprechender Dicke eingelegt werden. Bei diesem Verfahren poliert man gewöhnlich in zwei Stufen, und zwar zunächst mit Karborundum Nr. 2 F, dann mit türkischem Schmirgelstaub Nr. 4 F. Die Polierkeile bestehen aus Gußeisen, das sich erfahrungsgemäß als bestes Material zur Herstellung von Polierwerkzeugen mit großen Polierflächen bewährt hat. Das zweistufige Polieren soll Fehler infolge der bei der ersten Polierstufe entstehenden Ausdehnung des Werkstückes ausgleichen, indem man eine Abkühlung des Werkstückes bis auf die normale Temperatur ermöglicht, bevor man zur zweiten Polierstufe übergeht; die Temperaturerhöhung und Ausdehnung des Werkstückes während des zweiten Polierens ist praktisch zu vernachlässigen. Ein Verfahren, wonach die größere Materialabnahme beim Vorpolieren erfolgt, während beim Nachpolieren nur ein leichter feiner Schnitt abgenommen wird, ist beim Innenpolieren stets dann empfehlenswert, wenn es auf größtmöglichen Genauigkeitsgrad ankommt.

Polieren auf Richtplatten.

Zum Polieren größerer Flächen bedient man sich der Polierrichtplatte aus Gußeisen, auf die das Poliermittel aufgetragen wird. Das Werkstück wird auf der Richtplatte hin- und herbewegt, wobei jedoch darauf zu achten ist, daß diese Bewegung möglichst unregelmäßig ausgeführt wird, damit sich die Richtplatte nicht einseitig abnutzt und die Genauigkeit des Polierens leidet.

Zum örtlichen Polieren von kleinen Nuten usw. an Werkstücken bedient man sich des sogen. Polierstiftes, eines am einen Ende abgebogenen und abgeflachten Kupferstabes von der Größe eines Bleistiftes, der bei schräger Handhabung in wagerechter Ebene poliert (Fig. 11). Das Auftragen des Poliermittels auf das Polierwerkzeug erfolgt auch hier wie bei den Werkzeugen von normaler zylindrischer Form, und es bleibt auch hier allgemein gültige Regel, zwei Schnitte auszuführen, und zwar den ersten mit Karborundum Nr. 2 F, den zweiten mit türkischem Schmirgelstaub Nr. 4 F.

In der Praxis pflegt man das Poliermittel entweder mit Speck- oder mit Leinöl zu vermengen. Die Arbeiter haben auf ihren Werkbänken kleine Gefäße mit Öl und Poliermitteln vor sich stehen, aus denen sie mit einem kleinen Spaten so viel entnehmen können, als auf Grund ihrer Erfahrungen zum Auftragen nötig ist. Erfahrungsgemäß empfiehlt es sich auch, ab und zu einige Tropfen Petroleum oder Benzin auf das Polierwerkzeug zu träufeln, was etwa wie ein Schmiermittel beim Bearbeiten eines Werkstückes auf einer Werkzeugmaschine wirkt und die von dem Polierwerkzeug abgeschabten feinen Metallspäne abwäscht.

Andere empfehlen aus langjährigen Erfahrungen bei der Anwendung von ·Poliermitteln Alundum Nr. 2 F u. 3 F zum Auftragen auf Gewindelehren und ähnliche Polierwerkzeuge zum Polieren von Lehren. Mitunter empfiehlt sich die Benutzung der Körnung Nr. 4 F und für die feinsten Polierarbeiten Alundum Nr. 65 F.

Fig. 12—14 zeigen noch einige weitere Polierarbeiten auf der Richtplatte sowie im Schraubstock.

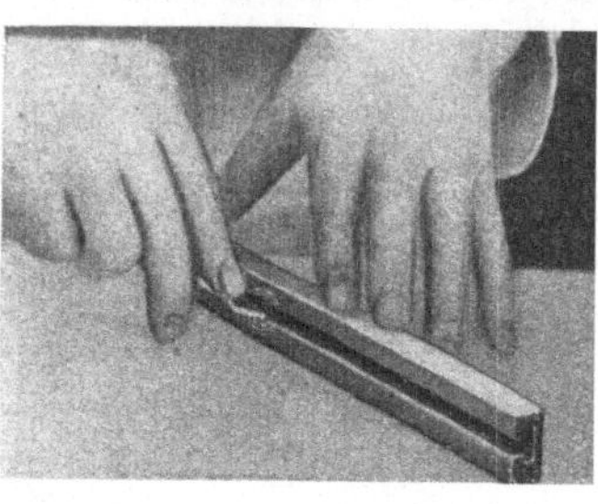

Fig. 11. Polierstift in Anwendung.

Polieren von Spritzgußgegenständen mit Diamantstaub.

Die zu automatischen Zählvorrichtungen verwendeten Spritzgußgegenstände müssen von äußerster Genauigkeit sein. Man läßt daher die Bohrungen der

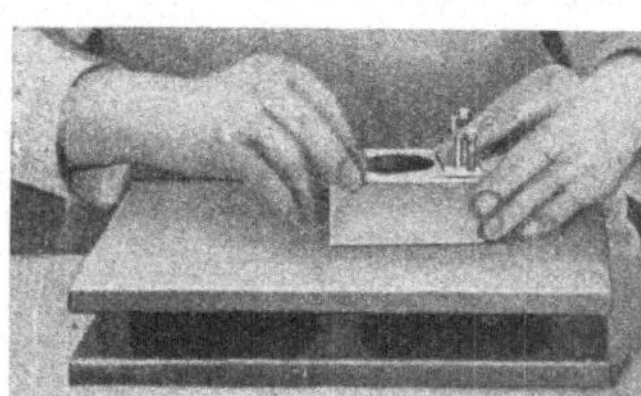

Fig. 12 u. 13. Polieren auf Richtplatten.

Gießformen· mit Diamantstaub ausschleifen, wobei eine Genauigkeit von 0,001 mm und darunter vorgeschrieben wird. Bei dieser Gelegenheit möge erwähnt werden, daß sich mit.Diamantstaub weit schneller und freier als mit anderen Poliermitteln polieren läßt. Bei Anwendung von Karborundum, Alundum, Schmirgel, Polierrot oder Krokus lassen sich nur etwa 0,005 – 0,012 mm

abnehmen, dagegen kann bei Diamantstaub die Polierzugabe 0,05 bis 0,15 mm betragen.

Herstellung von Diamantstaubpolierwerkzeugen.

Zur Herstellung von Diamantstaubpolierwerkzeugen sind verschiedene Metalle geeignet; man bedient sich entweder des Maschinenstahls oder des Kupfers; in erster Linie kommt Maschinenstahl zur Verwendung. Das vorher mechanisch auf die gewünschte Form gebrachte Arbeitstück wird je nach der Beschaffenheit des Materials nach ver-

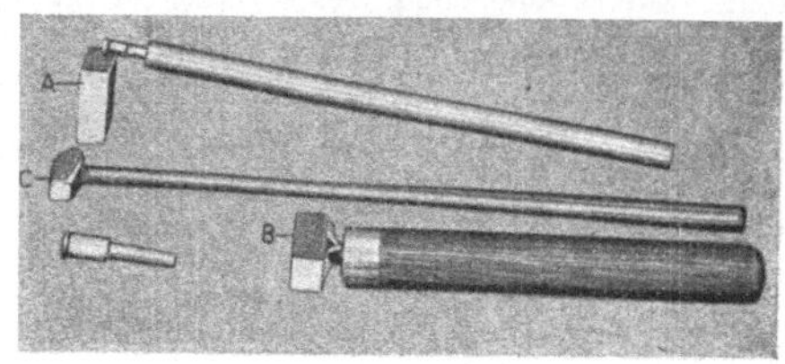

Fig. 15. Werkzeuge zum Belegen von Polierwerkzeugen mit Diamantstaub.

schiedenen Verfahren mit Diamantstaub belegt. Das weichere Kupfer nimmt den Diamantstaub leichter auf, so daß nur etwas mit Öl angefeuchteter Diamantstaub auf den gehärteten Stahlblock A (Fig. 15) aufgetragen und die zylinderförmige Oberfläche des Polierstabes zwischen Block A und dem mit Handgriff versehenen gehärteten Stahlblock B hin- und hergerollt zu werden.braucht. Hierbei gräbt sich durch Andrücken des Blockes B gegen den Stahlblock A der Diamantstaub in das Polierwerkzeug ein. Dieses wird während des Polierens von einem Halter aufgenommen. Das Auftragen eines Poliermittels auf Stahlkörper gestaltet sich wegen der Härte dieses Materials etwas schwieriger. Es muß hier daher durch Hammerschläge etwas nachgeholfen werden. Das Polierwerkzeug wird unter leichten Schlägen mit dem Hammer C auf dem mit Poliermittel belegten Block A hin- und hergerollt. Erst nachdem auf diese Weise das Poliermittel auf dem Polierstab teilweise aufgetragen worden ist, geht man zur Anwendung des vorher beschriebenen Verfahrens über, indem man das Werkzeug zwischen den gehärteten Flächen A u. B unter gegenseitigem Anpressen hin- und herrollt. Das Polierwerkzeug nimmt dann den Diamantstaub bis zur Sättigung auf. Ob das Werkzeug genügend mit Diamantstaub belegt ist, läßt sich nur auf Grund eingehender Erfahrungen beurteilen. Die Gefahr eines zu starken Auftragens besteht jedenfalls nicht, da die mit genügend Diamantstaubteilchen belegte Polierfläche die Aufnahmefähigkeit für weitere Teilchen verliert.

Zubereitung des Diamantstaubes für Polierzwecke.

Zum Zerkleinern von Diamanten für Polierzwecke dienen die in Fig. 16 abgebildeten Werkzeuge, bestehend aus Keule, Mörser und Hammer. Da zu diesem Zweck weiße oder schwarze reine Diamanten verwendet werden und dieses Material ziemlich teuer ist, sind alle unnötigen Verluste tunlichst zu vermeiden. U. a. empfiehlt es sich in den Mörser einige Tropfen Olivenöl einzugießen, um ein Herausfliegen von Diamantkörnern zu verhindern, die an der Mörserkeule haften; ferner die Keule mit einer Gummischeibe zu umgeben, die den Mörser nach oben abschließt und das Herausfliegen

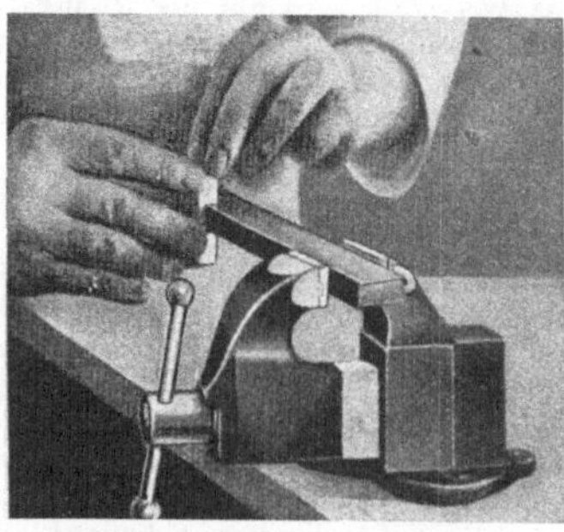

Fig. 14. Polieren von Lineal.

von Diamantkörnern aus dem Mörser erschwert. Beim Zerkleinern bilden sich naturgemäß Körner von verschiedener Größe, die dementsprechend zu ordnen sind. Die Diamantkörner werden nach fünf verschiedenen Größengraden 0—4 unterteilt; die Trennung der Korngrößen erfolgt durch „Abschwemmen" in Olivenöl nach dem Grundsatz, daß die größeren, schweren Körner sich schneller am Boden der Trennungsgefäße (Fig. 17) absetzen als die kleineren, leichteren Körner. Zum Abschwemmen von 50 Karat Diamantstaub gehört etwa ¼ Liter Olivenöl. Die erste Trennung erfolgt in einem einfachen Trinkglas (Nr. 0, Fig. 17), in dem man die 50 Karat Diamantstaub nach gründlichem Verrühren mit dem Olivenöl 2 Min. stehen und die Körner sich am Boden absetzen läßt. Das Öl wird dann in das Gefäß Nr. 1 abgegossen, in dem eine gleiche Trennung mit einer Absetzzeit von 3 Min. vor sich geht. Dasselbe Verfahren wird bei den folgenden Gefäßen Nr. 2, 3 u. 4 angewandt, wobei die Absetzzeit 10 bzw. 25 bzw. 40 Min. beträgt. Die Korngröße des zur Verwendung kommenden Diamantstaubes richtet sich ganz nach dem jeweiligen Verwendungszweck. Es werden vorzugsweise zum Polieren die durch Abschwemmen erhaltenen Korngrößen Nr. 2 u. 3 verwendet. Gelegentlich kommt auch die Korngröße Nr. 1 zur Verwendung, doch werden die meisten Körner dieser Größe mit denen der Größe Nr. 0 zusammen nochmals zerkleinert und abgeschwemmt. Die Korngröße Nr. 4 kommt für Polierzwecke meist nicht in Frage, da sie zu fein ist. Bei dem Abschwemmverfahren darf das zur Verwendung kommende Olivenöl nicht mehr als einmal benutzt werden, da sich erfahrungsgemäß selbst nach Entfernung des Diamantstaubes Nr. 4 noch eine ganze Reihe von Rückständen in dem Öl vorfindet, das bei wiederholter Verwendung mit diesem feinen Staub so schwer belastet würde, daß das Absetzen der grobkörnigeren Teilchen sich längere Zeit hinziehen würde.

Vorsichtsmaßregeln beim Polieren genauer Bohrungen.

Beim Polieren von Bohrungen muß man darauf achten, daß der Bohrungseingang nicht glockenförmig wird. Um dieses zu vermeiden, ist es empfehlenswert, den Diamantstaub so auf den Polierdorn aufzutragen, daß er mit ihm eine Einheit bildet, während das Auftragen eines Gemenges von Diamantstaub und Öl während des Polierens selbst die Bildung der Glockenform begünstigt. Bei Schmirgel und anderen Poliermitteln ist das Auftragen während des Polierens gestattet, da die Schneidwirkung nicht so schnell eintritt; bei Diamantstaub würde dagegen ein solches Verfahren ein Anhäufen des Staubölgemenges an beiden Enden der Bohrung bewirken, da das durch das Loch hin- und herbewegte Polierwerkzeug an den Lochenden eine schnellere Schneidwirkung erzeugt als an anderen Stellen, so daß die Bohrung glockenförmige Gestalt annimmt.

Als weitere Gegenmaßnahme gegen die Bildung glockenförmiger Bohrungen beim Auspolieren empfiehlt sich die Anwendung von Polierwerkzeugen, deren Polierfläche erheblich kürzer als das Längenmaß der zu polierenden Bohrung ist.

Das Polieren erfolgt am zweckmäßigsten so, daß das Arbeitstück von einer Vorrichtung auf einer Handdrehbank, das Polierwerkzeug auf einer Spindel einer mit Schlittenführung versehenen Schleifvorrichtung (Fig. 18) aufgenommen wird. Mit einem Polierwerkzeug von kürzerer Länge läßt sich mit größerer Gleichförmigkeit und daher mit größerer Genauigkeit arbeiten. Ein Polierwerkzeug von gleicher oder gar größerer Länge als der der zu polierenden Bohrung würde keine hin- und hergehende Verschiebung nötig haben und infolge der Veränderlichkeit der Belegung mit Diamantstaub und der Schnittgeschwindigkeit keine gleichmäßige Bearbeitung ergeben. Die Anwendung einer Poliervorrichtung mit Spindelschlittenführung auf der Handdrehbank ist hauptsächlich deswegen wünschenswert, weil sich das Polierwerkzeug durch eine Bohrung bequemer und genauer hin-

Fig. 18. Schleifeinrichtung mit Schlittenführung.

und herführen und, falls notwendig, ohne Behelligung der zentrischen Einstellung zwischen Werkstück und Werkzeug mit Diamantstaub nachbelegen läßt.

Bekanntlich werden die Schleifkörner von Schleifrädern leicht stumpf oder brechen aus dem Bindemittel heraus. In ähnlicher Weise stumpfen auch die Polierkörner ab oder fallen aus dem Material, auf das sie aufgetragen sind, heraus. In beiden Fällen wird ein Neuauftragen von Zeit zu Zeit erforderlich, was in ähnlicher Weise geschieht wie beim erstmaligen Auftragen eines Poliermittels auf ein neues Polierwerkzeug. Beim Polieren kommt es sehr darauf an, daß Polierwerkzeug und Arbeitstück gut zentrisch zueinander ausgerichtet sind und daß während des Neuauftragens von Diamantstaub diese Einstellung nicht verloren geht. Hierbei kommt die Aufnahme des Polierwerkzeuges in der Schleifvorrichtung (Fig. 18) sehr zustatten. Soll der Polierdorn zwecks Auftragens von Diamantstaub aus der Vorrichtung herausgenommen werden, so kann dies ohne Verschiebung der Einstellung zwischen Werkstück und

Fig. 16.
Werkzeuge zur Diamantstaubbereitung.

Fig. 17.
Trennungsgefäße für Diamantstaub.

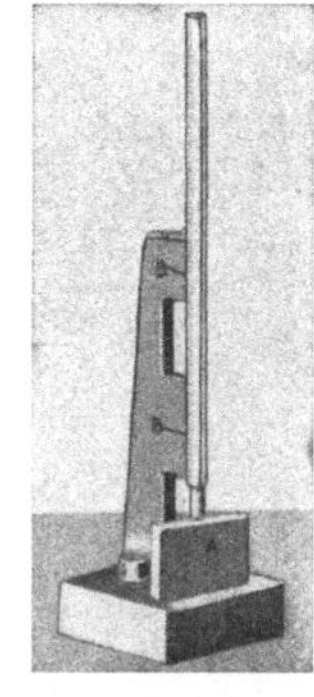

Fig. 19. Vorrichtung zum Neubelegen von Polierwerkzeugen.

Werkzeug durch Lösen eines Ringes und Herausziehen der Spindel aus ihren Lagern geschehen. Die Spindel

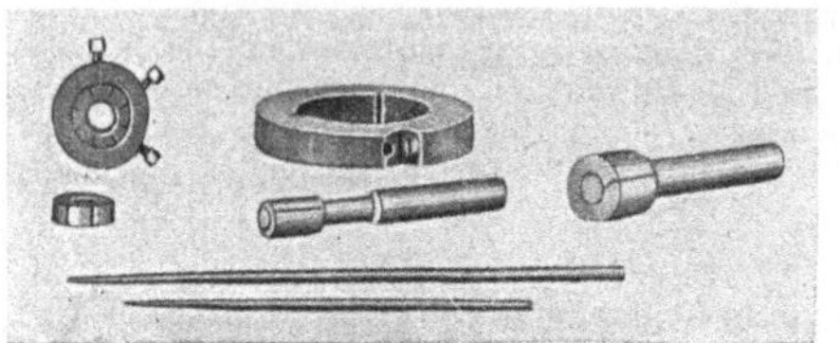

Fig. 20. Polierwerkzeuge und Halter.

kann mit dem Polierwerkzeug zusammen in der Vorrichtung (Fig. 19) aufgenommen werden, deren senkrechte Prismenführung B der auf- und niedergehenden Spindel die geradlinige Führung erteilt. Die Verwendung eines Hammers beim Auftragen des Poliermittels auf die Stirnfläche des Polierwerkzeuges erübrigt sich, da der auf dem gehärteten Stahlblock A aufgeschichtete Diamantstaub durch das Gewicht der Spindel beim Niederfallen auf den Block aufgedrückt wird. Beim Auftragen des Poliermittels auf die zylinderförmige Polierfläche muß man sich dagegen eines Hammers bedienen. Na.

Zur Vereinheitlichung der Werkzeugschleifscheiben.

Allenthalben macht sich in der Technik das Bestreben geltend, die Erzeugnisse auf bestimmte, stets wiederkehrende Formen und Abmessungen zu beschränken, um einerseits die Möglichkeit wirtschaftlicher Massenfabrikation zu schaffen und anderseits dem Verbraucher das Verlangte ohne Zeitverlust vom Lager liefern zu können. In den Preislisten der Schleifscheibenfabriken erscheinen für das Schärfen von Fräsern, Reibahlen, Bohrern usw. so viele in ihren Formen wesentlich voneinander abweichende Schleifscheiben, daß es sicher berechtigt ist, diese verschiedenen Formen auf ihre Zweckmäßigkeit zu untersuchen.

Schleifscheiben für hinterdrehte Fräser.

Beim hinterdrehten Fräser hat die Schleifscheibe die Aufgabe, die Zahnlücke durch Abschleifen der Zahnbrust soviel zu erweitern, bis die durch das Arbeiten entstandene Abstumpfung der Schneide entfernt ist. Die Form der Schleifscheibe muß sich daher der Zahnlücke des neuen Fräsers anpassen. Der Winkel α der Zahnlücke (Fig. 1) schwankt im allgemeinen zwischen 18 und 30°, woraus sich ergibt, daß die Abschrägung der Schleifscheibe weniger als 18° betragen soll. Da der Lückengrund abgerundet ist, soll auch der Umfang der Schleifscheibe eine geringe Abrundung zeigen.

Um die Schleifscheibe möglichst gegen Bruchgefahr zu sichern, würde nun naheliegen, ihr die in Fig. 2–4 dargestellte Querschnittform b zu geben, die wesentlich kräftiger erscheint als die Querschnittform a. Hiergegen spricht aber der Umstand, daß beim Abschleifen der Zahnbrust des Fräsers bei Form b zwischen dem arbeitenden und nicht arbeitenden Teil der Schleifscheibe ein Absatz entstehen würde, wie dies Fig. 5 zeigt. Dieser Absatz gibt ungünstige Zahnschneiden und läßt sich nur durch öfteres Übergehen der Schleifscheibe mit dem Diamanten vermeiden. Bei der Querschnittform a kann ein solcher Absatz nicht entstehen, wenn die Fläche F schmaler ist als die Höhe der Zahnbrust. Wird mit zunehmender Abnutzung die Fläche F

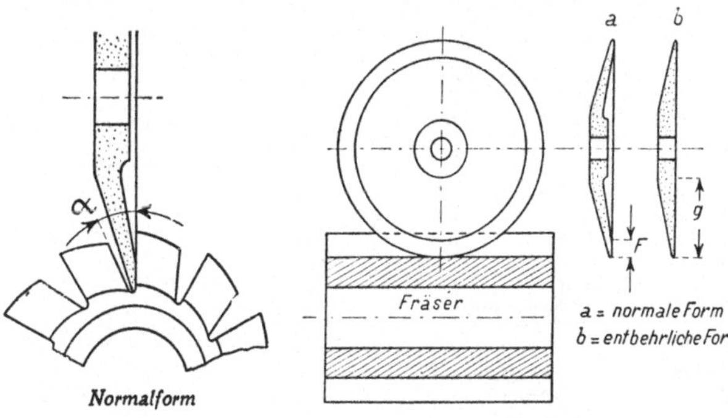

breiter als die Zahnbrusthöhe, so hat der Diamant viel weniger Material abzunehmen, wie dies bei einer vollen Schleifscheibe Form b der Fall sein würde. Da die Zahnbrusthöhe bei den verschiedenen Fräsern wechselt, müßte zweckmäßig von der Schleifscheibe das Stück g (Fig. 4, Form b) gerade gerichtet werden.

Die in Fig. 6 dargestellte Form ist scheinbar sehr zweckentsprechend, da die Schleiffläche bei der neuen Scheibe theoretisch einer Linie entspricht und sich erst bei längerem Schleifen verbreitert. In der geringen Breite der Schleiffläche liegt aber die Gefahr einer schnellen Abnutzung, die bei der erstmaligen Benutzung der Scheibe einen Hinterschliff der Zahnbrust ergibt, die einen stumpfen Schneidwinkel des Fräsers verursacht, sofern die Nachstellung des Schleifmaschinentisches nicht der Abnutzung entsprechend erfolgt. Nach mehrmaligem Gebrauch der Schleifscheibe

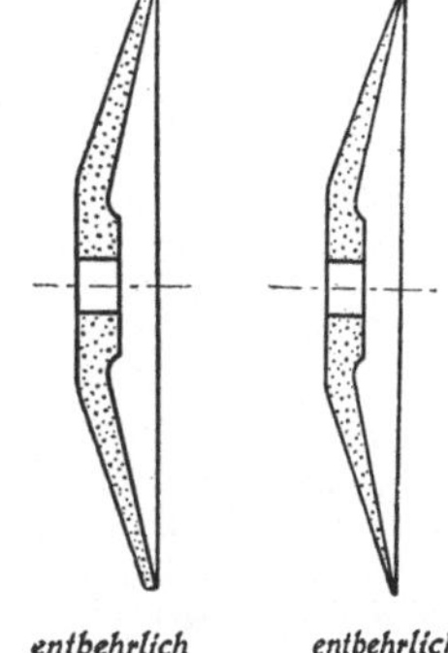

wird sie den in Fig. 3, Form a, dargestellten Querschnitt angenommen haben, so daß für die in Fig. 6 dargestellte Sonderform eine Berechtigung nicht besteht. Das Gleiche gilt von der Schleifscheibe nach Fig. 7, sofern sie zum Fräserschleifen und nicht für Sonderzwecke benutzt wird. Die in Fig. 1 dargestellte Art des Schliffes hinterdrehter Fräser mit der flachen Seite der tellerförmigen Schleifscheibe ist nur bei Fräsern zulässig, deren Zahnlücken gleichlaufend zur Fräserachse ausgebildet sind.

Hinterdrehte Fräser mit Spiralzähnen dürfen nur mit der abgeschrägten Seite der Schleifscheibe (Fig. 8) geschliffen werden. Die Zahnbrust der hinterdrehten Fräser stellt keine gerade, sondern eine gewundene Fläche dar, die von der Fläche der Schleifscheibe wesentlich abweicht. Wird ein spiralgenuteter Fräser nach der in Fig. 1 dargestellten Weise geschliffen, so muß, wie Fig. 9 zeigt, eine Abwälzung zwischen Zahnbrust und Schleifscheibe eintreten, die um so größer wird, je größer die Schleifscheibe und je stärker die Windung der Linie ist. Die Zähne des Fräsers verlieren hierbei, wie Fig. 10 zeigt, ihre radiale Zahnbrust. Beim Schleifen mit der abgeschrägten Seite findet eine Abwälzung nicht statt (Fig. 11). Für spiralgenutete Fräser ist die in Fig. 12 dargestellte Scheibenform zweckmäßig, da mit ihr eine falsche Anwendung durch den Arbeiter ausgeschlossen ist.

Allerdings muß beim Schleifen mit der abgeschrägten Seite der Schleifscheibe die arbeitende Fläche nicht zu selten mit dem Diamanten übergangen werden, sonst ergeben sich die bereits bei Fig. 5 besprochenen stumpfen Schneidkanten.

Die in Fig. 13 dargestellte Schleifscheibenform zeichnet sich durch besondere Unzweckmäßigkeit aus. Sie paßt sich weder der Zahnlücke neuer Fräser an, noch ist sie zum Schlei-

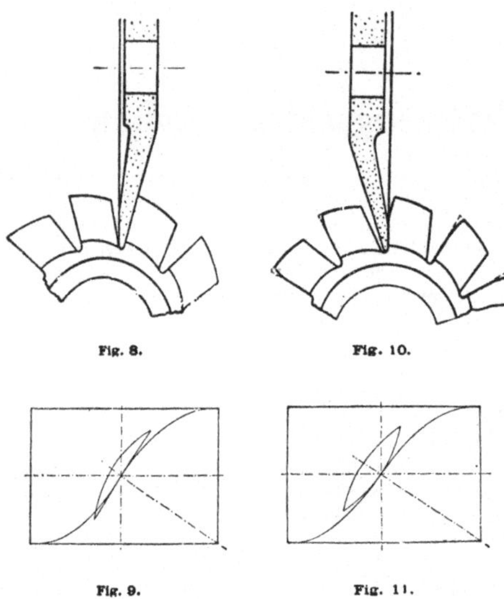

Fig. 8. Fig. 10.

Fig. 9. Fig. 11.

fen spiralgezahnter Fräser geeignet. Ihre Herstellung ist außerdem umständlich.

Für das Schleifen von Holzbearbeitungsfräsern werden Schleifscheiben nach Fig. 14 verwendet, die sich hierfür gut eignen.

Schleifscheiben für gefräste Fräser.

Das Schleifen gefräster (spitzgezahnter) Fräser kann sowohl nach Fig. 15 mit Hilfe einer Topfscheibe, wie nach Fig. 16 u. 17 mit Hilfe einer Flach- oder Tellerscheibe erfolgen.

Bei Anwendung einer Topfscheibe wird der Hinter-

messer der Schleifscheibe ist. Bei größerem Hinterschliff und größerem Fräserdurchmesser sind große Schleifscheibendurchmesser nicht zulässig, weil die Gefahr vorliegt, daß der nächste Zahn angeschliffen wird.

Die Einstellhöhe A berechnet sich in beiden Fällen:

$$A = \frac{D}{2} \cdot \sin \alpha,$$

wobei für D bei Topfscheiben der Fräserdurchmesser und bei flachen und Tellerscheiben der Schleifscheibendurchmesser einzusetzen ist. α ist der Hinterschliffwinkel, der zwischen 3 und 7°, in der Regel aber mit 5° angenommen wird.

Für Topfscheiben sind 2 Formen üblich, die in Fig. 18 u. 19 dargestellt sind. Die konische Form (Fig. 19) hat für das Schleifen von Fräsern und Reibahlen keinen praktischen Wert. Sie ist in der Hauptsache für den Vorrichtungsbau gedacht, wo scharfe Ecken, wie z. B. bei Futterbacken, auszuschleifen sind (Fig. 20), und sollte auch auf solche Zwecke

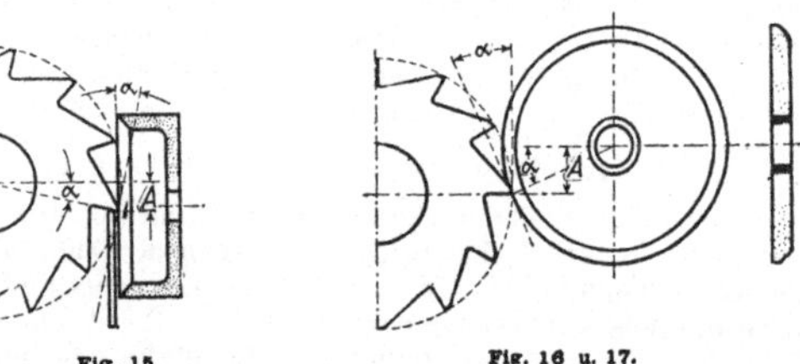

Fig. 15. Fig. 16 u. 17.

beschränkt bleiben. Die Umfangsgeschwindigkeit vermindert sich mit zunehmender Abnutzung, ein Übelstand, der allerdings den Flach- und Tellerscheiben in noch wesentlich erhöhtem Maße anhaftet. — Um ein Ausglühen der Schneidkante zu vermeiden, muß die Berührungsfläche möglichst klein gehalten werden. Flache Scheiben sollen deshalb möglichst schmal sein. Eine weitere Verringerung kann noch durch Andrehen einer Schräge mit dem Diamanten erzielt werden (Fig. 21); da aber bei sehr geringem Maß B die Scheibe sich rasch abnutzt, mit der Folge, daß die Fräserzähne ungleich hoch werden, so ist in dieser Hinsicht eine Beschränkung geboten.

Zum Schleifen der Zähne von dreiseitig gezahnten Fräsern ist bei verschiedenen Bauarten von Werkzeugschleifmaschinen eine Spindelverlängerung vorgesehen, so daß das Schleifen mit einer doppelseitigen Schleifscheibe nach Fig. 22 durch entsprechende Neigung des Fräsers (Fig. 23 u. 24) ohne Umspannen vorgenommen werden kann.

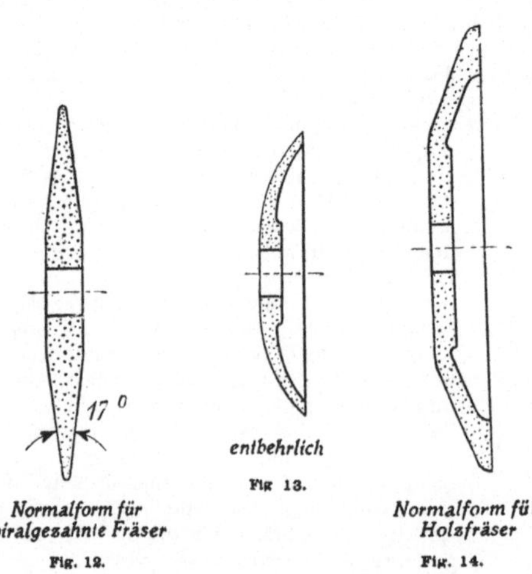

Normalform für
spiralgezahnte Fräser
Fig. 12.

Normalform für
Holzfräser
Fig. 14.

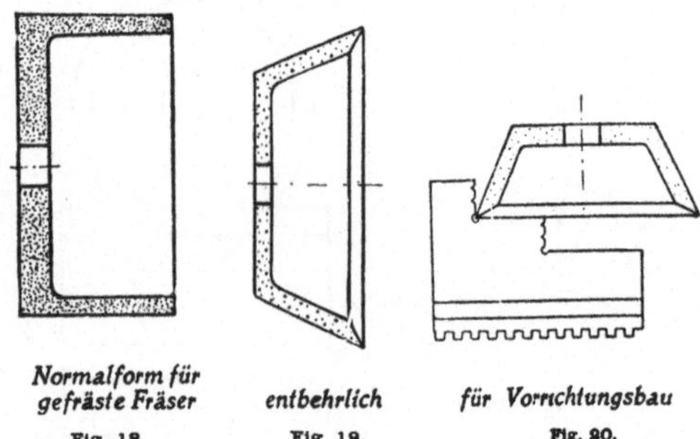

Normalform für
gefräste Fräser
Fig. 18.

entbehrlich
Fig 19.

für Vorrichtungsbau
Fig. 20.

schliff durch entsprechende Hebung der Fräserachse über die Zahnauflage bewirkt. Die Hebung oder Einstellhöhe ist in Fig. 15 mit A bezeichnet. Bei Flachscheiben wird dagegen die Schleifscheibenachse um den Betrag A (Fig. 16) über die Werkzeugachse gestellt. Der mit einer Flachscheibe erzielte Hinterschliff ist um so hohler, je kleiner der Durch-

Schleifscheiben für Drehstahl- und Spiralbohrerschleifmaschinen.

Für Drehstahlschleifmaschinen werden in der Hauptsache glatte Schleifscheiben verwendet, für eine besondere Art dieser Maschinen wird die in Fig. 25 dargestellte Schleifscheibe mit Ansätzen an der Bohrung hergestellt. Die Ansätze passen in entsprechende Aussparungen der Flanschen und sollen die Gefahren beim Zerspringen der Schleifscheiben vermindern. Diese Gefahrverminderung tritt aber nur dann ein, wenn die Ansätze sicher etwas kleiner als die Aussparungen der Flanschen bleiben oder genau passen. Sind die Ansätze etwas größer als die Flanschaussparung, so wird das Festhalten der Schleifscheibe am äußeren Flanschdurchmesser verhindert und an Stelle einer erhöhten tritt eine verminderte Sicherheit. Da derartige Schleifmaschinen von verschiedenen Firmen und die dazu gehörigen Schleifscheiben von fast allen Schleifscheibenfabriken hergestellt werden, so liegen geringe Abweichungen der Ausführung von Flanschaussparung und Ansatz sehr im Bereich der Möglichkeit.

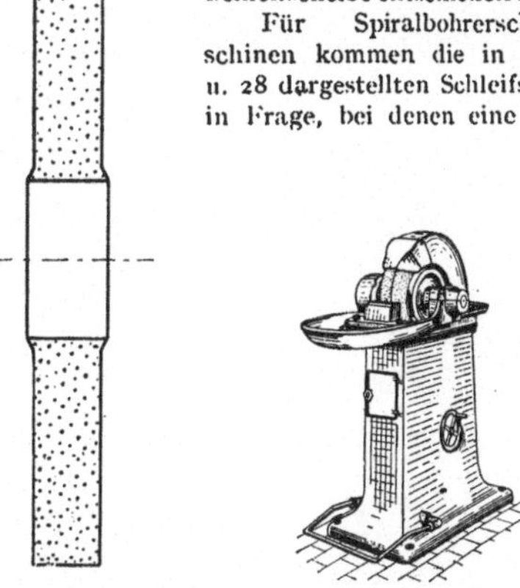

für gefräste Fräser
Fig. 21.

für dreiseitig gesahnte Fräser
Fig. 22.

Fig. 23 u. 24.

Ansätze entbehrlich
Fig. 25.

Fig. 26.

Möglichkeit. Anderseits sind diese Schleifmaschinen allgemein mit Schutzhauben versehen, wie Fig. 26 zeigt, so daß schon dadurch die Gefahren beim Zerspringen der Schleifscheibe sehr vermindert werden. Werden die Ansätze weggelassen, und wird zwischen Flansch und Schleifscheibe eine weiche Pappscheibe gelegt, so ist die Befestigung der Schleifscheibe entschieden sicherer.

Für Spiralbohrerschleifmaschinen kommen die in Fig. 27 u. 28 dargestellten Schleifscheiben in Frage, bei denen eine Verein-

heitlichung in Bezug auf die Abmessungen sehr einfach durchzuführen wäre. Die Scheibe in Fig. 27 dient zur Herstellung des Hinterschliffes, die nach Fig. 28 zum Anspitzen der Bohrer. Das Anspitzen soll nach Fig. 29 er-

folgen, die Anspitzscheiben sind demgemäß teils nach einem Viertel-, teils nach einem Halbkreis abgerundet. Da die nach einem Viertelkreis abgerundete Schleifscheibe nach längerem Gebrauch sich halbkreisförmig zuschleift, wäre hier eine einzige, halbkreisförmige Abrundungsform genügend.

Eine Vereinheitlichung der Abmessungen der sogenannten Lehrenschleifscheiben (Fig. 31) wäre schließlich noch zu empfehlen, um auch hier Sonderanfertigungen auf ein Mindestmaß zu beschränken.

In Amerika wurden zwischen den Herstellern von Schleifmaschinen und Schleifscheiben Vereinbarungen zur Vereinheitlichung der Flanschen- und Spindeldurchmesser und Umlaufzahlen getroffen, so daß die Herstellung und Beschaffung der Schleifscheiben erleichtert ist. Die Umänderung bzw. Auswechselung der Flanschen und Spindeln älterer Maschinen wurde dabei als unerhebliche Arbeit angesehen und auch in vielen Betrieben durchgeführt.

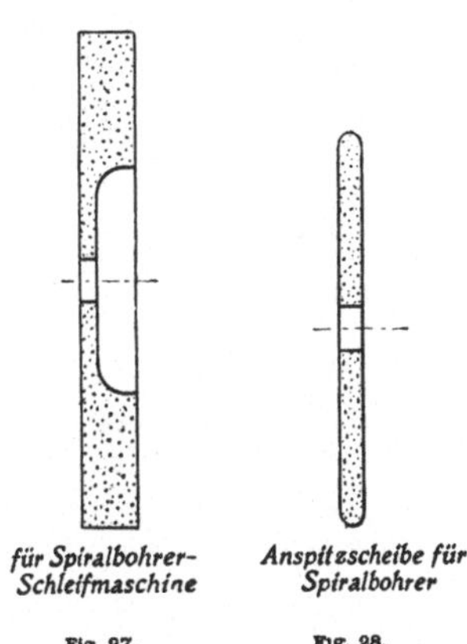

für Spiralbohrer-Schleifmaschine
Fig. 27.

Anspitzscheibe für Spiralbohrer
Fig. 28.

Die aufgeführten Gesichtspunkte bildeten die Grundlage der vom Normenausschuß der Deutschen Industrie mit dem Verein Deutscher Schleifmittelwerke durchgeführten Normung, die in den Mitteilungen des Normenausschusses der Deutschen Industrie, 3. Jahrg., 1919/20, S. 175—177, veröffentlicht wurde.

In DI Normblatt 181 wurde die in Fig. 4 dargestellte Form b beibehalten, da sie die in Fig. 17 u. 21 dargestellte Schleifscheibe zu ersetzen vermag. Das Blatt enthält ferner die Schleifscheibe nach Fig. 1.

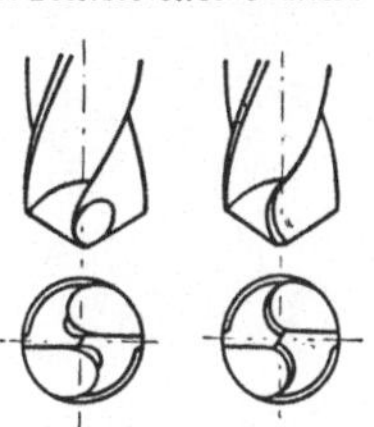

Fig. 29 u. 30.

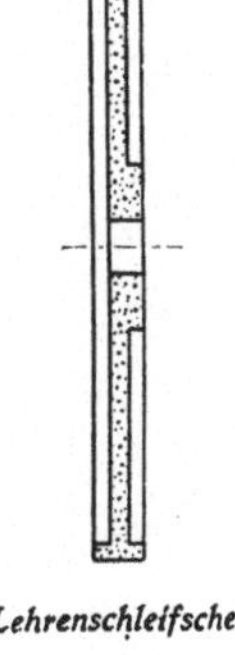

Lehrenschleifscheibe
Fig. 31.

DI Norm 182 bringt Fig. 12, 18 u. 22, DI Norm 183 Fig. 20 u. 31, DI Norm 184 Fig. 27 u. 28, DI Norm 185 Fig. 14 u. 25 und den bekannten Gisholt-Topf.

Durch Anfragen bei der Industrie und den Schleifscheibenfabriken wurden die eingeführten Abmessungen ermittelt und auf Normalmaße zusammengefaßt. Durch diese Normung ist die Herstellung und Lagerhaltung der Werkzeugschleifscheiben wesentlich vereinfacht, und damit ein wesentlicher Vorteil für den Erzeuger wie für den Verbraucher von Schleifscheiben erzielt.   Jos. Reindl.

Werkzeug-Schleifmaschinen

Rundschleifmaschinen

Schruppdrehbänke

M. S. O
ELECTRORUBIN

Präzisions-Rundschleifmaschinen

Modell WSE
mit Einscheibenantrieb
(deutsche Reichspatente)

Höchste Leistung!   **Größte Genauigkeit!**

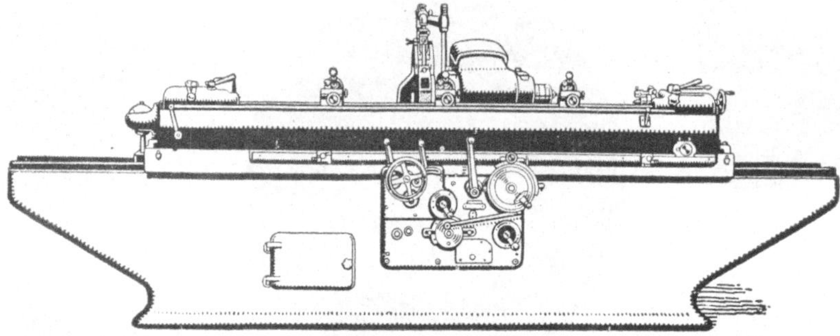

Vorderansicht   Modell WSE 2000

Die Maschinen sind kräftig gebaut für hohe Leistung. Der Antrieb erfolgt von einem einfachen Deckenvorgelege aus nach e i n e r Riemenscheibe an der Maschine. Von dieser einen Riemenscheibe aus werden sämtliche Bewegungen an der Maschine abgeleitet. Daher bequeme, rasche Gesamtbedienung vom Arbeiterstand aus. Die Maschinen, von höchster Vollkommenheit in der Ausführung, sind besonders leistungsfähig zum **Schleifen nach dem Einstechverfahren.**

Rückansicht   Modell WSE 2000

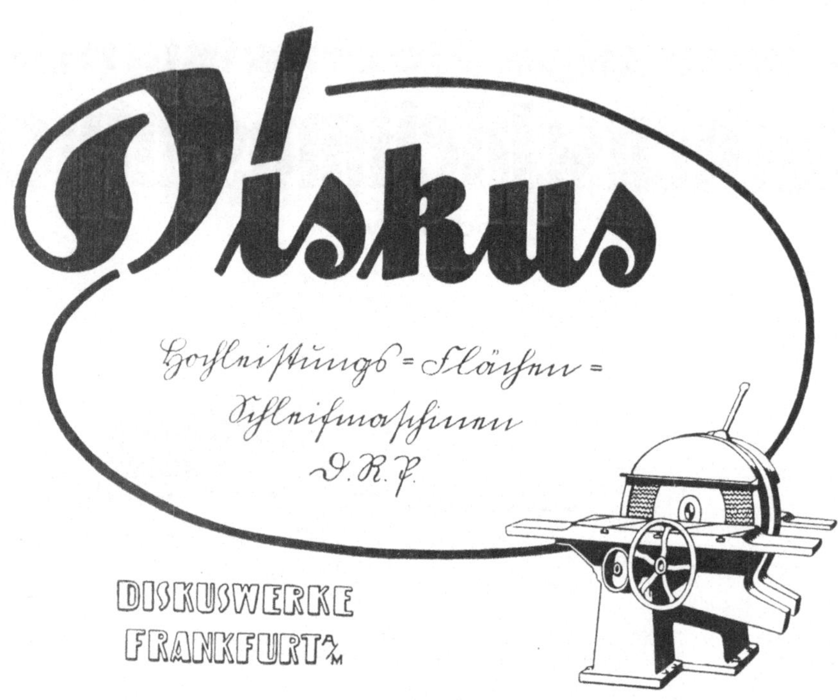

Aktiengesellschaft Pittler, Wahren-Leipzig

Wir liefern seit mehr als 20 Jahren:

Original-Pittler-Revolverdrehbänke u. automatische Revolverdrehbänke

Diese Maschinen leisten die größten Mengen genau maßhaltiger, sauber bearbeiteter Drehteile in kürzester Frist und verringern die Herstellungskosten Ihrer Drehteile außerordentlich.

Wir bitten um Einsendung von Zeichnungen oder Muster Ihrer Drehteile, deren Erzeugung Sie zu verbessern wünschen, damit wir Ihnen Kostenanschläge und Leistungsangaben senden können.

Verlangen Sie unsere neuesten Drucksachen

Größte Spezialfabrik des Kontinents für Original-Pittler-Revolverdrehbänke, automatische Fassondrehbänke, Ein- u. mehrspindl. automatische u. halbautomatische Revolverdrehbänke

Hochwertige Edelstähle

Schnellarbeitsstähle
„Becker Iridium", „Iridium Extra", D. R. P.
281 386, denkbar höchste Vollkommenheit

Werkzeugstähle
in anerkannter Güte für
alle Verwendungszwecke

Spiralbohrer-, Gewinde-
bohrer-, Fräser-, Silberstahl
u. gezogener Werkzeugstahl

Feilenstahl, Magnetstahl,
Kugellagerstahl, Kugelstahl

Stahlbleche
für Metall- und Holzsägen, Fräser usw.

Sonderbaustähle
in Nickelstahl, Nickelchromstahl und
unlegierten Qualitäten für Automobil-,
Luftfahrzeug-, Schiff- und Motoren-
bau, für höchste Beanspruchung geeignet

Qualitätsbleche jeder Art

Stahlwerk Becker

Aktiengesellschaft · **Willich** · (Rheinland)

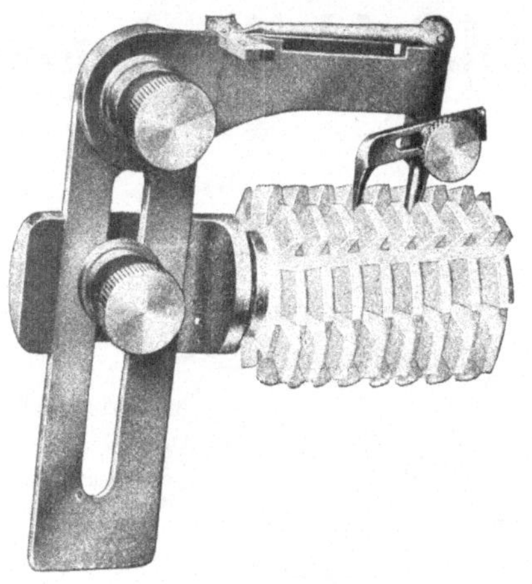

MALICK & WALKOWS
Werkzeugmaschinen-Fabrik
BERLIN S 61, Gneisenaustraße 67
Telegr.-Adr. Pro peritas
Fräserlehren
für gerade und spiralgenutete Fräser

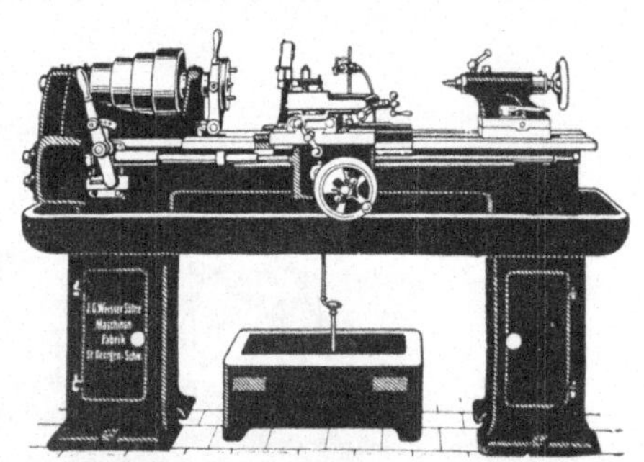

J. G. Weisser Söhne
St. Georgen - Schwarzwald
Fabrik erstklassiger Präz.-Werkzeugmaschinen
Drehbänke, Revolverbänke
Fräsmaschinen

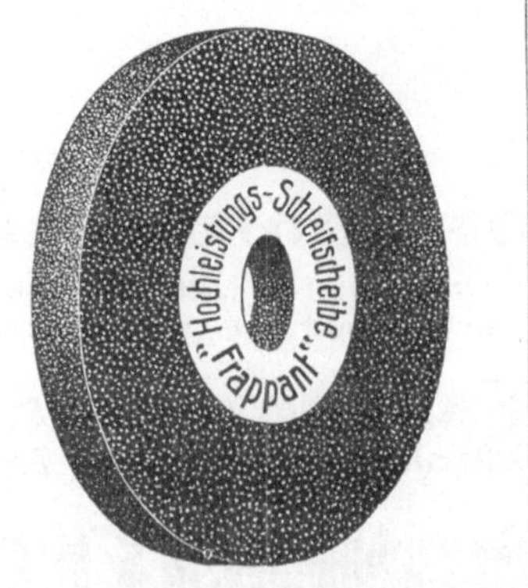

Schmirgelwerk Ludwigshafen am Rhein
Gegründet 1875
Fernsprecher: Nr. 1732
Carl Lebert, G. m. b. H.
Ludwigshafen a. Rh.
Telegramm-Adresse:
Schmirgelwerk Ludwigshafenrhein
"Hochleistungs-Schleifscheibe Frappant"
Abteilung I:
Schmirgelleinen und Schmirgelpapier,
Glas-, Flint-, Rotschleif-Papier und
Leinen in Bogen und in Rollen
Abteilung II:
Schleifscheiben und Feilen, Schleif-
maschinen, Polier-, Filz- und
Schwabbelscheiben, Poliermaterialien
Abteilung III (Hartmüllerei):
Schmirgel, Corund, Carborund, Glas,
Flint und Quarz gekörnt und
gemahlen, Messerputzschmirgel usw.

EINFACHE · UNIVERSAL & INNEN
RUND · SCHLEIFMASCHINEN

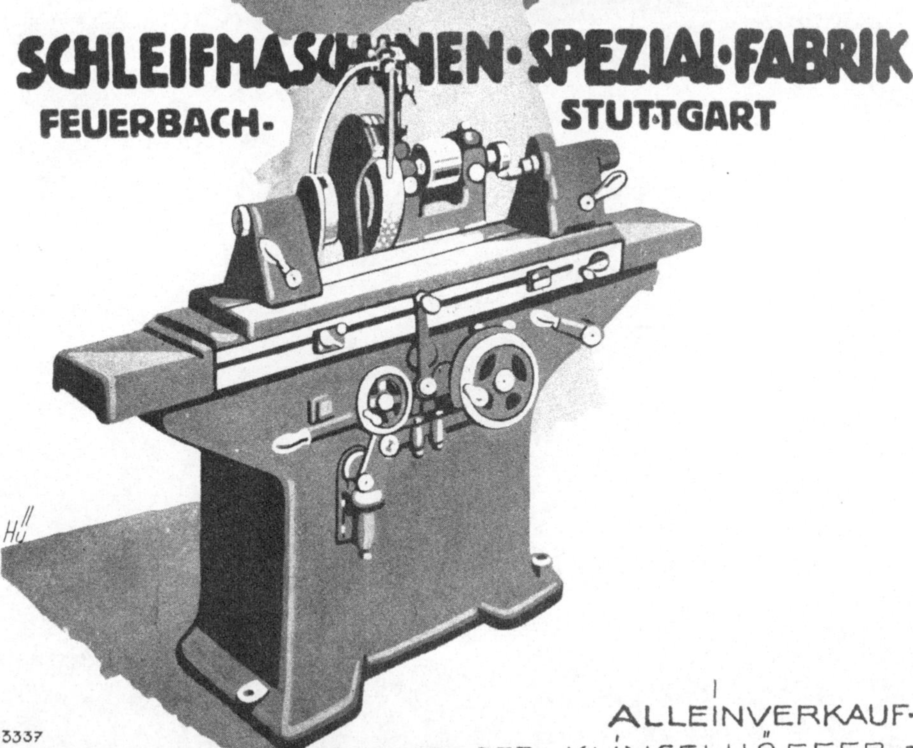

KURBELWELLEN -
SCHLEIFMASCHINEN

DER SÜDDEUTSCHEN

SCHLEIFMASCHINEN · SPEZIAL · FABRIK
FEUERBACH- STUTTGART

3337
ALLEINVERKAUF-
VERKAUFSGEMEINSCHAFT DER KLINGELHÖFFER-
DEFRIESWERKE · DÜSSELDORF
G · m · b · H

BERGMANN
TYPE G.DS 6/6
No 334706
VOLT 220 AMP. 2
PER. TOUREN 3800
BERGMANN
ELEKTR-WERKE AG
BERLIN
SCHLEIFMASCHINEN
BERGMANN·ELEKTRICITÄTS·WERKE, AKTIENGESELLSCHAFT
BERLIN

Universal-Rundschleifmaschine Modell UR S 2 b, 300 mm Schleifdurchmesser, 1000 mm Schleiflänge

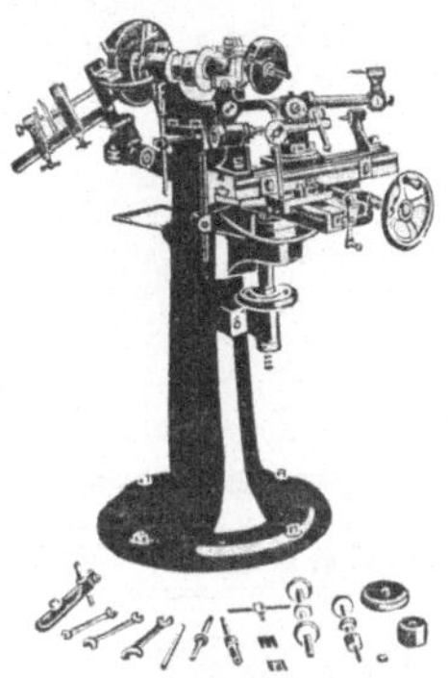

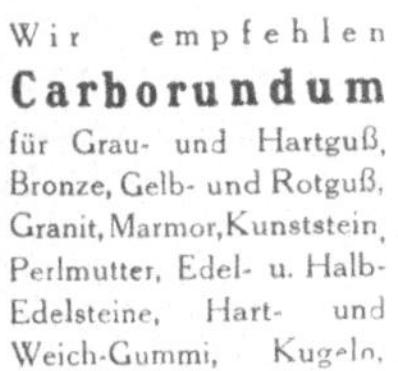

Universal-
Werkzeugschleifmaschine
Modell CW

mit Rund- u. Innenschleifeinrichtung, doppelter Kugellagerung,
auch im Vorgelege zur einwandfreien Ausführung aller vorkommenden Schleifarbeiten für Präzisionswerkzeuge usw. liefert
in anerkannt guter Ausführung unter langfristiger Garantie

Werkzeugmaschinenfabrik
Max Wünschmann G. m. b. H.
Limbach-Fichtigsthal
(Sachsen)

Deutsche Carborundum-Werke G. m. b. H.
Reisholz b. Düsseldorf

Fabrikation der Original-Carborundum- u. Aloxite-Schleifmaterialien aller Art

Wortzeichen gesetzlich geschützt

Wir empfehlen
Carborundum
für Grau- und Hartguß,
Bronze, Gelb- und Rotguß,
Granit, Marmor, Kunststein,
Perlmutter, Edel- u. Halb-
Edelsteine, Hart und
Weich-Gummi, Kugeln,
Glas, Leder usw.

Wir empfehlen
Aloxite
für Stahl- u. Temper Guß,
Schmiedeeisen, Werkzeuge
aller Art, Sägen, Glas-
Schleifen u. Glas-Schneiden

BURKA-
SCHLEIFSCHEIBEN
Naxos-Schmirgel-
Schleifwaren-Fabrik

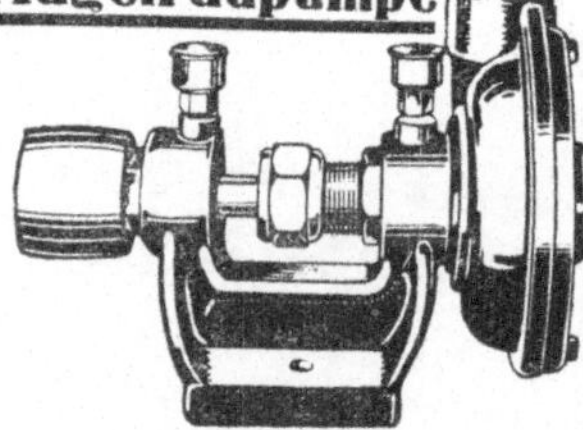

Werkzeug-Schleifmaschine
Vorzüge dieser Maschine:
Erstklassige Ausführung
Einfache Bedienung
Sauberster Schliff
Karl Busse
Maschinen- und
Werkzeugfabrik
Berlin-Neukölln

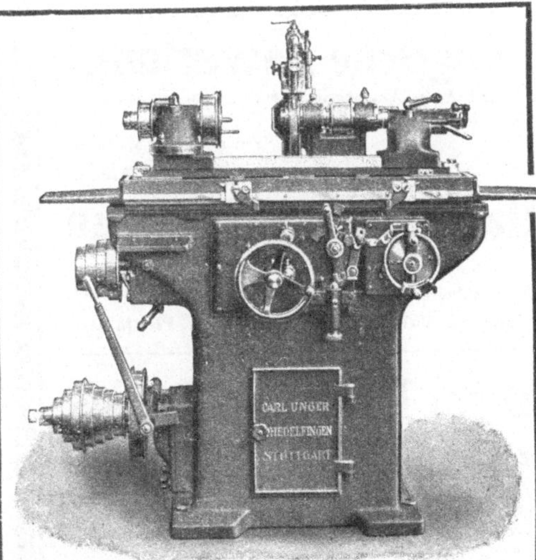

Präzisions-Schleifmaschinen

bis 1000 mm Schleiflänge

Der Kommende Tag A.-G.

vorm.

Carl Unger, Werkzeug-maschinenfabrik, **Hedelfingen**

Brief-Adresse: OBERTÜRKHEIM, Schließfach Nr 41
Telefon: Amt Obertürkheim Nr. 125 oder Stuttgart 9280

Wir verkaufen!

„Erstklassige Fabrikate"

Schnellbohrmaschinen
Radialbohrmaschinen
Leitspindeldrehbänke
Schnelldrehbänke
Plandrehbänke
Hobelmaschinen
Shapingmaschinen
Stoßmaschinen
Horizontal-Bohr- und Fräswerke
Vertikal-Dreh- und Bohrwerke
Karuselldrehbänke
Räderfräsautomaten
Kegelradhobelmaschinen
Zahnräderstoßmaschinen
Gewindefräsmaschinen
Horizontalfräsmaschinen
Universalfräsmaschinen
Vertikalfräsmaschinen
Nutenfräsmaschinen

Rundschleifmaschinen (universal)

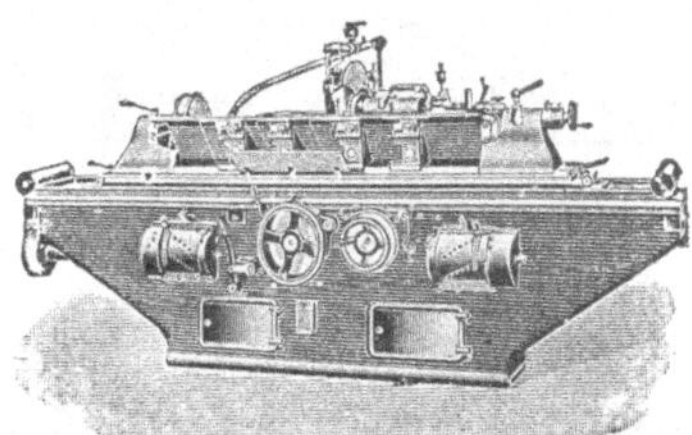

Rundschleifmaschinen (einfach)

Werkzeugschleifmaschinen
Flächenschleifmaschinen
Spiralbohrer-Schleifmaschinen
Automaten aller Art
Revolverdrehbänke
Schraubenbänke
Bolzendrehbänke
Hinterdrehbänke
Abstechbänke
Kaltkreissägen
Bügelsägen
Gewindeschneidmaschinen
Exzenterpressen
Spindelpressen
Scheren und Stanzen
Lufthämmer, Dampfhämmer
Federhämmer, Fallhämmer
Blechbearbeitungsmaschinen usw.

**Besichtigen Sie unsere auswahl-
reiche Verkaufs-Lager-Ausstellung**

Maschinen-Handels-Gesellschaft m.b.H.
◆ **Düsseldorf** ◆

Fernsprecher: 4805 · 1201 **Cölnerstr. 374** Telegramm-Adr: **Maschinenhandel**

Neuheit
Diese Fräsmaschine ist unerreicht in Art u. Leistung
2 D·R·P·
10 D·R·G·M·
Mammut-Werke
Nürnberg,
Ludwig Feuerbachstr. 75.

DER HOMMEL-WÄCHTER!

DIE FILZSCHEIBE

als rationellste Schleif- und Polierscheibe für Erzeugnisse aus allen Metallen, Glas, Marmor, Elfenbein, Bernstein, Horn, Holz, Knochen, Zelluloid, Galalith, Hartgummi usw.

Die Veredelung der Fertigfabrikate der oben erwähnten Industriezweige findet durch die neuere Schleif- und Poliertechnik dadurch statt, daß man die jeweiligen Fertigfabrikate vorwiegend mit hoher Glanzpolitur ausstattet. Diese Erfolge sind zu erzielen durch die zweckdienliche Anwendung der Filze als Schleif- und Polierscheiben in verschiedenen Härte- und Weichegraden.

Eine einwandfreie Filzscheibe für Schleif- und Polierzwecke muß sich in erster Linie im Gebrauch billig stellen und trotzdem schwierige Arbeiten mit leichter Mühe bewältigen. Empfehlenswert ist es, nur beste Qualitäten einzukaufen, denn diese sind im Gebrauch durch größere Haltbarkeit, Ersparnis an Schleifmaterial, Arbeitszeit usw. die billigsten. Bei Verwendung minderwertiger, scheinbar billiger Filze stellen sich die Betriebskosten zu hoch.

Bekanntlich wird der Hochglanz der betreffenden Fertigfabrikate dadurch erzielt, daß man jeweilig ein Grob-, Vor-, Mittel- und Feinschleifen einleitet, woran sich dann das Vor- und Hochglanzpolieren anschließt.

Die zum Schleifen bestimmte Filzscheibe wird zweckmäßig wie folgt behandelt: Nachdem die zentrisch gebohrte Filzscheibe senkrecht auf der rotierenden Arbeitswelle befestigt ist, wird die Scheibenperipherie genau Plan laufend scharfkantig oder profiliert abgedreht. Danach wird dieselbe ein wenig aufgerauht und mit mittelstarker, bester Lederleimlösung bestrichen. Dieser Leimanstrich muß zwei Stunden lang eintrocknen. Hierauf bestreicht man mit einem Pinsel diese geleimte Arbeitsfläche mit einem breiförmigen Gemisch von starkem, bestem Lederleim und Schmirgel entsprechender Körnung von etwa 2 bis 3 mm Dicke und rollt die Arbeitsfläche sofort in losem, trockenem Schmirgel gleicher Körnung gut ein. Nach der Trocknung von 6 bis 12 Stunden an einem warmen Ort ist die Scheibe gebrauchsfertig.

Bei Filzscheiben zum Feinpolieren der Waren vor dem Vernickeln, welches unter Zuhilfenahme von Tripoli (Talg) oder Schafunschlitt geschieht, wird die Arbeitsfläche, nachdem sie sauber abgedreht ist, ebenfalls mit mittelstarkem Leim bestrichen und etwa 2 Stunden trocken gelassen. Hierauf bestreicht man sie mit einem Breigemisch aus ebenfalls etwas stärkerem Leim und Schmirgel entsprechender Feinheit höchstens 2 mm stark und läßt die Scheibe etwa 8 bis 10 Stunden trocknen. Das Bestreichen der Arbeitsfläche mit blankem Leim sowie dessen Trocknungsdauer von 2 Stunden ist bei Filzscheiben nicht zu unterlassen, da andernfalls der Leimschmirgelauftrag leicht von der blanken Filzfläche abspringt.

Zum Aufleimen von Schmirgel sollte man nur Wollfilzscheiben allerbester Qualität anwenden. Für groben Kornschmirgel (Feuerschmirgel) kann der Filz etwas gröber, für feinen Polierschmirgel dagegen muß er von extrafeinster, dichtester Beschaffenheit sein. Je feiner und dichter der Filz ist, desto besser hält der Schmirgel auf demselben, desto rationeller kann auf der Scheibe gearbeitet werden, desto größer ist deren Haltbarkeit und die damit verbundene Ersparnis an Filz, Leim, Schmirgel, Lohn usw.

Für ganz besonders feine Arbeiten findet ein Hochglanz-Nachpolieren mittelst der Steinhäuserschen Köper-Nesselstoff-Hochglanzpolierlappenscheibe (Stoffschwabbelscheibe) besonders bei Bijouterie-, Gürtler- und Bronzewaren statt.

Vor allem ist hier die Schleiferei und Poliererei von Fahrrad- und Nähmaschinenteilen zu nennen, welche heute ohne Filzschleifscheiben wohl kaum im Stande wäre, eine wirklich tadellos saubere Arbeit zu erzielen.

Auch in modernen Schleifereien für Kraftwagen-, Motoren-, Maschinenteile, Messingguß, Bronzewaren, Rot- und Glockengießereien dürfte die Filzschleif- und Polierscheibe heute wohl außer der notwendigen Tuchscheibe, sowie Nessel- und Köperstoffscheibe schon überall verwendet werden, denn insbesondere für diese Werke stellt sich die Verwendung der Filzscheibe wesentlich billiger als alle anderen Arten, weil die Beleimung der Filzscheibe für die Bearbeitung von rauhen Oberflächen und Gratstellen eine ganz bedeutend längere Betriebsfähigkeit gewährleistet.

Da die Filzscheibe eine elastische, dem Druck des Schleifers nachgebende Eigenschaft besitzt, ist es selbst ungeübteren Arbeitern möglich, runde Gegenstände sauber bearbeiten zu können.

Zum Polieren von Spiegel- und optischen Gläsern werden hauptsächlich runde Filzscheiben oder rechteckige Filzplatten horizontal (wagerecht) auf einer der beiden Stirnseiten auf Holz- oder Metallschleiffuttern befestigt. Als Arbeitsfläche dient die andere Stirnseite des Filzes. Vereinzelt werden auch Filzröhren auf Holzwalzen aufgezogen; der Filzüberzug dient als Polierfläche.

Zum Schleifen und Polieren von Kristallgläsern bzw. -waren werden senkrecht auf der rotierenden Arbeitswelle befestigte Filzscheiben verwendet, deren als Arbeitsfläche bestimmte rechtwinkelig- oder profilgedrehte Peripherie in gleicher Weise wie die zum Schleifen und Polieren von Metall bestimmten Filzscheiben gebrauchsfertig hergerichtet ist.

Hartgesteinplatten und -waren, insbesondere Marmor, werden ähnlich wie Glas geschliffen und poliert.

Holz-, Horn-, Knochen-, Bernstein-, Elfenbein-, Zelluloid-, Galalith-, Hartgummiwaren werden in gleicher Weise auf Filzscheiben geschliffen und poliert. Geschliffen werden dieselben hauptsächlich mit Bimstein und Wasser, poliert mit Polierrot, Wiener Kalk, Stearin, fertiger Polierpasta und dergleichen.